高等院校力学教材

Textbook in Mechanics for Higher Education

塑性力学

米海珍　胡燕妮　编著

U0305877

清华大学出版社

北　京

内 容 简 介

本书系统介绍了塑性力学的基本概念、基本理论、基本方法及其应用。全书共分 7 章,主要内容包括塑性力学中的基本概念、简单应力状态的弹塑性问题分析方法、应力与应变状态分析、屈服条件、弹塑性本构关系、简单弹塑性问题举例、刚塑性材料的平面应变问题和结构极限荷载分析的极限定理。主要章节后附有小结、思考题与习题,习题后附有提示及答案。本书理论框架完整、内容条理清晰、叙述通俗易懂,便于读者更快、更深入地熟悉塑性力学。

本书是高等院校工科专业如土木工程专业研究生的塑性力学课程的教材,适合 40~60 学时的教学,也可供科研工作者和工程技术人员参考。

图书在版编目(CIP)数据

塑性力学/米海珍,胡燕妮编著.--北京:清华大学出版社,2014(2024.7重印)
高等院校力学教材
ISBN 978-7-302-36067-4

Ⅰ.①塑… Ⅱ.①米…②胡… Ⅲ.①塑性力学－高等学校－教材 Ⅳ.①O344

中国版本图书馆 CIP 数据核字(2014)第 065976 号

责任编辑:秦 娜 赵从棉
封面设计:常雪影
责任校对:赵丽敏
责任印制:丛怀宇

出版发行:清华大学出版社
网　　　址:https://www.tup.com.cn, https://www.wqxuetang.com
地　　　址:北京清华大学学研大厦 A 座　邮　编:100084
社　总　机:010-83470000　邮　购:010-62786544
投稿与读者服务:010-62776969,c-service@tup.tsinghua.edu.cn
质量反馈:010-62772015,zhiliang@tup.tsinghua.edu.cn
印　装　者:三河市君旺印务有限公司
经　　　销:全国新华书店
开　　　本:170mm×230mm　印　张:13　字　数:240 千字
版　　　次:2014 年 5 月第 1 版　印　次:2024 年 7 月第 8 次印刷
定　　　价:39.80 元

产品编号:053139-03

前　言

　　本书是为高等院校工科专业研究生编写的教材。塑性力学是研究生学习阶段的一门重要基础课。塑性力学研究内容丰富，应用广泛，该课程对提高工程力学素养必不可少。笔者有十余年的授课经历，鉴于现行教材偏少，较难适应目前的教学，故根据多年的讲义并积累讲课经验，经八个月的努力终成此书。

　　塑性力学目前还有很多活跃的研究内容，但基本框架早已形成。作为工科教材，我们编写的目标是：介绍基本概念和基本理论，力求理论框架完整，内容简明清晰，叙述通俗简洁；突出物理本质说明，删减繁复的数学证明；尽量从不同角度阐释其力学意义，便于学习者入门和掌握。本书较之前的教材增添了较多例题，每章节后有简洁的小结，章后习题多数给出了提示和答案，思考题和习题选取本着少而精的原则。笔者希望这本教材不仅使教授者顺手，而且使学习者入门快些，掌握起来容易些，尤其是对塑性力学理论的框架有明晰的了解。

　　此书内容包括塑性力学的基本概念、基本理论和基本方法。更高更深层次的知识请查阅其他专著和较新的文献。

　　书中的插图由兰州理工大学设计艺术学院的闫幼锋老师绘制。本书得到了兰州理工大学研究生院建设课程专项支持，也得到了兰州理工大学土木工程学院的老师和研究生们的支持和帮助，同时得到清华大学出版社秦娜、赵从棉两位编辑的热情鼓励。在此我们表示衷心的感谢。

　　由于塑性力学理解不易，因此第1章由简单应力状态的弹塑性问题入手，建立塑性力学中的物理概念，然后将基本概念推广至一般应力状态，从而分散难点，由浅入深，便于初学者入门。第5～7章分别针对不同特点的弹塑性问题，举例说明弹塑性问题的分析方法。

虽然编写时笔者在诸多方面花了很多心思,但由于水平和经验所限,肯定还会存在很多问题,我们恳请大家分析、思量即将读到的内容,如有任何意见和建议,请与我们联系,联系邮箱:huyn@lut.cn。

米海珍　胡燕妮
2014 年 1 月

目　录

第1章
简单应力状态下的弹塑性问题

　　金属材料的拉伸实验表明,应力大于屈服应力时试件没有立刻破坏,而是有一定的应力富余或应变富余,应用此富余可以使结构承载力提高,这就是塑性力学的研究意义。塑性力学的主要任务就是研究物体在塑性变形阶段应力和变形的规律。

　　塑性力学与弹性力学都是固体力学的重要组成部分。在小变形情况下,线弹性力学中除了本构关系外,其余的方程(平衡方程、几何方程)和边界条件在塑性力学中同样适用。因此,塑性力学将要解决的是塑性变形阶段材料的本构关系,即如何描述处于塑性状态时物体的应力-应变关系。

　　线弹性力学中,讨论的问题限于应力-应变的关系是线性的,即材料服从所谓的广义胡克定律。材料的弹性性质的根本特征是其变形过程是可逆的,应力-应变之间有唯一的单值对应关系。然而,由材料的简单拉压实验得知,只有拉压应力的绝对值小于某一数值(称为**弹性极限**)时变形才是可逆的。当此绝对值超过弹性极限后,一方面应力-应变关系不再是线性的,另一方面在卸去荷载(应力)后,变形不能完全恢复,即材料产生了不能恢复的或不可逆的**塑性变形**。如果规定结构中不能出现塑性变形,则只用弹性力学分析应力-应变关系、计算结构的强度和刚度、确定结构的设计准则等。然而对于某些物体或超静定结构,这种规定由于不能充分发挥物体或结构上所有的材料作用而造成浪费,例如圆轴扭转和梁的弯曲,最大应力都发生在截面的最外层,即所谓的"危险点"处。当"危险点"处及其附近的应力达到和超过弹性极限时,其他大部分材料所承受的应力仍然在弹性范围内,"危险点"处并不会随意塑性变形而是受弹性变形约束,因此构件并不会"破坏"或失效。因此,在结构设计中考虑材料的塑性性质是有意义的。

本章将主要介绍塑性力学的基本概念、基本假设和简单应力状态下的弹塑性问题的求解。这些基本概念如**加载准则**、**硬化法则**以及**增量型弹塑性应力-应变关系**等在塑性力学中具有重要的意义。

1.1 拉 伸 曲 线

简单拉(压)实验是研究材料力学性质的最基本实验。在材料力学中只讨论拉(压)实验曲线的弹性部分(一般是线性关系),在塑性力学中将讨论材料弹性极限 σ_s 以后的情形。下面分析金属材料在常温、静载下完整拉伸实验的 σ-ϵ 曲线。曲线通常有两种类型,如图 1-1 所示。从实验结果可以得知金属材料的若干重要力学性质。

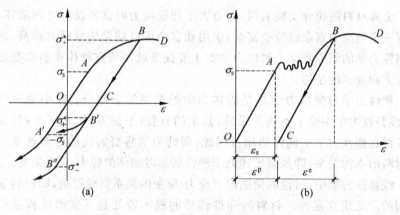

图 1-1

1.1.1 弹性范围

设试件从零应力状态开始受拉,应力-应变曲线将从原点出发。随着荷载增加,应力-应变之间通常是按比例增长,到达**比例极限**以后,曲线开始略向下弯曲,直到**弹性极限**,在此前若完全卸去荷载,应变也沿原曲线下降至零。当应力超过弹性极限后,虽卸载使应力降到零,但应变却不为零,残留的这部分应变称为**塑性应变**。有些材料如低碳钢、铝合金等的拉伸曲线如图 1-1(b)所示,在弹性极限以后有一个**屈服阶段**,此时应力保持不变时应变仍然有很大的增长,和刚达到弹性极限时的应变相比,屈服阶段末的应变可大到十多倍。称屈服阶段对应的应力为**屈服应力**。由于一般材料的比例极限、弹性极限和屈服应力相差不大,通常在工程上可不加区分,统称为屈服应力,用 σ_s 表示。

如果在产生了不太大的塑性变形之后再逐渐减小荷载,则如图 1-1 中的 BC 线,应力-应变的变化规律基本上是一直线,其斜率大致与最初加载时的斜率相同。这表明在产生塑性变形以后,材料内部的晶格结构并未发生本质的变化。如果从卸载后的点重新再加载,则开始时应力-应变之间仍按原始比例作线性变化,在 B 点附近才急剧地弯曲并开始产生新的塑性变形,就好像是把初始屈服应力提高到 B 点所对应的应力。显然,材料经过塑性变形得到了强化,因此这种现象称为**应变强化**或**应变硬化**。

如果材料从 B 点卸载至零并进行反向加载,则对单晶体来说,其压缩时的屈服应力也有相似的提高(如图 1-1(a)中的 B'')。然而,对多晶体材料来说,其压缩屈服应力(B')一般要低于一开始就压缩加载时的屈服应力(A'),即 A' 点的应力绝对值大于 B' 点的应力绝对值。这种由于拉伸时强化影响到压缩时弱化的现象称为**包辛格效应**(Bauschinger effect),或简称**包氏效应**。对于一般的金属工程材料,拉伸屈服极限和压缩屈服极限在数值上可认为是相等的,即假定没有初始包辛格效应。于是,应力在 $-\sigma_s \leqslant \sigma \leqslant \sigma_s$ 范围内变化时材料处于弹性状态,应力-应变关系为

$$\sigma = E\varepsilon \tag{1-1}$$

这个关系是唯一的、单值对应的,与应力路径或应力历史无关。为了区别起见,称 $\pm\sigma_s$ 为**初始屈服点**;两个初始屈服点之间的应力变化范围称为**初始弹性范围**。在一维空间,一个区域(实际上是区段)的边界是两个点(离散的)。类似的,在一维应力情况下,两个初始屈服点就是初始弹性范围的边界。在二维空间,一个区域的边界是某条曲线。在三维空间,一个区域的边界则是某个曲面。如果材料处于复杂受力状态,一般应力或应变为 6 个独立的变量,则初始弹性范围的边界将是用应力分量或应变分量作为自变量表示的某个超曲面(或曲线),该超曲面(或曲线)的函数称为**屈服函数**或**屈服条件**(参阅第 3 章)。

当应力在下列范围内变化时(见图 1-1(a)):

$$\sigma_-^* \leqslant \sigma \leqslant \sigma_+^* \tag{1-2}$$

应力-应变关系不再是式(1-1),而是

$$\Delta\sigma = E\Delta\varepsilon \quad 或 \quad \mathrm{d}\sigma = E\mathrm{d}\varepsilon \tag{1-3}$$

这是**增量型的胡克定律**。只要应力是在式(1-2)所示范围内变化,无论变化

过程(应力路径)如何,应力-应变关系都满足式(1-3)。由于式(1-3)是线性关系,而且是与路径无关的,所以将式(1-2)所示的应力变化范围称为**相继弹性范围**,而 σ_+^* 及 σ_-^* 则是相继弹性范围的边界,称为**相继屈服点**或**加载点**。

图 1-1 中 B 点的位置是可变的,那么 B' 和 B'' 的位置也发生相应的改变,即 σ_+^* 与 σ_-^* 是变化的,因此相继弹性范围及其边界不是固定的,而与应力历史或变形历史有关。在一维应力状态下,相继屈服点可由实验加以确定。在复杂应力状态下,相继弹性范围的边界将是某种用应力分量表示的且与应力历史有关的曲面,称为**相继屈服曲面**或**加载面**。确定加载面及其变化规律是一个很困难的问题,至今仍未能很好地解决。

最后指出,各向同性材料在经历塑性变形(例如由于加工成型及加载等原因)之后,都将呈现出某种各向异性性质。例如,当试样拉伸到 σ_+^* ($\sigma_+^* >
\sigma_s$)后,经受卸载时,其相继弹性范围的另一边界 σ_-^* 一般在数值上将小于 σ_+^*,即 $\sigma_+^* > |\sigma_-^*|$。

1.1.2　关于材料的基本假设

为了简化计算,或者为了使计算成为可能而计算结果又便于应用,需将材料加以理想化。即在一定条件下,只考虑材料的主要性质,略去其次要性质,建立所谓的力学模型。材料的力学模型是有关力学学科分支划分的标志,它既是该门学科的研究对象,又是该门学科内容适用性的限制。例如,线弹性体是一种力学模型(因为实际物体不可能是完全的线弹性体),以线弹性体为研究对象的就是"线弹性力学"。"塑性力学"(实际上是塑性静力学)中对于材料有以下一些基本假设。

1. 关于材料基本性质的假设

塑性力学中假定**材料是非粘性的**,即材料的力学性质(或本构关系)与时间因素无关。材料的时间效应表现为:一是在高速率下材料的粘性效应,这时应力-应变关系与应变率有关,即动态应力-应变关系与静态应力-应变曲线显著不同。二是在低速率下的粘性效应,例如在恒应力下应变将随时间而(缓慢)增长,最终导致断裂,这种现象称为蠕变;或者在恒应变下,应力值随时间而减小,这种现象称为松弛。对于多数金属材料来说,在快速加载(冲击载荷)下,前者的粘性效应很明显;在高温下后者的粘性效应很明显。因此,假定材料没有粘性效应,实际上是限于**研究常温静载下金属的塑性力学行为**。

另外,塑性力学中还假定**材料是无限韧性的**,即认为材料可"无限地"变形而不会出现断裂。这当然也只是一种理想化模型。因此在塑性力学中不考虑脆性断裂问题。

2. 关于弹性和塑性的假设

晶体材料的原子之间存在相互平衡的吸引力和排斥力。物体受力后产生弹性变形时，原来原子间的平衡被破坏，原子通过改变晶格中相互间的距离达到新的平衡，但晶格的基本排列形式不发生改变。当外力撤除后，各原子又恢复到原来的平衡位置。此种变形机制可以说明宏观的弹性变形。而发生塑性变形时，晶格的一部分相对另一部分发生滑移，改变了晶格点阵的排列方式。外力撤除后，晶格中的原子不能恢复到原来的位置。实验证明，**塑性变形的基本机理是滑移**。这种变形机制一般不会造成晶体体积的改变，由此可知**金属材料的塑性变形中将不会包含体积改变量**。

在静水压力（即各向均匀压力）条件下对金属材料进行大量的实验研究，其实验结果表明：

（1）**静水压力对材料屈服极限的影响可忽略不计**。对钢试件作有静水压力和无静水压力两种条件下的拉伸实验，对比发现静水压力对屈服极限影响很小，可以忽略不计，即塑性材料的塑性变形和静水压力无关。但对于铸铁、岩石、土等脆性材料，静水压力对屈服极限和塑性变形有显著影响，不能忽略。

（2）**静水压力与材料的体积改变近似地服从线性弹性规律**。实验时，卸除静水压力，材料体积变化可以恢复，没有残留的体积变形，可以认为静水压力条件下材料的体积变化是弹性的，或者说，塑性变形不引起体积变化。当实验压力约为金属的屈服极限时，实测材料的体积变形结果与按弹性规律计算结果相差约为 1%，因此完全可以按弹性规律计算体积变形。实验还表明，这种弹性的体积变形是很小的，例如弹簧钢在 1 万个大气压力下体积仅缩小 2.2%。因此对于一般应力状态下的金属材料，当发生较大的塑性变形时，可以忽略弹性的体积变化，认为材料在塑性状态时体积是不可压缩的，即体积不发生改变而仅有形状改变。

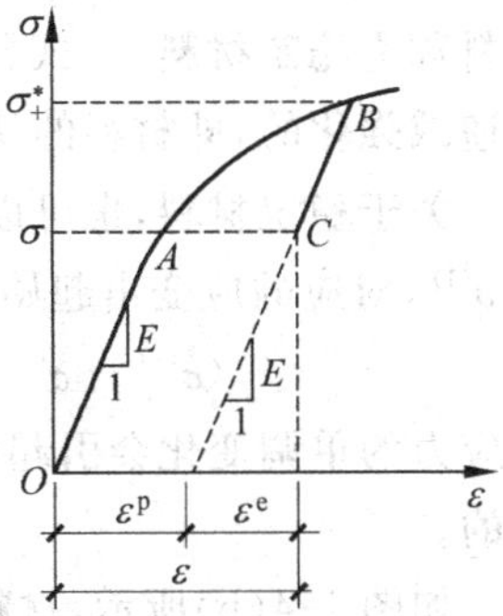

如图 1-2 所示，材料的应力超过初始弹性范围后，应变可分为弹性应变部分 ε^{e} 和塑性应变部分 ε^{p}，即

图　1-2

$$\varepsilon = \varepsilon^{\mathrm{e}} + \varepsilon^{\mathrm{p}} = \frac{\sigma}{E} + \varepsilon^{\mathrm{p}}$$

上式的微量形式是

$$d\varepsilon = d\varepsilon^e + d\varepsilon^p = \frac{d\sigma}{E} + d\varepsilon^p$$

这里,实际上已假定在初始弹性范围和相继弹性范围内,材料的弹性性质相同,即**材料的弹性与塑性互不相关,各自独立**。这对于金属材料是近似正确的,但对于岩土材料则不然。

由于塑性应变在相继弹性范围内是不改变的,而弹性应变恒与应力有单值关系,因此,当材料发生塑性变形后,应力和应变之间就不再存在一一对应的单值关系了。同一个应力可对应于不同的应变,反之亦然(见图1-3)。

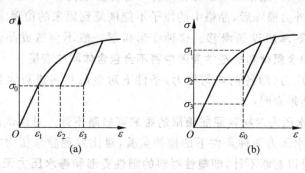

图 1-3

3. 稳定性材料假设、杜拉克公设、依留辛公设

根据金属材料的典型静态 σ-ε 曲线(图1-4(a)),可以看到存在下列关系:

$$E \geqslant E_c \geqslant E_t \geqslant 0 \qquad (1\text{-}4a)$$

式中,E 为杨氏弹性模量,E_c 为割线模量,E_t 为切线模量或强化模量。这种材料称为**稳定材料**,上式是稳定材料的数学表达式之一。上式也表明材料是递减强化的,即材料的切线模量 E_t 是应变 ε 的减函数。

关于稳定材料,也可以这样来分析:当应力由起始状态的 $\sigma^{(0)}$ 直线变化到 $\sigma^{(1)}$,对应的应变由起始状态的 $\varepsilon^{(0)}$ 直线变化到 $\varepsilon^{(1)}$,当

$$(\sigma^{(1)} - \sigma^{(0)})(\varepsilon^{(1)} - \varepsilon^{(0)}) \geqslant 0 \quad \text{或} \quad d\sigma d\varepsilon \geqslant 0 \qquad (1\text{-}4b)$$

即应力的单调变化会引起应变的同号的单调变化,反之亦然,则称**材料是稳定的**。

如图1-4(b)所示,材料经历某一应力历史后,应力为 $\sigma^{(0)}$(如 B' 点),对应的应变为 $\varepsilon^{(0)}$;然后加载使应力增加到 $\sigma^{(1)}(\geqslant \sigma_s)$,对应的应变为 $\varepsilon^{(1)}$,这一加载过程将产生新的塑性应变。最后缓慢卸载,使应力回到原来的 $\sigma^{(0)}$ 值

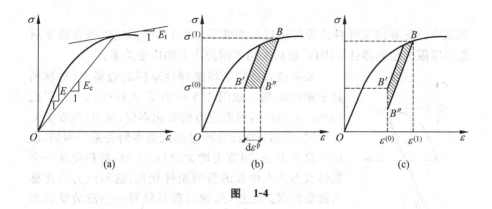

图　1-4

（此时应变不能回到加载前的位置 B' 点，而是 B'' 点），这样的应力变化过程称
为**应力循环**。在此应力循环过程中，塑性应变只有微量变化。在应力-应变
平面上，应力闭循环（$\sigma^{(0)} \rightarrow \sigma^{(1)} \rightarrow \sigma^{(0)}$）总是顺时针的，表明这一循环过程不可
能提取有用功，即

$$\oint \varepsilon \mathrm{d}\sigma \leqslant 0 \qquad (1\text{-}5)$$

即材料的物质微元在应力空间中的任意应力闭循环中的余功非正，此为**杜
拉克（Drucker）公设**。

如图 1-4(c) 所示，在应变空间，材料微元在任意应变闭循环（$\varepsilon^{(0)} \rightarrow \varepsilon^{(1)} \rightarrow$
$\varepsilon^{(0)}$）中的功非负时，若微量增加的 $\mathrm{d}\sigma$ 产生的应变也是微量增加的 $\mathrm{d}\varepsilon$，则有

$$\oint \sigma \mathrm{d}\varepsilon \geqslant 0 \qquad (1\text{-}6)$$

此为**依留辛公设**。

不等式(1-4)～(1-6)是在一维应力状态下讨论得到的，更一般的应力
状态将在第 4 章讨论，它们是塑性力学中非常重要的理论。

1.2　金属材料的塑性性质

1.2.1　塑性本构方程

材料发生塑性变形后，应力-应变关系不再是唯一的。当材料处于弹性
范围内时，本构关系为

$$\sigma = E\varepsilon \text{（初始弹性范围内）}$$

$$\mathrm{d}\sigma = E\mathrm{d}\varepsilon \text{（相继弹性范围内）}$$

$$d\varepsilon^p = 0$$

在这里首先要判定材料是否经历过塑性变形,然后再根据应力是否位于屈服点所限的相继弹性范围内,最后采用不同的应力和应变关系。

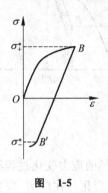

图 1-5

如果应力是位于相继弹性范围的边界上(称材料处于塑性状态),如图 1-5 中的 B 点($\sigma = \sigma_+^*$)或 B' 点($\sigma = \sigma_-^*$)。这时,根据应力的变化不同,应力-应变关系也不同,但都只能建立增量形式的本构关系。例如,设应力位于 B 点,当应力增大时($d\sigma > 0$),材料将从一个塑性状态进入相邻的新的塑性状态,这种应力变化称为**加载过程**。注意,加载过程是针对一点应力状态而言,不是针对一种结构而言的。加载过程可用下式表示:

$$\text{sign}\sigma \cdot d\sigma > 0 \tag{1-7}$$

其中 $\sigma = \sigma_+^*$。如果是在 B' 点,则 $\sigma = \sigma_-^*$。在应力加载过程中,应力-应变关系为

$$d\sigma = E_t d\varepsilon$$

一般地 E_t 不是常数,所以上式不是线性关系。根据以上分析,有

$$d\varepsilon = d\varepsilon^e + d\varepsilon^p = \frac{d\sigma}{E} + d\varepsilon^p = \frac{d\sigma}{E_t}$$

由此可得

$$d\varepsilon^p = \left(\frac{1}{E_t} - \frac{1}{E}\right)d\sigma = \frac{E - E_t}{EE_t} = \frac{1}{E_p}d\sigma$$

E_p 称为**塑性模量**,它是 $d\sigma$ 与 $d\varepsilon^p$ 的比值,一般不是常数(因为 E_t 不是常数)。

如果应力变化是向弹性范围内部的,使材料从塑性状态回到弹性状态,这种应力变化称为**卸载过程**。同样地,卸载也是针对一点应力状态而言的。卸载过程可用下式表示:

$$\text{sign}\sigma \cdot d\sigma < 0 \tag{1-8}$$

这时应力-应变关系为

$$d\sigma = E d\varepsilon, \quad d\varepsilon^p = 0$$

不等式(1-7)、(1-8)分别称为**加载准则**、**卸载准则**,这只是最简单的表示形式,更一般的形式用屈服函数来表示,这将在以后的章节中讨论。

1.2.2 屈服点和强化规律

在塑性力学的基本理论中,很重要的一个问题是要确定弹性范围的边

界,在一维应力情况下,就是要确定屈服点。初始屈服点可以由实验确定,相继屈服点(σ_+^*, σ_-^*)则不然,它本身是与以前的变形历史有关的,不能只由瞬时的应力或应变来确定。例如,对于同一个应力值 σ,它可能位于弹性范围的边界上,也可能位于不同的相继弹性范围之内;其相继屈服点可以是 σ_+^* 或 $\sigma_+^{*'}$ 等(图 1-6)。因此,只有了解了此刻以前的全部变形历史,才能确定相继屈服点,继而判别瞬时应力是位于某

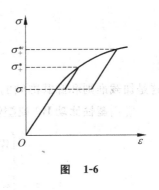

图　1-6

一相继弹性范围之内或位于弹性范围的边界上,因而**相继屈服点是应力和塑性变形历史的函数**。应力在相继弹性范围内的变化(也是应力历史或变形历史的一部分)不影响相继屈服点,只当应力变化为加载过程时(即塑性应变变化时),相继屈服点才改变,所以相继屈服点只与加载过程的那部分历史有关,这部分历史称为材料塑性变形性质的记录史,可用参数 H_α 表示。于是相继屈服点可写成

$$\sigma^* = \sigma^*(\sigma, H_\alpha) \quad \text{或} \quad f(\sigma, H_\alpha) = 0 \tag{1-9}$$

相继屈服点的变化规律称为**强化规律**,又称为加载函数。确定材料的强化规律,即确定式(1-9)中的函数 $f(\sigma, H_\alpha) = 0$ 的具体形式。这是一个塑性力学中至今尚未很好解决的问题。下面介绍两种最简单的模型,也是当前较为普遍采用的模型(对于复杂应力状态也是如此)。

1. 等向强化模型

强化模型认为:材料如果在一个方向得到强化,则在各个方向都有同等的强化。等向强化模型完全没有考虑材料的包辛格效应,这是一个缺点;但因为它在应用中比较简单,所以仍然得到了比较多的应用。在一维应力情况下,则有

$$\sigma_+^* \equiv |\sigma_-^*| \tag{1-10}$$

或者写成函数形式

$$f(\sigma, H_\alpha) = \sigma^2 - (\sigma^*)^2 = 0, \quad (\sigma^*)^2 \geqslant \sigma_s^2 \tag{1-11}$$

其中 σ^* 乃此前加载历史中应力在数值上曾达到过的最大值。当 $(\sigma^*)^2 < \sigma_s^2$ 时,取 $(\sigma^*)^2 = \sigma_s^2$。应当注意,$(\sigma^*)^2$ 为一单调增加(只增不减)的正数,它是材料力学性质记录史的一种参数。式(1-11)乃式(1-9)的具体化。而**加载准则**和**卸载准则**可分别写成

$$\begin{cases} \dfrac{\partial f}{\partial \sigma} \mathrm{d}\sigma > 0 \quad （加载） \\[3mm] \dfrac{\partial f}{\partial \sigma} \mathrm{d}\sigma < 0 \quad （卸载） \end{cases} \tag{1-12}$$

这是加载准则和卸载准则的一般表达形式,可推广到复杂应力的情况。

常用**塑性比功** W^{p} 或**塑性应变强度** $\varepsilon_{\mathrm{e}}^{\mathrm{p}}$ 作为塑性变形的记录史参数。而

$$\begin{cases} W^{\mathrm{p}} = \int_{\sigma_s}^{\sigma^*} \sigma \mathrm{d}\varepsilon^{\mathrm{p}} = \int_{\sigma_s}^{\sigma^*} \dfrac{\sigma \mathrm{d}\sigma}{E_{\mathrm{p}}} \\[3mm] \varepsilon_{\mathrm{e}}^{\mathrm{p}} = \int | \mathrm{d}\varepsilon^{\mathrm{p}} | \end{cases} \tag{1-13}$$

与此对应,加载函数可分别写为

$$\sigma^2 - f(W^{\mathrm{p}}) = 0$$
$$\sigma^2 - g(\varepsilon_{\mathrm{e}}^{\mathrm{p}}) = 0$$

这是在应力空间讨论的加卸载准则和加载函数。类似的,也可以在应变空间讨论加卸载准则和加载函数,这将在后面章节中详细讨论。

2. 随动强化模型

随动强化模型考虑了材料因塑性变形而引起的各向异性。这个模型认为(见图 1-7,此处假定 E_{t}＝常数)材料若在一个方向强化了,则在相反方向将同等地弱化。在一维应力情况下,则有

$$\sigma_+^* - \sigma_-^* = 2\sigma_{\mathrm{s}}$$

随动强化模型表示材料在塑性变形过程中,弹性范围的尺度保持不变。加载函数可写成

$$f(\sigma, H_\alpha) = (\sigma - \hat{\sigma})^2 - \sigma_{\mathrm{s}}^2 = 0 \tag{1-14}$$

$\hat{\sigma}$ 为弹性范围的中心(点 O)在应力轴上的位移。当 E_{p}＝常数时,则可证明

$$\hat{\sigma} = E_{\mathrm{p}}\varepsilon^{\mathrm{p}}$$

式(1-14)是式(1-9)的另一种具体形式。$\hat{\sigma}$ 或 ε^{p} 都可作为随动强化材料塑性变形的记录史的参数。

随动强化模型的缺点是将包辛格效应绝对化了,与材料的实际情况不符。因此,有人提出同时考虑这两种模型的所谓混合模型,其意义见图 1-8。

根据以上金属材料的主要塑性性质分析,由此引出一个重要的结论:塑性力学问题,从本质上说,只能按增量形式来建立,然后追踪全部应力历史求解。只有在特殊情况下,才能按应力和应变的瞬时值(全量形式)建立和求解塑性力学问题。

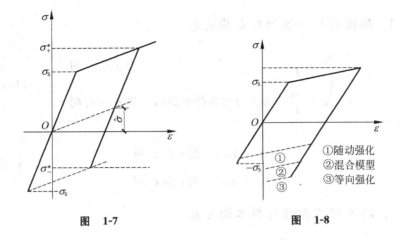

图 1-7　　　　　　　　　　　　　图 1-8

1.3　应力-应变曲线的简化

为了使求解塑性力学问题成为可能,并能得到尽可能简单而又符合工程要求的解答,除了对材料的基本力学性质作出了假设外,还往往将 σ-ε 曲线作进一步的简化。一般常见的简化模型有四种,如图 1-9 所示,本构关系均以拉伸为例,图中的箭头表示卸载时的应力-应变关系。

图 1-9(a)为**弹性理想塑性材料**(或称理想弹塑性材料),$E_t=0$,是描述塑性性质较好的材料;

图 1-9(b)为**刚性理想塑性材料**(或称理想刚塑性材料),$E \to \infty$,$E_t=0$,用于塑性变形比弹性变形大得多的情况;

图 1-9(c)为**弹性线性强化材料**,E_t 为常数;

图 1-9(d)为**刚性线性强化材料**,$E \to \infty$,$E_t=$ 常数,描述弹性变形相对很小且可以忽略、有强化效应的材料。

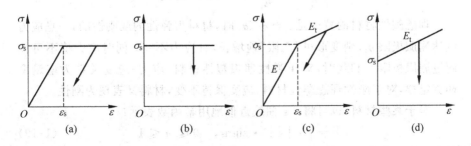

图　1-9

1. 弹性理想塑性材料本构关系

$$\begin{cases} \varepsilon = \dfrac{\sigma}{E}, & \text{当 } \sigma \leqslant \sigma_s \text{ 时} \\[3mm] \varepsilon = \dfrac{\sigma}{E} + \lambda(\lambda \text{ 为非负的参数}), & \text{当 } \sigma = \sigma_s \text{ 时} \end{cases} \tag{1-15a}$$

或

$$\begin{cases} \sigma = E\varepsilon, & \text{当 } \varepsilon \leqslant \varepsilon_s \text{ 时} \\[2mm] \sigma = \sigma_s, & \text{当 } \varepsilon \geqslant \varepsilon_s \text{ 时} \end{cases} \tag{1-15b}$$

2. 刚性理想塑性材料本构关系

$$\begin{cases} \sigma < \sigma_s, & \text{当 } \varepsilon = 0 \text{ 时} \\[2mm] \sigma = \sigma_s, & \text{当 } \varepsilon \geqslant 0 \text{ 时} \end{cases} \tag{1-16}$$

3. 弹性线性强化材料本构关系

$$\begin{cases} \varepsilon = \dfrac{\sigma}{E}, & \text{当 } \sigma \leqslant \sigma_s \text{ 时} \\[3mm] \varepsilon = \dfrac{\sigma}{E} + \left(\dfrac{1}{E_t} - \dfrac{1}{E}\right)(\sigma - \sigma_s), & \text{当 } \sigma \geqslant \sigma_s \text{ 时} \end{cases} \tag{1-17a}$$

或

$$\begin{cases} \sigma = E\varepsilon, & \text{当 } \varepsilon \leqslant \varepsilon_s \text{ 时} \\[2mm] \sigma = \sigma_s + E_t(\varepsilon - \varepsilon_s), & \text{当 } \varepsilon \geqslant \varepsilon_s \text{ 时} \end{cases} \tag{1-17b}$$

4. 刚性线性强化材料本构关系

$$\begin{cases} \varepsilon = 0, & \text{当 } \sigma \leqslant \sigma_s \text{ 时} \\[3mm] \varepsilon = \dfrac{\sigma - \sigma_s}{E_t}, & \text{当 } \sigma > \sigma_s \text{ 时} \end{cases} \tag{1-18}$$

理想塑性材料的特点是：当 $\sigma < \sigma_s$ 时，材料为弹性的或刚性的，一旦应力到达屈服极限 σ_s，则变形可"无限"地增长，且应力不变；同时应力值不可能超过屈服极限。卸载时，对于弹性理想塑性材料，应力-应变关系为增量型胡克定律，对于刚性理想塑性材料，应变保持不变，材料又表现为刚性。

对于某些材料，也可将 σ-ε 曲线近似地用幂函数表示：

$$\sigma = c \cdot |\varepsilon|^n \cdot \mathrm{sign}\varepsilon, \quad 0 \leqslant n \leqslant 1 \tag{1-19}$$

其中 c 和 n 为材料常数。关于 n 的限制是保证材料是稳定的。这种本构关系适用于物体在变形过程中应力是单调的按比例增加的情况（参阅第 4 章），即可以用应力-应变的全量形式建立塑性本构关系的情况。在这种情况下，为了便于应用逐次渐近法求解，还可将 $\sigma\text{-}\varepsilon$ 关系写成如下形式（见图 1-10）：

$$\begin{cases} \sigma = E\varepsilon(1-\omega) = E\varepsilon\left(1 - \dfrac{E\varepsilon - \sigma}{E\varepsilon}\right), & \text{当 } \varepsilon \geqslant \varepsilon_s \text{ 时} \\ \sigma = E\varepsilon, & \text{当 } \varepsilon \leqslant \varepsilon_s \text{ 时} \end{cases} \tag{1-20}$$

对于弹性线性强化材料，则有

$$\omega = \frac{E - E_t}{E}\left(1 - \frac{\varepsilon_s}{\varepsilon}\right) \tag{1-21}$$

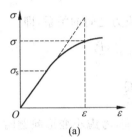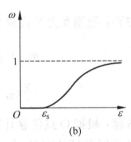

图　1-10

1.4　三杆桁架的弹塑性分析

设有一次超静定桁架如图 1-11 所示，三杆的材料和截面面积都相同，截面面积为 A，中间杆的长度为 L。在点 O 受到竖向力 P 和水平力 Q 作用后产生水平位移 δ_x 和垂直位移 δ_y。第 i 根杆的应力为 σ_i，应变为 ε_i，$\theta = 45°$。（式中下标的数字表示杆的编号，不是主应力或主应变的序号）求解以下几个问题：

（1）竖向力作用下理想弹塑性材料的弹塑性解；

（2）竖向力作用下线性强化材料的弹塑性解；

（3）竖向力作用下刚性线性强化材料、大变形时的弹塑性解；

（4）竖向力及水平力同时作用下的弹性极限曲线；

（5）理想弹塑性材料时不同加载路径下的弹塑性分析；

（6）理想弹塑性材料的极限荷载曲线。

首先，给出弹塑性分析的平衡方程和几何方程（这两类方程在弹性状态和塑性状态均相同）。

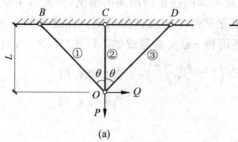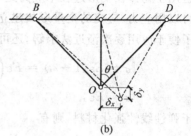

图 1-11

平衡方程：根据受力平衡得到外力和应力之间的关系，即

$$\sigma_2 + \frac{\sqrt{2}}{2}(\sigma_1 + \sigma_3) = \frac{P}{A}$$

$$\frac{\sqrt{2}}{2}(\sigma_1 - \sigma_3) = \frac{Q}{A}$$

几何方程：根据 O 点位移计算各杆应变，考虑小变形问题时，则可叠加 P、Q 单独作用时各杆的应变，有

$$\varepsilon_1 = \frac{\delta_y + \delta_x}{2L}$$

$$\varepsilon_2 = \frac{\delta_y}{L}$$

$$\varepsilon_3 = \frac{\delta_y - \delta_x}{2L}$$

变形协调条件：由几何方程可知

$$\varepsilon_2 = \varepsilon_1 + \varepsilon_3$$

根据变形协调条件，再依据不同状态时的本构关系，可以得到一个应力之间的关系式即应力表示的变形协调条件。至此，三杆应力即可完全确定，最后计算各杆的应变和 O 点的位移，即可得到该问题的全部解答。

1.4.1 竖向力作用下理想弹塑性材料的弹塑性分析

1. 弹性分析

平衡方程为

$$\sigma_2 + \sqrt{2}\sigma_1 = \frac{P}{A}, \quad \sigma_1 = \sigma_3$$

几何方程为

$$\varepsilon_1 = \frac{\delta_y}{2L}, \quad \varepsilon_2 = \frac{\delta_y}{L}, \quad \varepsilon_3 = \frac{\delta_y}{2L}$$

弹性阶段的本构方程为

$$\sigma_i = E\varepsilon_i, \quad i = 1,2,3$$

根据变形协调条件有

$$\sigma_2 = \sigma_1 + \sigma_3 = 2\sigma_1$$

根据平衡方程和应力表示的变形协调条件,解出各杆弹性应力为

$$\sigma_1 = \sigma_3 = \frac{1}{2+\sqrt{2}} \cdot \frac{P}{A}$$

$$\sigma_2 = \frac{2}{2+\sqrt{2}} \cdot \frac{P}{A} = 2\sigma_1$$

分析各杆应力,其中 2 号杆应力最大,因此 2 号杆首先屈服进入塑性状态。若令 $\sigma_2 = \sigma_s$,则此时对应的竖向荷载为该结构的**弹性极限荷载 P_e**:

$$P_e = \left(1 + \frac{\sqrt{2}}{2}\right) A\sigma_s$$

弹性状态时应力场也可描述为

$$\sigma_1 = \sigma_3 = \frac{\sigma_s}{2}\left(\frac{P}{P_e}\right)$$

$$\sigma_2 = \sigma_s\left(\frac{P}{P_e}\right)$$

根据本构方程求出各杆应变,再根据几何方程求出 O 点位移

$$\delta_y = \varepsilon_2 L = \frac{\sigma_2}{E}L = \frac{\sigma_s L}{E} \cdot \frac{P}{P_e} = \delta_e \frac{P}{P_e}$$

其中 $\delta_e = \dfrac{\sigma_s L}{E}$ 为只有垂直方向荷载 P 作用下的**弹性极限位移**。

2. 弹塑性分析

当垂直荷载超过弹性极限荷载 P_e 后,结构进入弹塑性阶段。此时,2 杆已经屈服且应力不再增加,即 $\sigma_2 = \sigma_s$,1、3 杆还处于弹性状态,因此本构关系为

$$\sigma_1 = E\varepsilon_1, \quad \sigma_3 = E\varepsilon_3, \quad \sigma_2 = \sigma_s$$

根据平衡方程解出各杆应力

$$\sigma_1 = \sigma_3 = \frac{\sqrt{2}}{2}\left(\frac{P}{A} - \sigma_s\right) = \frac{\sigma_s}{2}\left[(1+\sqrt{2})\frac{P}{P_e} - \sqrt{2}\right]$$

$$\sigma_2 = \sigma_s$$

这时 2 杆虽然已经屈服却还能承载竖向荷载 $A\sigma_s$，只是失去了进一步承载的能力。2 杆虽然进入了塑性变形，但由于受 1、3 杆弹性变形的制约，2 杆的塑性变形并不能任意增长，这种状态称为**约束塑性变形**。当 P 增大到 1、3 杆也进入了塑性屈服时（即 $\sigma_1 = \sigma_3 = \sigma_s$），三根杆也就全部进入屈服阶段，变形将不再受任何约束，结构完全丧失进一步承载的能力，此时结构失效，其对应的荷载为该结构的**塑性极限荷载 P_s**：

$$P_s = (1+\sqrt{2})A\sigma_s = \sqrt{2}P_e$$

与 P_s 相对应的竖向位移可利用几何方程求出：

$$\delta_y = 2\varepsilon_1 L = 2\frac{L}{E}\sigma_s = 2\delta_e$$

可见，考虑塑性变形时，结构的变形比弹性变形大，但仍属同一数量级，而相应的承载能力却会有相当的提高。

3. 卸载分析

通过卸载分析可以区分非线弹性体和塑性体。若垂直荷载加载到 $P_e < P < P_s$ 范围内的某一值 P^*，然后卸载，由于卸载服从弹性规律，利用增量型胡克定律，可知应力的改变量和应变的改变量分别为

$$\Delta\sigma_1 = \Delta\sigma_3 = \frac{\sigma_s}{2} \cdot \frac{\Delta P}{P_e}, \quad \Delta\sigma_2 = \sigma_s\frac{\Delta P}{P_e}$$

$$\Delta\varepsilon_1 = \Delta\varepsilon_3 = \frac{\Delta\sigma_1}{E}, \quad \Delta\varepsilon_2 = \frac{\Delta\sigma_2}{E}$$

最终的应力、应变就是卸载前的应力、应变与卸载产生的应力改变量、应变改变量的代数叠加，即采用增量法跟踪荷载变化过程。若为**完全卸载**，杆中的残余应力为

$$\sigma_1^r = \sigma_3^r = -\sigma_s\frac{\sqrt{2}}{2}\left(1 - \frac{P^*}{P_e}\right) = -\sigma_s\gamma^* > 0$$

$$\sigma_2^r = \sqrt{2} \cdot \sigma_s\frac{\sqrt{2}}{2}\left(1 - \frac{P^*}{P_e}\right) = \sqrt{2}\sigma_s\gamma^* < 0$$

其中

$$\frac{\sqrt{2}}{2} - 1 \leqslant \gamma^* = \frac{\sqrt{2}}{2}\left(1 - \frac{P^*}{P_e}\right) < 0$$

残余应变为

$$\varepsilon_1^r = \varepsilon_3^r = -\frac{\sigma_s\gamma^*}{E} > 0$$

$$\varepsilon_2^r = 2\varepsilon_1^r > 0$$

残余位移为

$$\delta_y^r = \varepsilon_2^r L$$

此时,残余应力满足无外荷载时的平衡方程。

　　由于这里讨论的是一次超静定结构,因此在残余应力表达式中只含有一个与塑性变形历史有关的参数 γ^*。相应的残余应变可表述为弹性应变和塑性应变两部分之和。在超静定结构中残余应变一般并不等于塑性应变。比如竖向荷载未超过塑性极限荷载时,1、3 杆未经受塑性变形但卸载后有残余应变;如果解除三杆之间的约束,1、3 杆的弹性应变和塑性应变都等于零,而 2 杆则有塑性应变。因此在原有的约束下,必然会引起内应力使三杆的残余应变都不等于零。结构内存在着残余应力和残余应变,必将保留一部分应变能,这部分应变能既不能释放,又没有消耗,称为"潜能"。

　　塑性力学的基本方程不全是线性的(至少本构方程是非线性的),因此不能使用"叠加法"。上述计算残余应力的步骤,在形式上好像是应用了叠加原理,但实际上它仍属于跟踪加载过程,分步计算、逐步累加的计算方法,这是应用增量型基本方程求解塑性力学问题的基本方法。每一步计算中所采用的基本方程,都与此步之前结构的最终变形状态有关,而每步计算之后,都要检验所得结果是否与本步计算所采用的基本方程符合。例如,求出残余应力之后,就要验算残余应力是否会引起反向塑性变形。如果会引起反向塑性变形,则应修改计算方案。这和弹性力学中采用的叠加法是不相同的。

1.4.2　竖向力作用下线性强化材料的弹塑性分析

　　若材料是线性强化的,其他条件同上。此时材料的本构关系为

$$\sigma = E\varepsilon, \qquad \text{当 } \varepsilon \leqslant \varepsilon_s \text{ 时}$$

$$\sigma = \sigma_s + E_t(\varepsilon - \varepsilon_s), \qquad \text{当 } \varepsilon \geqslant \varepsilon_s \text{ 时}$$

弹性阶段分析同上。当 $P \geqslant P_e$ 时,不同的是 2 杆的本构关系

$$\sigma_2 = \sigma_s + E_t(\varepsilon_2 - \varepsilon_s)$$

此时的本构关系、变形协调条件和平衡条件联立,可解得应力为

$$\sigma_1 = \sigma_3 = \frac{\sigma_s}{2}\left[\frac{1+\sqrt{2}}{1+\sqrt{2}\,\frac{E_t}{E}}\left(\frac{P}{P_e}-1\right)+1\right] = \frac{\sigma_s}{2}\left[\alpha_0\left(\frac{P}{P_e}-1\right)+1\right]$$

$$\sigma_2 = \sigma_s\left[\alpha_0\,\frac{E_t}{E}\left(\frac{P}{P_e}-1\right)+1\right]$$

其中

$$\alpha_0 = \frac{1+\sqrt{2}}{1+\sqrt{2}\,\dfrac{E_t}{E}}$$

位移为

$$\frac{\delta_y}{\delta_e} = \frac{E}{\sigma_s}\varepsilon_2 = 2\frac{E}{\sigma_s}\varepsilon_1 = \alpha_0\left(\frac{P}{P_e}-1\right)+1$$

当 P 增大到 1、3 杆进入屈服时,此时对应的荷载记为 P_1:

$$P_1 = P_s\left(1 + \frac{1}{1+\sqrt{2}}\,\frac{E_t}{E}\right)$$

若取 $\dfrac{E_t}{E}=0.2$,则有 $P_1 = 1.083P_s$;若取 $\dfrac{E_t}{E}=0.1$,则有 $1.041P_s$。与理想塑性材料相比,相应的荷载并未有很大的提高。因此,采用理想弹塑性模型可得到较好的近似,且计算相对简单。当 P 超过 P_1,由于强化效应,结构并不会进入塑性流动状态,但此时的变形将有较快的增长。

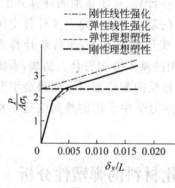

图　1-12

弹塑性阶段对应的位移与 E_t 有关。和理想塑性材料相比,位移相差不多,这是由于 1、3 杆还处于弹性阶段,其变形约束 2 杆的变形。

若取三杆桁架中杆件材料分别为弹性理想塑性、刚性理想塑性、弹性线性强化、刚性线性强化等四种类型,在只有竖向力作用下,竖向荷载与竖向位移之间的关系如图 1-12 所示。由图可见:

（1）在约束变形阶段,弹性线性强化材料的强化效应不显著。在自由塑性变形阶段,随着变形的发展,弹性变形的作用越来越小,而材料强化的效应则越来越大,结构的刚度明显削弱。因此,当对结构有一定的刚度要求,即不允许出现较大的变形时,可以忽略材料的强化,将容许荷载控制为 P_s。

（2）理想塑性材料的结构存在塑性极限荷载值。在塑性极限荷载作用下,结构的变形不能确定,可以"无限地"增长。此时结构如同变成了"机构",称为**塑性机构**。结构的塑性极限荷载又称**塑性极限承载能力**。

（3）弹性理想塑性材料和刚性理想塑性材料组成的结构的极限荷载在小变形条件下相同。

以上结论,对于一般结构都适用。

1.4.3　竖向力作用下刚性线性强化材料的大变形分析

金属材料的拉伸曲线 σ-ε，在应力达到最高点以前，要增加应变就必须增加应力，通常称这时的材料是**稳定**的。在最高点以后，增加应变时而应力反而下降，称材料是**不稳定**的，即拉伸失稳。其实，在拉伸时试件的横截面积将会减小，尤其当出现颈缩后，试件局部区域的截面积会有明显的缩小，用名义应力和名义应变描述这时的材料拉伸特性是不合适的。为此，定义**真应力$\tilde{\sigma}$**、**对数应变$\tilde{\varepsilon}$** 为

$$\tilde{\sigma} = \frac{P}{A}$$

$$\tilde{\varepsilon} = \int_{L_0}^{L} \frac{\mathrm{d}L}{L} = \ln\left(\frac{L}{L_0}\right) = \ln(1+\varepsilon)$$

式中，A_0、L_0 是杆件原始的横截面积和长度，A、L 是受力后杆件横截面积和长度（均为变量）。

假定材料是不可压缩的，则 $A_0 L_0 = AL$，并认为名义应力达到最高点时出现颈缩，σ-ε 曲线在颈缩点有 $\dfrac{\mathrm{d}\sigma}{\mathrm{d}\varepsilon} = 0$。则

$$\tilde{\sigma} = \frac{PA_0}{AA_0} = \frac{P}{A_0} \cdot \frac{L}{L_0} = \sigma \mathrm{e}^{\tilde{\varepsilon}}$$

颈缩时

$$\frac{\mathrm{d}\tilde{\sigma}}{\mathrm{d}\tilde{\varepsilon}} = \left(\frac{\mathrm{d}\sigma}{\mathrm{d}\varepsilon} \cdot \frac{\mathrm{d}\varepsilon}{\mathrm{d}\tilde{\varepsilon}}\right)\mathrm{e}^{\tilde{\varepsilon}} + \sigma \mathrm{e}^{\tilde{\varepsilon}} = \tilde{\sigma} = \sigma(1+\varepsilon)$$

$$\frac{\mathrm{d}\tilde{\sigma}}{\mathrm{d}\varepsilon} = \frac{\mathrm{d}\tilde{\sigma}}{\mathrm{d}\tilde{\varepsilon}} \cdot \frac{\mathrm{d}\tilde{\varepsilon}}{\mathrm{d}\varepsilon} = \frac{\tilde{\sigma}}{1+\varepsilon}$$

即

$$\frac{\mathrm{d}\tilde{\sigma}}{\mathrm{d}\tilde{\varepsilon}} = \tilde{\sigma} = \frac{\mathrm{d}\tilde{\sigma}}{\mathrm{d}\varepsilon}(1+\varepsilon)$$

因此，在 $\tilde{\sigma}$-$\tilde{\varepsilon}$ 曲线上，拉伸失稳点处的斜率等于该点的 $\tilde{\sigma}$；在 $\tilde{\sigma}$-ε 曲线上，拉伸失稳点处的斜率等于该点的 $\tilde{\sigma}$ 除以$(1+\varepsilon)$。

三杆桁架的平衡方程和几何方程都是在小变形的假设下建立的。当杆件的塑性变形很大时，结构几何尺寸的改变将会对应力场和应变场产生显著的影响，这时采用真应力和对数应变讨论将更合理。假定材料是刚性线性强化的，当应力大于 σ_s 时，应力-应变关系为

$$\tilde{\sigma}_i = \sigma_s + E_t \tilde{\varepsilon}_i, \quad i = 1,2,3$$

刚性线性强化材料是不可压缩的,则有

$$L_1 A_1 = L_3 A_3 = \sqrt{2} LA$$
$$L_2 A_2 = LA$$

令 $\alpha = \varepsilon_2 = \dfrac{\delta_y}{L}$,则

$$\frac{L_2}{L} = 1 + \alpha, \quad \frac{L_1}{\sqrt{2} L} = \sqrt{1 + \alpha + \frac{1}{2}\alpha^2}$$

$$A_1 = A_3 = \frac{A}{\sqrt{1 + \alpha + \frac{1}{2}\alpha^2}}, \quad A_2 = \frac{A}{1+\alpha}$$

在变形后的结构上建立平衡方程为

$$2 A_1 \tilde{\sigma}_1 \cos\theta + A_2 \tilde{\sigma}_2 = P, \quad \cos\theta = \frac{1+\alpha}{\sqrt{2\left(1 + \alpha + \frac{1}{2}\alpha^2\right)}}$$

平衡方程中有三个未知量 $\tilde{\sigma}_1$、$\tilde{\sigma}_2$、α。在不卸载的情况下,补充 1、2 杆的本构方程,再补充几何方程

$$\tilde{\varepsilon}_1 = \tilde{\varepsilon}_3 = \frac{1}{2}\ln\left(1 + \alpha + \frac{1}{2}\alpha^2\right), \quad \tilde{\varepsilon}_2 = \ln(1+\alpha)$$

这样就得到了 P 与 α 之间的非线性关系。随着 α 的增长,P 的值将会由于强化效应和 θ 角的减小而提高,但也会随着杆件横截面积收缩而下降。故当变形很大时,结构将变成不稳定的。

1.4.4 竖向力和水平力同时作用下的弹性极限曲线

当三杆桁架同时受竖向荷载 P 和水平向荷载 Q 作用时,根据平衡方程、几何方程、弹性阶段的本构方程,解出弹性阶段各杆的应力为

$$\sigma_1 = \frac{1}{2+\sqrt{2}} \cdot \frac{P}{A} + \frac{\sqrt{2}}{2} \cdot \frac{Q}{A} = \frac{\sigma_s}{2}\left(\frac{P}{P_e}\right) + \sigma_s\left(\frac{Q}{Q_e}\right)$$

$$\sigma_2 = \frac{2}{2+\sqrt{2}} \cdot \frac{P}{A} = \sigma_s\left(\frac{P}{P_e}\right)$$

$$\sigma_3 = \frac{1}{2+\sqrt{2}} \cdot \frac{P}{A} - \frac{\sqrt{2}}{2} \cdot \frac{Q}{A} = \frac{\sigma_s}{2}\left(\frac{P}{P_e}\right) - \sigma_s\left(\frac{Q}{Q_e}\right)$$

其中 $Q_e = \sqrt{2} A \sigma_s$,表示只作用水平力 Q 时的弹性极限荷载。上式成立的条件是各杆应力绝对值都不超过屈服应力 σ_s,这也是对荷载 P、Q 的限制,即

$$\left| \frac{P}{2P_e} \pm \frac{Q}{Q_e} \right| \leqslant 1$$

$$\left|\frac{P}{P_e}\right|\leqslant 1$$

此式对应图 1-13 中的实线六边形,称为**弹性极限曲线**,表示至少有一杆件已达到屈服状态。

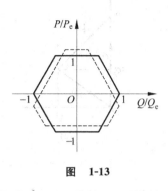

图　1-13

如果作用于该结构上的荷载超出了弹性极限曲线,然后又完全卸载,那么结构中将存在残余应力,此时如果再重新对该结构施加荷载而未能再次屈服,那么结构中的应力就是残余应力解答与弹性阶段解答的叠加。和前面的分析方法相同,当不产生新的塑性变形时的限制条件可写为

$$\left|\frac{P}{2P_e}\pm\frac{Q}{Q_e}-\gamma^*\right|\leqslant 1$$

$$\left|\frac{P}{P_e}+\sqrt{2}\gamma^*\right|\leqslant 1$$

其中 γ^* 是一个变化的参数,如对应 $Q=0,P=P^*$ 时,$\frac{\sqrt{2}}{2}-1\leqslant\gamma^*<0$。此时对应于图 1-13 中虚线构成的六边形区域。可见,在加载方向的一侧屈服荷载有所提高,而与加载方向相反的一侧屈服荷载有所降低。这与多晶体内各晶粒由于变形程度不同而产生的微观残余应力的情形很类似,可用来对应变硬化和包氏效应等现象做一个比较形象的解释。

1.4.5　不同加载路径时弹塑性分析

以理想弹塑性材料的三杆桁架为例,两种不同加载路径如图 1-14(a)所示,对应极限荷载作用下 O 点的最终水平位移和最终垂直位移如图 1-14(b)所示。下面分析求解过程。

路径①:荷载 (Q,P) 先由 $(0,0)$ 直线变化到 $(0,P_s)$,再保持垂直位移不变的情况下增加 Q 使其直线达到 Q_e。

路径②:荷载 (Q,P) 由 $(0,0)$ 开始,单调的比例加载达到 $(\sqrt{2}A\sigma_s,A\sigma_s)$。

分析路径①:由前面的理想弹塑性材料受竖向力作用的分析可知,当 $Q=0,P=P_s$ 时,该结构的应力和位移为

$$\sigma_1=\sigma_2=\sigma_3=\sigma_s$$

$$\delta_y=2\delta_e=\frac{2L}{E}\sigma_s$$

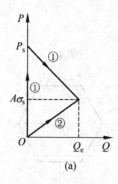 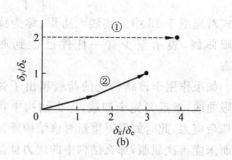

图 1-14

此时保持 δ_y 不变,施加水平荷载使 O 点有一个水平方向的位移增量

$$\Delta\delta_x = \delta_x > 0$$

则由几何方程求出此过程的三杆应变增量

$$\Delta\varepsilon_1 = \frac{\Delta\delta_x}{2L} > 0, \quad \Delta\varepsilon_2 = \frac{\Delta\delta_y}{L} = 0, \quad \Delta\varepsilon_3 = -\frac{\Delta\delta_x}{2L} < 0$$

由此可知 1、2 杆并未卸载,故有 $\sigma_1 = \sigma_2 = \sigma_s$,$\Delta\sigma_1 = \Delta\sigma_2 = 0$;而 3 杆以弹性规律卸载,其应力变化量为

$$\Delta\sigma_3 = E \cdot \Delta\varepsilon_3 = -E\frac{\Delta\delta_x}{2L}$$

于是,由平衡方程求得荷载增量为

$$\Delta P = \frac{\sqrt{2}A}{2}\Delta\sigma_3, \quad \Delta Q = Q = -\frac{\sqrt{2}A}{2}\Delta\sigma_3 = -\Delta P$$

即 Q、P 之间的变化规律是线性的。当 3 杆卸载到 $\sigma_3 = -\sigma_s$ 时,由 $\Delta\sigma_3 = -2\sigma_s$ 得

$$Q = \Delta Q = \sqrt{2}A\sigma_s, \quad \Delta P = -\sqrt{2}A\sigma_s, \quad P = P_s + \Delta P = A\sigma_s$$

这时,三杆再次同时屈服,即结构再次进入塑性流动状态。各杆的应力为

$$(\sigma_1, \sigma_2, \sigma_3) = (\sigma_s, \sigma_s, -\sigma_s)$$

水平位移可由 3 杆卸载的弹性规律求得,因此有最终位移

$$(\bar{\delta}_x, \bar{\delta}_y) = (4\delta_e, 2\delta_e)$$

分析路径②:由于在加载过程中有关系 $Q = \sqrt{2}P$,故将其代入弹性阶段的应力解答式,得到弹性阶段的应力解答如下:

$$\sigma_1 = \left(\frac{1}{2+\sqrt{2}} + 1\right)\frac{P}{A} > 0$$

$$\sigma_2 = \frac{2}{2+\sqrt{2}} \cdot \frac{P}{A} > 0$$

$$\sigma_3 = \left(\frac{1}{2+\sqrt{2}} - 1\right)\frac{P}{A} < 0$$

上式表明，随着 P（和 $Q=\sqrt{2}P$）的增长，1 杆最先达到屈服，当 $\sigma_1 = \sigma_s$ 时

$$P = \overline{P}_e = \frac{2+\sqrt{2}}{3+\sqrt{2}}A\sigma_s$$

而各杆的应力为

$$\sigma_1^e = \sigma_s, \quad \sigma_2^e = \frac{2}{3+\sqrt{2}}\sigma_s, \quad \sigma_3^e = -\frac{1+\sqrt{2}}{3+\sqrt{2}}\sigma_s$$

再由各杆的应变值 $\varepsilon_i^e = \frac{\sigma_i^e}{E}(i=1,2,3)$ 和几何关系式可求得此时 O 点的位移值为

$$\delta_x^e = 2\frac{2+\sqrt{2}}{3+\sqrt{2}}\delta_e, \quad \delta_y^e = \frac{2}{3+\sqrt{2}}\delta_e$$

如继续加载，则 1 杆已进入屈服阶段，$\sigma_1 = \sigma_s$，$\Delta\sigma_1 = 0$。故由 $\Delta Q = \sqrt{2}\Delta P$ 和增量形式的平衡方程可知

$$\Delta\sigma_2 = \frac{(1+\sqrt{2})\Delta P}{A} > 0, \quad \Delta\sigma_3 = -\frac{2\Delta P}{A} < 0$$

这说明 2 杆继续受拉，3 杆继续受压。计算各杆应力：

$$\sigma_1 = \sigma_s, \quad \sigma_2 = \sigma_2^e + \Delta\sigma_2, \quad \sigma_3 = \sigma_3^e + \Delta\sigma_3$$

当 $\Delta P = \frac{1}{3+\sqrt{2}}A\sigma_s$ 时，三杆均进入塑性状态，即

$$(\sigma_1, \sigma_2, \sigma_3) = (\sigma_s, \sigma_s, -\sigma_s)$$

再计算应变增量：

$$\Delta\varepsilon_2 = \frac{\Delta\sigma_2}{E} = \frac{(1+\sqrt{2})\Delta P}{AE}, \quad \Delta\varepsilon_3 = \frac{\Delta\sigma_3}{E} = -\frac{2\Delta P}{AE}$$

和增量形式的几何关系

$$\Delta\delta_x = (\Delta\varepsilon_2 - 2\Delta\varepsilon_3)L$$

$$\Delta\delta_y = \Delta\varepsilon_2 L$$

便可求出对应于 $\Delta P = \frac{1}{3+\sqrt{2}}A\sigma_s$ 时的位移增量

$$\Delta\delta_x = \frac{5+\sqrt{2}}{3+\sqrt{2}}\delta_e, \quad \Delta\delta_y = \frac{1+\sqrt{2}}{3+\sqrt{2}}\delta_e$$

最终位移则是上式和弹性位移的叠加：

$$(\overline{\delta}_x, \overline{\delta}_y) = (3\delta_e, \delta_e)$$

比较以上两种加载路径的结果,虽然可得到相同的应力值,但各杆的应变和 O 点最终位移值却不相同。对于更复杂的超静定结构和更复杂的加载路径,加载路径不同时结构中的应力值一般也是不相同的。

1.4.6 理想弹塑性材料的极限荷载曲线

当弹性极限曲线式中有两个不等式同时变为等式,其余不等式仍然成立,(Q,P) 的值将处于虚线六边形的某个顶点。这相当于桁架中有两根杆达到屈服,结构变为一个能产生塑性流动的机构而丧失了进一步承载的能力。相应的荷载就是**塑性极限荷载**。随着 γ^* 的改变,这个极限荷载在 (Q,P) 平面上的轨迹将形成一条曲线,称为**极限荷载曲线**(在多维荷载空间中则称为极限荷载曲面)。

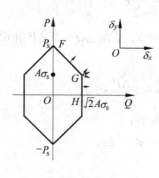

图 1-15

注意,极限荷载曲线是结构的固有属性,它不依赖于加载历史。对于前面分析的三杆桁架,可先设法求得 (Q,P) 平面在第一象限内的极限荷载曲线,再根据 $\pm Q$ 和 $\pm P$ 的四种组合和拉压屈服应力相等的假设,由对称性来获得整个平面上的极限荷载曲线,见图 1-15。

(Q,P) 平面在第一象限内的极限荷载曲线可由以下方法求得:设加载是按比例 $P=\eta Q(\eta>0)$ 增至极限荷载的。当 η 很大时,1 杆和 2 杆先达到拉伸屈服,即 $\sigma_1=\sigma_2=\sigma_s$。故由平衡方程可得

$$P=\frac{\eta}{1+\eta}P_s, \quad Q=\frac{1}{1+\eta}P_s, \quad P_s=(1+\sqrt{2})A\sigma_s=\sqrt{2}P_e$$

于是有

$$Q+P=P_s=常数$$

这对应于图 1-15 中的线段 FG。当 η 很小时,1 杆达到拉伸屈服而 3 杆达到压缩屈服,同样由平衡方程可得

$$P=\eta Q_e, \quad Q=Q_e, \quad Q_e=\sqrt{2}A\sigma_s$$

即

$$Q=Q_e=常数$$

这对应于图 1-15 中的线段 GH。图中的 G 点对应于 $\eta=\dfrac{1}{\sqrt{2}}$。这时三杆均进

入屈服状态。

极限荷载曲线(面)有以下几点性质:

(1)极限荷载曲线(面)是唯一的,它与加载路径无关。

(2)极限荷载曲线(面)是外凸的。

(3)极限荷载曲线(面)上,与外荷载相对应的位移增量的方向指向该曲线(面)的外法向。

例如,当荷载值(Q,P)取定在 FG 上时,1 杆和 2 杆将产生沿拉伸方向的塑性流动,而 3 杆的长度保持不变。因此,位移增量(或位移的变化率)只可能沿着 FG 的外法向。当荷载值(Q,P)取定在 GH 上时,1 杆将沿拉伸方向、3 杆将沿压缩方向产生塑性流动,而 2 杆的长度不变,因此位移增量只能沿着 GH 的外法向。最后,当荷载值(Q,P)在角点 G 上时,由于 1 杆和 2 杆沿拉伸方向塑性流动,3 杆沿压缩方向塑性流动,因此,位移增量的方向可在 FG 的外法向和 GH 的外法向之间的 $45°$ 角内变化,即此时位移增量方向沿塑性极限荷载曲线的外法向方向的某一范围内变化且不确定。

1.5　理想弹塑性材料矩形截面梁的弹塑性弯曲

1.5.1　纯弯曲梁的弹塑性分析

关于梁有两个假定:

(1)平截面假定,即梁的横截面在变形之后仍然保持平面。

(2)截面上正应力对变形的影响是主要的,其他应力分量的影响可以忽略。应力-应变关系可简化为正应力 σ 和正应变 ε 之间的关系。

在图 1-16 所示的矩形截面梁中,梁的受力状态对称于 Oxy 平面时,由平截面假定可知截面上的正应变 ε 为

$$\varepsilon = Ky + \varepsilon_0$$

式中,K 为曲率,K、ε_0 都只是 x 的函数。对于小变形情形,有 $K = -\dfrac{\partial^2 w}{\partial x^2}$。

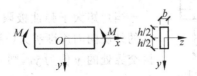

图　1-16

因为正应变与坐标 z 无关,由第二个假定可知正应力也与坐标 z 无关。因此,轴力 N 和弯矩 M 可写为

$$N = \int_A \sigma(x,y)\mathrm{d}A = b\int_{-\frac{h}{2}}^{\frac{h}{2}} \sigma(x,y)\mathrm{d}y$$

$$M = \int_A y\sigma(x,y)\mathrm{d}A = b\int_{-\frac{h}{2}}^{\frac{h}{2}} y\sigma(x,y)\mathrm{d}y$$

在梁的纯弯曲问题中,轴力为零,弯矩与坐标 x 无关。

1. 弹性阶段

将弹性应力-应变关系

$$\sigma = E\varepsilon = E(Ky + \varepsilon_0)$$

代入轴力和弯矩表达式中,由轴力为零可得 $\varepsilon_0 = 0$,因此有

$$M = 2bEK\int_0^{\frac{h}{2}} y^2\mathrm{d}y = EJK$$

其中 $J = \dfrac{bh^3}{12}$ 为截面的惯性矩。上式说明弯矩和曲率之间有线性关系。将上式代回应力表达式,有

$$\sigma = \frac{M}{J}y$$

即应力分布与 y 成比例。在梁的最上层和最下层,应力的绝对值最大,故开始屈服时对应的弯矩为

$$M = M_e = \frac{bh^2}{6}\sigma_s$$

M_e 称为**弹性极限弯矩**。对应的曲率 K_e 为

$$K_e = \frac{2\sigma_s}{Eh} = \frac{2\varepsilon_s}{h}$$

弹性阶段弯矩和曲率的关系(无量纲形式)为

$$\frac{M}{M_e} = \frac{K}{K_e}$$

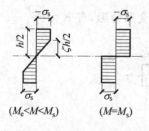

$(M_e < M < M_s)$ $(M = M_s)$

图 1-17

2. 弹塑性阶段

当弯矩大于弹性极限弯矩时,塑性区将由梁的外层向内逐渐扩大(见图 1-17)。设弹塑性区交界处的 y 值为 y_0,则

$$\pm y_0 = \pm \zeta\frac{h}{2}, \quad 0 \leqslant \zeta \leqslant 1$$

则有

$$\sigma = \begin{cases} EKy, & \text{当} \mid y \mid \leqslant y_0 \text{ 时} \\ \sigma_s, & \text{当} y_0 \leqslant \mid y \mid \leqslant \dfrac{h}{2} \text{ 时} \end{cases}$$

截面上的弯矩为

$$M(y_0) = 2b\left[\int_0^{y_0} y\left(\frac{y}{y_0}\right)\sigma_s \mathrm{d}y + \int_{y_0}^{\frac{h}{2}} y\sigma_s \mathrm{d}y \right] = 2b\left[\frac{\sigma_s}{y_0} \cdot \frac{y_0^3}{3}\Big|_0^{y_0} + \sigma_s \cdot \frac{y_0^2}{2}\Big|_{y_0}^{\frac{h}{2}} \right]$$

$$= \frac{1}{4}\sigma_s bh^2 - \frac{1}{3}\sigma_s by_0^2 = \frac{M_e}{2}(3 - \zeta^2)$$

在梁截面全部进入屈服以前,内部弹性区的变形约束着外层塑性区的变形,因此 ζ 与曲率之间有关系

$$K = \frac{K_e}{\zeta}$$

因为以上推导是在 $M > 0$ 的情形下求得的,当考虑 $M < 0$ 的情形时,有

$$K = \mathrm{sign}M \cdot \frac{K_e}{\zeta}$$

因此,弹塑性阶段梁的无量纲形式的弯矩和曲率的关系(见图 1-18)为

$$\left| \frac{M}{M_e} \right| = \frac{1}{2}\left[3 - \left(\frac{K_e}{K}\right)^2 \right]$$

或

$$\frac{K}{K_e} = \mathrm{sign}M \cdot \frac{1}{\sqrt{3 - 2\left|\dfrac{M}{M_e}\right|}}$$

上两式表明梁截面的外层已进入塑性屈服阶段,但由于其中间部分仍处于弹性阶段,"平截面"的变形特性限制了外层塑性变形的大小,因而外层处于约束塑性变形状态,梁的曲率完全由中间弹性部分控制。虽然理想弹塑性材料的应力-应变关系 σ-ε 是由两条直线构成,但 M-K 的关系却不能用两条直线表示。

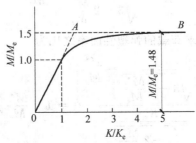

图 1-18

随着 M 的增大，ζ 将逐渐减小，当 ζ 趋于零时，K 趋向于无穷大，则 M 趋近于**塑性极限弯矩 M_s**：

$$M_s = \frac{3}{2} M_e = \frac{\sigma_s}{4} bh^2$$

这时梁丧失了进一步承受弯矩的能力，弹性区也收缩为零。在 $y = \pm 0$ 处正应力由 $+\sigma_s$ 跳跃到 $-\sigma_s$，出现了正应力的**强间断**。这种由于弹性区趋于零而出现应力间断的现象在塑性力学中会经常遇到。

由图 1-18 可以看出，当 $K = 5K_e$ 时，$M = 1.48 M_e$，说明当变形限制在弹性变形的量级时，材料的塑性变形可以使梁的抗弯能力得到提高。不同截面形式的梁塑性极限弯矩不同，如矩形截面梁，$\frac{M_s}{M_e} = 1.5$；圆形截面梁，$\frac{M_s}{M_e} = 16/3\pi \approx 1.7$；薄圆管，$\frac{M_s}{M_e} \approx 1.27$；工字梁，$\frac{M_s}{M_e} = 1.07$。

最后指出，弹塑性阶段弯矩和曲率呈非线性关系，在计算中不方便，为简单起见，弯矩和曲率关系采用折线 OAB 来近似（类似于弹塑性材料的应力-应变关系）。

3. 卸载时残余曲率与残余应力

如果在梁上的弯矩 M^* 超过弹性极限弯矩 M_e 而小于塑性极限弯矩 M_s，卸载时弯矩的改变量和曲率的改变量符合增量型的弹性规律

$$\frac{\Delta M}{M_e} = \frac{\Delta K}{K_e}$$

而应力的改变量也服从增量型的弹性规律

$$\Delta \sigma = E(\Delta K) y = \frac{\Delta M}{J} y$$

若弯矩完全卸到零，即 $\Delta M = -M^*$，则残余曲率的表达式为

$$\frac{K^r}{K_e} = \frac{1}{\sqrt{3 - 2\dfrac{M^*}{M_e}}} - \frac{M^*}{M_e}$$

卸载后的残余曲率和未卸载的弹塑性曲率之比为

$$\frac{K^r}{K^*} = \frac{K_e \cdot \left(\dfrac{1}{\sqrt{3 - 2\dfrac{M^*}{M_e}}} - \dfrac{M^*}{M_e} \right)}{\dfrac{K_e}{\sqrt{3 - 2\dfrac{M^*}{M_e}}}} = 1 - \frac{M^*}{M_e} \sqrt{3 - 2\frac{M^*}{M_e}}$$

$$= 1 - \frac{1}{2}\Big[3 - \Big(\frac{K_e}{K^*}\Big)^2\Big]\sqrt{3 - \Big[3 - \Big(\frac{K_e}{K^*}\Big)^2\Big]}$$

$$= 1 - \frac{1}{2}\Big[3 - \Big(\frac{K_e}{K^*}\Big)^2\Big]\cdot\frac{K_e}{K^*} = 1 - \frac{3}{2}\cdot\frac{K_e}{K^*} + \frac{1}{2}\Big(\frac{K_e}{K^*}\Big)^3$$

$$= 1 - \frac{3}{2}\zeta^* + \frac{1}{2}\zeta^{*3}$$

$$= \frac{1}{2}(1 - \zeta^*)[3 - (\zeta^{*2} + \zeta + 1)] > 0$$

残余应力分布是弹塑性状态时的应力和卸载时应力改变量的叠加。分析 $y > 0$ 的区域：在横截面的弹性区残余应力表达式为

$$\sigma^r = EK^* y - \frac{M^*}{J}y = y\Big(EK^* - \frac{M^*}{J}\Big) = y\Big(E\frac{K_e}{\zeta^*} - \frac{M^*}{J}\Big)$$

$$= y\frac{1}{J\zeta^*}(M_e - M^*\zeta^*)$$

$$= y\frac{1}{J\zeta^*}\Big[M_e - M_e\cdot\frac{1}{2}(3 - \zeta^{*2})\zeta^*\Big] = y\frac{M_e}{J\zeta^*}\Big(1 - \frac{3}{2}\zeta^* + \frac{1}{2}\zeta^{*3}\Big) > 0$$

在横截面的塑性区残余应力表达式为

$$\sigma^r = \sigma_s - \frac{M^*}{J}y$$

在 $y = \frac{h}{2}$ 处的残余应力为

$$\sigma^r = \sigma_s - \frac{M^*}{J}\cdot\frac{h}{2} = \sigma_s - \frac{\frac{M_e}{2}(3 - \zeta^{*2})}{J}\cdot\frac{h}{2} = \sigma_s - \frac{1}{2}(3 - \zeta^{*2})\frac{M_e}{J}\cdot\frac{h}{2}$$

$$= \sigma_s - \frac{1}{2}(3 - \zeta^{*2})\sigma_s = \frac{1}{2}\sigma_s(\zeta^{*2} - 1) \leqslant 0, \quad \text{且} \ |\sigma^r| \leqslant \frac{1}{2}\sigma_s$$

因此，内层的弹性区残余应力保持原应力符号；外层的塑性区残余应力改变最大，和原应力符号相反，但未反向屈服。当再次施加同向弯矩时，只要不超过 M^*，梁将呈弹性响应，即残余应力分布可提高梁的弹性抗弯能力。反向再加载时，若不考虑包辛格效应，当 $\Delta M = -2M_e$ 时，梁外层开始反向屈服，因而结构变得不安定。

1.5.2　横向荷载作用下梁的弹塑性分析

如图 1-19 所示，梁长远大于梁高时，可忽略剪应力对变形的影响。梁的任意横截面弯矩为

$$M(x) = -(L - x)P$$

梁固定端处的弯矩绝对值达到最大,即

$$x = 0, \quad M(0) = -LP$$

当 P 增大到

$$P_e = \frac{M_e}{L} = \frac{bh^2}{6L}\sigma_s$$

时,梁固定端处的弯矩达到**弹性极限弯矩**,此时该处横截面的最外层开始屈服,对应的横向荷载为**弹性极限荷载**。

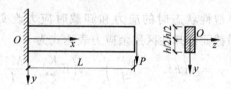

图 1-19

当 P 继续增大时,进入塑性区的横截面向右推移,假定刚开始进入塑性状态的截面在 $x=\xi$ 处,即有

$$M(\xi) = -(L - \xi)P = -M_e$$

在进入塑性状态的区域内,任一横截面的弹塑性分界面的位置也不相同,由于此时任一横截面上的弯矩为 $M(\zeta) = \frac{M_e}{2}(3 - \zeta^2)$,故有

$$|M(x)| = \frac{P_e L}{2}[3 - \zeta^2(x)] = (L - x)P$$

则

$$\zeta(x) = \sqrt{3 - \frac{2P}{P_e}\left(1 - \frac{x}{L}\right)}$$

在 $x=0$ 处有 $\zeta(0) = \sqrt{3 - \frac{2P}{P_e}}$。若令 $\zeta(0) = 0$,即梁的固定端处横截面全部进入塑性屈服阶段,此时该处变为**塑性铰**,梁失去了进一步承载的能力,对应的**塑性极限荷载**为

$$P_s = 1.5 P_e$$

与塑性极限荷载相对应的进入塑性区的梁截面位置由

$$(L - \xi)P_s = M_e$$

给出: $\xi = \frac{L}{3}$。

塑性铰与普通铰的不同之处有:①普通铰不承受弯矩,塑性铰承受极限弯矩;②普通铰两侧的梁可在两个方向作相对转动,塑性铰作相反方向相对转动对应于卸载,即承受弯矩减小。

下面计算梁的挠度 $w=w(x)$。

当 $P \leqslant P_e$ 时,梁处于弹性状态。由曲率与弯矩的关系得任一截面的弯矩

$$\frac{K(x)}{K_e} = \frac{M(x)}{M_e} = -\left(1 - \frac{x}{L}\right)\frac{P}{P_e}$$

或

$$K(x) = -\frac{\mathrm{d}^2 w}{\mathrm{d}x^2} = -\left(1 - \frac{x}{L}\right)\frac{P}{P_e}K_e$$

和端部位移条件

$$w(0) = 0, \quad \frac{\mathrm{d}w(0)}{\mathrm{d}x} = 0$$

计算任一截面的挠度:

$$w(x) = \frac{P}{P_e}K_e\left(\frac{x^2}{2} - \frac{x^3}{6L}\right)$$

当 $P=P_e$ 时,在 $x=L$ 处 $w(L)=\delta_e=\frac{L^2}{3}K_e$。

当 $P_e < P \leqslant P_s$ 时,梁分为弹塑性区段和弹性区段,其曲率应分段确定,且应考虑梁沿长度方向挠度和曲率的连续性。

下面以梁的极限荷载为例,分析弹塑性梁自由端挠度的计算过程。当 $P=P_s$ 时,$\xi=\frac{L}{3}$,梁的弹塑性区段 $0 \leqslant x \leqslant \frac{L}{3}$ 内任一横截面的弹塑性区分界面位置 $\zeta(x)$ 为

$$\zeta(x) = \sqrt{\frac{3x}{L}}$$

在梁的弹塑性区段 $0 \leqslant x \leqslant \frac{L}{3}$ 内任一截面的曲率为

$$K = -\frac{\mathrm{d}^2 w_1}{\mathrm{d}x^2} = -\frac{K_e}{\zeta} = -K_e\sqrt{\frac{L}{3x}}$$

利用固定端的边界条件,可得弹塑性区段梁的挠度为

$$w_1(x) = \frac{4}{3\sqrt{3}}K_e\sqrt{Lx^3}$$

在弹性区段 $\frac{L}{3} \leqslant x \leqslant L$ 内任一横截面的曲率为

$$K = -\frac{\mathrm{d}^2 w_2}{\mathrm{d}x^2} = -\frac{3}{2}\left(1 - \frac{x}{L}\right)K_e$$

利用梁在 $x=\dfrac{L}{3}$ 处挠度和曲率连续的条件可得弹性区段梁的挠度为

$$w_2(x)=\frac{1}{4}\left[-\left(\frac{x}{L}\right)^3+3\left(\frac{x}{L}\right)^2+\frac{x}{L}-\frac{1}{27}\right]L^2K_e$$

对应自由端挠度为

$$w_2(L)=\delta_s=\frac{20}{27}L^2K_e=\frac{20}{9}\delta_e$$

由此可见，塑性极限荷载对应的塑性极限挠度 δ_s 和弹性极限荷载的弹性极限挠度 δ_e 为同一数量级。不难计算当荷载增加到极限荷载后再完全卸载，自由端的残余挠度为

$$\delta_s^r=\frac{13}{54}L^2K_e$$

1.5.3　弯矩和轴向力同时作用下梁的弹塑性分析

本节讨论关于广义内力(或称广义应力)的弹性极限曲线和塑性极限曲线。考虑理想弹塑性材料构成的矩形截面梁，受弯矩 M 和轴向力 N 的联合作用，如图 1-20 所示。

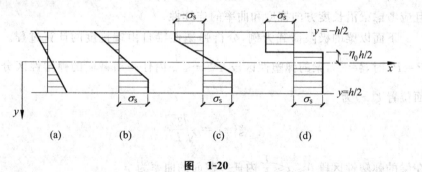

图　1-20

梁横截面中正应变为零的位置称为中性层[①]。此时，中性层的位置为

$$\bar{y}=-\frac{\varepsilon_0}{K}\equiv-\frac{1}{2}\eta_0 h$$

当梁处于弹性阶段时，应力分布为

[①]　横力弯曲梁在极限塑性状态下，中性轴是横截面面积的平分线，而弹性状态时中性轴是横截面的形心，若形心不过平分线，从弹性变形到极限塑性过程中，中性轴将从形心轴向截面平分线移动。

$$\sigma = EK\left(y + \frac{1}{2}\eta_0 h\right)$$

对应的轴力和弯矩分别为

$$N = E\varepsilon_0 bh = E\varepsilon_0 A, \quad M = EKJ$$

在纯拉伸情况下,最大轴力为 $N_s = \sigma_s A$。因此,上式的无量纲形式为

$$n = \frac{N}{N_s} = \frac{\varepsilon_0}{\varepsilon_s}, \quad m = \frac{M}{M_s} = \frac{2K}{3K_e}$$

若 K 和 ε_0 都不为零,且 $\eta_0 > 0$,则横截面上最大正应力出现在 $y = \dfrac{h}{2}$ 处,其值

为 $\sigma = \dfrac{1}{2}EKh(1+\eta_0)$,当此处应力达到屈服应力

$$\sigma_s = \frac{1}{2}EKh(1+\eta_0)$$

截面开始出现屈服,此时该截面的曲率为

$$K = \frac{2\sigma_s}{Eh(1+\eta_0)} = \frac{K_e}{1+\eta_0}$$

此时

$$\varepsilon_0 = \frac{1}{2}\eta_0 hK = \frac{\sigma_s}{E} \cdot \frac{\eta_0}{1+\eta_0} = \varepsilon_s \frac{\eta_0}{1+\eta_0}$$

对应无量纲形式的荷载为

$$n = \frac{\eta_0}{1+\eta_0}, \quad m = \frac{2}{3} \cdot \frac{1}{1+\eta_0}$$

整理上式后有

$$2n + 3m = 2$$

这就是在 $N > 0, M > 0$ 的条件下的**弹性极限曲线**。若考虑轴力 $\pm N$ 和弯矩 $\pm M$ 的不同组合,即可得到梁在 $n—m$ 平面上的弹性极限荷载曲线。

下面讨论梁的塑性极限荷载。当梁的全截面进入屈服状态,中性层变为应力间断线,对应的轴力和弯矩为

$$N = \eta_0 bh\sigma_s, \quad M = (1-\eta_0^2)\frac{bh^2}{4}\sigma_s$$

其无量纲形式为

$$n = \eta_0, \quad m = 1 - \eta_0^2$$

即

$$m = 1 - n^2$$

若考虑轴力 $\pm N$ 和弯矩 $\pm M$ 的不同组合,即可得到梁在弯曲和拉伸同时作用下的塑性极限曲线。上式也是用**广义应力**表示的**屈服条件**。对梁、板、壳等结构进行塑性极限分析时,经常会用到这类屈服条件。

1.6 圆轴的弹塑性扭转

在材料力学中,已知圆轴在扭转变形时截面将保持为平面,半径恒保持为直线,因此在扭转过程中,截面如同刚性片那样绕圆轴的中心轴线发生相对转动。这个假设已在弹性力学中证实是精确的。当圆轴发生塑性变形后,平截面假设依然适用。因此,截面上的剪应变沿半径是线性分布的,即

$$\gamma_r = r\theta$$

此处 r 为截面上任意点到截面中心的距离,θ 为单位扭转角。设截面的半径为 R,则最大剪应变发生在截面周边,当

$$\gamma_{\max} = R\theta \leqslant \gamma_s = \frac{\tau_s}{G}$$

时,圆轴处于弹性状态,扭矩 T 与 θ 的关系为

$$T = GI_p\theta, \quad \text{其中 } I_p = \frac{1}{32}\pi D^4 = \frac{1}{2}\pi R^4$$

当 $\gamma_{\max} = \gamma_s$ 时,$\theta = \theta_e$,$T = T_e$,于是有

$$T_e = GI_p\theta_e, \quad \text{其中 } \theta_e = \frac{\gamma_s}{R}$$

T_e 称为**弹性极限扭矩**,它是截面上不出现塑性变形的最大扭矩。当 $\gamma_{\max} > \gamma_s$ 时,则截面的外层部分进入塑性状态,而中间部分仍为弹性状态,称为**弹性核心**。显然,弹性核心将约束外层塑性区的塑性变形。设弹性区的半径为 r_0,则有

$$\gamma_{r_0} = r_0\theta = \gamma_s, \quad \theta = \frac{\gamma_s}{r_0}$$

上式的无量纲形式为

$$\frac{\theta}{\theta_e} = \frac{R}{r_0}$$

当外层塑性区不断扩大时,r_0 不断减小。当 $r_0 \to 0$,即全截面都进入塑性状态时,$\theta \to \infty$。这表明实心圆轴扭转变形时,如果平截面的假设成立,则弹性核心总是存在的。

现在,设材料是弹性线性强化的(见图 1-21(a)),则本构关系为

$$\tau = G\gamma, \quad \text{当 } \tau \leqslant \tau_s$$

$$\tau = G_1\gamma + (1-\alpha)\tau_s, \quad \alpha = \frac{G_1}{G}, \quad \text{当 } \tau \geqslant \tau_s$$

于是,沿半径的应力分布如图 1-21(b)、(c)所示。根据静力平衡,截面上的

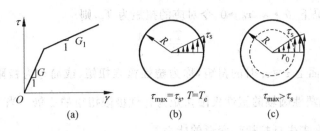

图　**1-21**

扭矩为

$$T = \int_A r\tau_r \mathrm{d}A = 2\pi \int_0^R \tau_r r^2 \,\mathrm{d}r = 2\pi G\theta \int_0^{r_0} r^3 \,\mathrm{d}r + 2\pi \int_{r_0}^R [G_1 r\theta + (1-\alpha)\tau_s] r^2 \,\mathrm{d}r$$

$$= \frac{\pi}{2} G\theta r_0^4 + 2\pi \left[G_1 \theta \frac{R^4 - r_0^4}{4} + (1-\alpha)\tau_s \frac{R^3 - r_0^3}{3} \right]$$

注意到 $\dfrac{\theta}{\theta_e} = \dfrac{R}{r_0}$，上式可写成

$$T = GI_p \theta \left[\left(\frac{\theta_e}{\theta} \right)^4 + \alpha \left(1 - \frac{\theta_e^4}{\theta^4} \right) + \frac{4}{3}(1-\alpha) \frac{\theta_e}{\theta} \left(1 - \frac{\theta_e^3}{\theta^3} \right) \right] \geqslant T_e$$

上式的无量纲形式为

$$\frac{T}{T_e} = \frac{1}{3} \left[3\alpha \frac{\theta}{\theta_e} + (1-\alpha) \left(4 - \frac{\theta_e^3}{\theta^3} \right) \right] \geqslant 1$$

在弹性阶段,则有

$$\frac{T}{T_e} = \frac{\theta}{\theta_e}, \quad T \leqslant T_e$$

由此可见,虽然材料的应力-应变关系 τ-γ 是由两条直线构成,但 T-θ 的关系却不能用两条直线表示。在 $T \geqslant T_e$ 时,T-θ 不是直线关系。当 $\theta \gg \theta_e$ 时,在式中可以略去 $\dfrac{\theta_e^3}{\theta^3}$ 项,此时

$$\frac{T}{T_e} = \alpha \frac{\theta}{\theta_e} + \frac{4}{3}(1-\alpha)$$

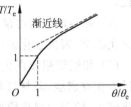

图　**1-22**

这表明,当 θ 足够大时,T-θ 趋近于一条直线(图 1-22)。所以,T-θ 曲线是以直线为渐近线。注意,当 θ 足够大时,则 r_0 很小,即弹性核心很小。

如果材料是弹性理想塑性的,则 $G_1 = 0$,$\alpha = 0$,于是

$$\frac{T}{T_e} = \frac{4}{3} \left(1 - \frac{1}{4} \cdot \frac{\theta_e^3}{\theta^3} \right) \geqslant 1$$

在极限情况下，$\theta \to \infty$，$r_0 \to 0$，令对应的扭矩为 T_s，则

$$\frac{T_s}{T_e} = \frac{4}{3}$$

T_s 为全截面上 $\tau = \tau_s$ 时的扭矩，称为**塑性极限扭矩**，或简称为**极限扭矩**。上式表明，弹塑性圆轴的塑性极限扭矩为弹性极限扭矩的 $\frac{4}{3}$ 倍。当 $T = T_s$ 时，截面已完全丧失抵抗扭转变形的能力。

本 章 小 结

(1) 变形的不可自主恢复性是金属材料在塑性阶段的基本特征。弹性和塑性的根本区别不在于应力-应变关系是否线性，而是卸载时是否保留了永久变形，即卸载过程中应力-应变关系是否仍然按原应力-应变路径返回。

(2) 弹性力学考虑的应力-应变关系是在材料的弹性极限以内，而塑性力学考虑的应力-应变关系扩展到了材料的强度极限以内，但不考虑断裂问题。以金属材料的简单拉压实验曲线为例，分析弹塑性阶段加、卸载过程的力学性质，可得出以下重要结论：①塑性阶段的应力-应变关系不再是单一对应关系，而是与加载过程有关；②加载过程与卸载过程的本构关系不同，因此有加卸载判定准则。

(3) 塑性力学对材料性质的几个假定(已被实验证实)：常温和准静载时的材料性质；材料体积变化是弹性的，当塑性变形较大时可忽略体积变化，即体积是不可压缩的；材料是稳定的，材料满足杜拉克公设和依留辛公设。

(4) 弹性理想塑性模型、刚性理想塑性模型、弹性线性强化模型、刚性线性强化模型、幂次强化模型等是塑性力学问题求解的常用模型。

(5) 相继屈服及强化模型：初始屈服给出了材料的屈服条件，继续加载时进入相继屈服，若材料具有强化性质，根据简单拉压实验给出常用的两个强化模型，即等向强化模型和随动强化模型。

(6) 通过几个简单问题的求解，说明弹塑性问题影响因素的复杂性，即塑性力学问题求解必须考虑跟踪加载过程。

(7) 重要概念：弹性极限荷载(曲线/曲面)，塑性极限荷载(曲线/曲面)，包辛格效应，初始屈服点，初始弹性范围，相继弹性范围，相继屈服点(曲面)或加载面/加载函数，屈服函数或屈服条件，残余应变，塑性应变，应力循环，材料稳定性假设，杜拉克公设，依留辛公设，塑性模量，强化规律，等

向强化模型,随动强化模型,塑性功,塑性应变强度,弹性理想塑性材料(模型),刚性理想塑性材料,弹性线性强化材料,刚性线性强化材料,加载路径。

思　考　题

1-1　名词解释:弹性极限荷载(曲面),塑性极限荷载(曲面),初始屈服点(面),相继屈服点或加载点(面),材料稳定性假设,杜拉克公设,依留辛公设,弹性理想塑性材料,刚性理想塑性材料,加载路径。

1-2　研究金属材料的塑性行为时,采用的基本假设有哪些?

1-3　什么是塑性铰?为什么塑性铰是单向铰?

1-4　结构内产生残余应力的条件是什么?残余应力是否只存在于卸载前的塑性区域内?残余应变和卸载前的塑性应变是否相等?

1-5　什么是包辛格效应?常用的硬化模型如何反映包辛格效应?

习　　题

1-1　已知简单拉伸时的应力-应变曲线 $\sigma = f_1(\varepsilon)$ 如图 1-23 所示,并可表示为

$$\sigma = f_1(\varepsilon) = \begin{cases} E\varepsilon, & 0 \leqslant \varepsilon \leqslant \varepsilon_s \\ \sigma_s, & \varepsilon_s \leqslant \varepsilon \leqslant \varepsilon_t \\ \sigma_s + E_t(\varepsilon - \varepsilon_t), & \varepsilon \geqslant \varepsilon_t \end{cases}$$

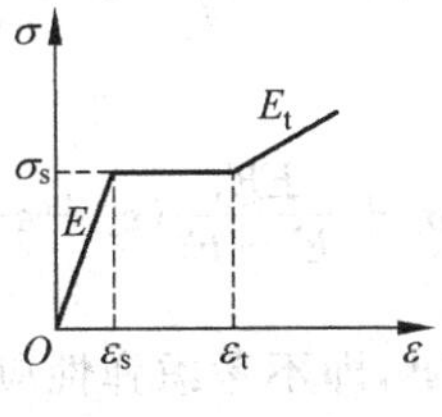

图　1-23

(1) 试问采用刚塑性模型时,即略去 ε^e,取 $\varepsilon = \varepsilon^p$,此时应力-应变曲线的表达式是什么?

(2) 对于等向强化模型取 $|\sigma| = \psi(\xi)$ 形式,这里取 $\xi = W^p = \int_0^{\varepsilon^p} \sigma d\varepsilon^p$,即

以塑性功作为刻画塑性变形历史的参数,试导出 $|\sigma| = \psi(\xi)$ 的表达式。

提示及答案:弹塑性材料在强化阶段弹性应变随应力增大而增大。塑性功是应力在塑性应变上所做的功,此题塑性应变分为理想的塑性流动和线性强化两个阶段,应分阶段计算塑性功。注意:弹性线性强化材料在强化阶段,由于应力的提高弹性应变也是线性增加。

(1) 方法 1

刚塑性材料,无弹性变形,根据理想刚塑性材料和刚性线性强化材料的一维本构关系,有

$$\sigma = \begin{cases} \sigma_s, & 0 \leqslant \varepsilon \leqslant \varepsilon_t - \varepsilon_s \text{(刚性理想塑性部分)} \\ \sigma_s + \dfrac{EE_t}{E - E_t}(\varepsilon - \varepsilon_t + \varepsilon_s), & \varepsilon \geqslant \varepsilon_t - \varepsilon_s \text{(线性强化部分)} \end{cases}$$

方法 2

刚性材料,即略去 ε_s 应变,得

$$\sigma = f_1(\varepsilon) = \begin{cases} \sigma_s, & 0 \leqslant \varepsilon \leqslant \varepsilon_t - \varepsilon_s \\ \sigma_s + E_t(\varepsilon - \varepsilon_t), & \varepsilon \geqslant \varepsilon_t - \varepsilon_s \end{cases}$$

强化阶段有

$$\sigma = \sigma_s + E_t(\varepsilon - \varepsilon_t) = \sigma_s + E_t\left(\frac{\sigma}{E} + \varepsilon^p - \varepsilon_t\right)$$

整理后得

$$\sigma = \sigma_s \frac{E}{E - E_t} + \frac{E}{E - E_t} E_t(\varepsilon^p - \varepsilon_t)$$

$$= \sigma_s\left(\frac{E - E_t}{E - E_t} + \frac{E_t}{E - E_t}\right) + \frac{EE_t}{E - E_t}(\varepsilon^p - \varepsilon_t)$$

$$= \sigma_s + \frac{EE_t}{E - E_t}\left(\frac{\sigma_s}{E} + \varepsilon^p - \varepsilon_t\right) = \sigma_s + \frac{EE_t}{E - E_t}(\varepsilon_s + \varepsilon^p - \varepsilon_t)$$

取 $\varepsilon = \varepsilon^p$,有

$$\sigma = \sigma_s + \frac{EE_t}{E - E_t}(\varepsilon_s + \varepsilon - \varepsilon_t)$$

(2) 取 $\xi = W^p = \displaystyle\int_0^{\varepsilon^p} \sigma d\varepsilon^p$,即不考虑弹性应变,因此有

$$\sigma = \begin{cases} \sigma_s, & 0 \leqslant \varepsilon \leqslant \varepsilon_t - \varepsilon_s \text{(刚性理想塑性部分)} \\ \sigma_s + \dfrac{EE_t}{E - E_t}(\varepsilon - \varepsilon_t + \varepsilon_s), & \varepsilon \geqslant \varepsilon_t - \varepsilon_s \text{(线性强化部分)} \end{cases}$$

开始发生塑性应变时,即 $\sigma = \sigma_s$,此时应力是常值,有

$$\xi = W^p = \int_0^{\varepsilon^p} \sigma d\varepsilon^p = \sigma_s(\varepsilon_t - \varepsilon_s) = \xi_0$$

强化部分：

$$\varepsilon \geqslant \varepsilon_t - \varepsilon_s$$

$$\xi = W^p = \int_0^{\varepsilon^p} \sigma d\varepsilon^p$$

$$= \int_0^{\varepsilon_t - \varepsilon_s} \sigma d\varepsilon + \int_{\varepsilon_t - \varepsilon_s}^{\varepsilon} \sigma d\varepsilon$$

$$= \int_0^{\varepsilon_t - \varepsilon_s} \sigma_s d\varepsilon + \int_{\varepsilon_t - \varepsilon_s}^{\varepsilon} \left[\sigma_s + \frac{EE_t}{E - E_t} (\varepsilon - \varepsilon_t + \varepsilon_s) \right] d\varepsilon$$

$$= \xi_0 + \sigma_s \cdot \varepsilon \Big|_{\varepsilon_t - \varepsilon_s}^{\varepsilon} + \frac{E_p}{2} (\varepsilon - \varepsilon_t + \varepsilon_s)^2 \Big|_{\varepsilon_t - \varepsilon_s}^{\varepsilon}$$

$$= \xi_0 + \sigma_s (\varepsilon - \varepsilon_t + \varepsilon_s) + \frac{E_p}{2} \left[(\varepsilon - \varepsilon_t + \varepsilon_s)^2 - (\varepsilon_t - \varepsilon_s - \varepsilon_t + \varepsilon_s)^2 \right]$$

$$= \xi_0 + \sigma_s (\varepsilon - \varepsilon_t + \varepsilon_s) + \frac{E_p}{2} (\varepsilon - \varepsilon_t + \varepsilon_s)^2$$

即

$$\xi_0 + \sigma_s (\varepsilon - \varepsilon_t + \varepsilon_s) + \frac{E_p}{2} (\varepsilon - \varepsilon_t + \varepsilon_s)^2 - \xi = 0$$

解出

$$\varepsilon - \varepsilon_t + \varepsilon_s = \frac{-\sigma_s \pm \sqrt{\sigma_s^2 + 4 \times \dfrac{E_p}{2} \times (\xi - \xi_0)}}{2 \times \dfrac{E_p}{2}}$$

$$= \frac{-\sigma_s \pm \sqrt{\sigma_s^2 + 2 \times E_p \times (\xi - \xi_0)}}{E_p}$$

将其代入 σ 的表达式得

$$\sigma = \sigma_s + E_p (\varepsilon - \varepsilon_t + \varepsilon_s)$$

$$= \sigma_s + E_p \cdot \frac{-\sigma_s \pm \sqrt{\sigma_s^2 + 2 \times E_p \times (\xi - \xi_0)}}{E_p}$$

$$= \pm \sqrt{\sigma_s^2 + 2 \times E_p \times (\xi - \xi_0)}$$

又 $|\sigma| = \psi(\xi)$，有 $|\sigma| = \sqrt{\sigma_s^2 + 2 \times E_p \times (\xi - \xi_0)}$，故

$$|\sigma| = \psi(\xi) = \begin{cases} \sigma_s, & 0 \leqslant \xi \leqslant \xi_0 = \sigma_s (\varepsilon_t - \varepsilon_s) \\ \sqrt{\sigma_s^2 + 2 \dfrac{EE_t}{E - E_t} (\xi - \xi_0)}, & \xi \geqslant \xi_0 \end{cases}$$

1-2　如图 1-24 所示的等截面杆，截面积为 A。在 $x = a$ 处 $(b > a)$ 作用一逐渐增加的力 P。

（1）该杆的材料是线性强化弹塑性的，拉伸和压缩时规律一样，求左端

反力 N_1 与力 P 的关系。

(2) 若为幂次强化材料 $\sigma = c\varepsilon^n$、理想弹塑性材料,又会如何?

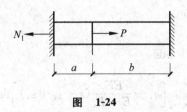

图 1-24

提示及答案:考虑受力平衡条件、变形协调条件(左段拉伸变形等于右段压缩变形的绝对值)、物理方程等求解左段应变和左端反力。由于 $b>a$,左段应力大于右段应力的绝对值,因而左段先进入塑性状态。不同材料时其物理方程不同。

(1) 设左段受拉段为 1 段,右段受压段为 2 段。左段固定端反力为 N_1,方向向左;右段固定端反力为 N_2,方向向左。1、2 段的变形(或位移)方向一致均向右。力的平衡方程、变形协调方程如下(规定以拉为正):

$$N_1 - N_2 = P \quad 或 \quad \sigma_1 - \sigma_2 = P/A, \quad N_1 = \sigma_1 A, \quad N_2 = \sigma_2 A$$

$$\varepsilon_1 a + \varepsilon_2 b = 0$$

$$\sigma_i = E\varepsilon_i(弹性阶段)$$

$$\pm\sigma_i = \pm\sigma_s + E_t(\varepsilon_i \mp \varepsilon_s)(强化阶段)$$

未知数有 6 个,方程亦有 6 个,因此该问题可解,求出其解则可计算出 N_1。

① 弹性阶段

根据变形协调方程有

$$\varepsilon_2 = -\frac{a}{b}\varepsilon_1$$

考虑本构关系后,有

$$\sigma_2 = E\varepsilon_2 = -\frac{a}{b} \cdot E\varepsilon_1 = -\frac{a}{b} \cdot \sigma_1$$

由于 $b>a$,则 2 段应力小于 1 段,1 段先进入塑性强化。代入力平衡式,有

$$\sigma_1 = \frac{P/A}{1 + a/b}$$

即

$$N_1 = \frac{P}{1 + a/b}$$

上式适用于 $\sigma_1 \leqslant \sigma_s$ 的情况,即

$$P \leqslant P_1 = A\sigma_s\left(1 + \frac{a}{b}\right) = N_s\left(1 + \frac{a}{b}\right)$$

② 1 段进入塑性强化阶段,2 段还是弹性阶段时

1 段本构关系为

$$\sigma_1 = \sigma_s + E_t(\varepsilon_1 - \varepsilon_s)$$

由 $\varepsilon_2 = -\dfrac{a}{b}\varepsilon_1$ 和 $\sigma_2 = E\varepsilon_2$,得

$$\sigma_2 = E\left(-\frac{a}{b}\varepsilon_1\right)$$

考虑力平衡方程,有

$$\sigma_s + E_t(\varepsilon_1 - \varepsilon_s) + E\frac{a}{b}\varepsilon_1 = P/A$$

因此有

$$\varepsilon_1 = \frac{\dfrac{P}{A} - \sigma_s + E_t\varepsilon_s}{E_t + E\dfrac{a}{b}}$$

再计算轴力

$$N_1 = \sigma_1 A = [\sigma_s + E_t(\varepsilon_1 - \varepsilon_s)]A = \left[\sigma_s + E_t\left(\frac{\dfrac{P}{A} - \sigma_s + E_t\varepsilon_s}{E_t + E\dfrac{a}{b}} - \varepsilon_s\right)\right]A$$

$$= \frac{\lambda N_s + P\dfrac{b}{a}(1-\lambda)}{\dfrac{b}{a}(1-\lambda)+1}, \quad \lambda = 1 - \frac{E_t}{E}$$

上式适用于 $\sigma_2 \geqslant (-\sigma_s)$ 时,即

$$\sigma_2 = E\left(-\frac{a}{b}\varepsilon_1\right) \geqslant (-\sigma_s) \Rightarrow \varepsilon_1 \leqslant \frac{b}{a}\varepsilon_s \Rightarrow P_1 \leqslant P \leqslant P_2$$

$$= N_s\left[\left(1+\frac{b}{a}\right) + \lambda\left(1 - \frac{b}{a}\right)\right]$$

③ 1、2 段均进入塑性强化阶段

由 $\varepsilon_2 = -\dfrac{a}{b}\varepsilon_1$ 和 $(\pm)\sigma_i = \pm\sigma_s + E_t(\varepsilon_i \mp \varepsilon_s)$,再考虑力平衡方程,有

$$\varepsilon_1 = \frac{\dfrac{\dfrac{P}{A} - 2\sigma_s}{E_t} + 2\varepsilon_s}{1 + \dfrac{a}{b}} \Rightarrow N_1 = \frac{P - \lambda\left(1 - \dfrac{a}{b}\right)N_s}{\dfrac{a}{b} + 1}$$

上式的适用条件是 $P \geqslant P_2$,因此有

$$N_1 = \begin{cases} \dfrac{P}{1+\dfrac{a}{b}}, & 0 \leqslant P \leqslant P_1 \\[4mm] \dfrac{b(1-\lambda)\dfrac{P}{a}+\lambda N_s}{1+\dfrac{b(1-\lambda)}{a}}, & P_1 \leqslant P \leqslant P_2 \\[4mm] \dfrac{P-\lambda\left(1-\dfrac{a}{b}\right)N_s}{1+\dfrac{a}{b}}, & P \geqslant P_2 \end{cases}$$

式中

$$N_s = A\sigma_s, \quad \lambda = 1-\frac{E_t}{E}, \quad P_1 = \left(1+\frac{a}{b}\right)N_s,$$

$$P_2 = \left[\left(1+\frac{b}{a}\right)+\lambda\left(1-\frac{b}{a}\right)\right]N_s$$

(2) 幂次强化材料

平衡方程、协调方程、本构方程为

$$N_1 - N_2 = P \quad 或 \quad \sigma_1 - \sigma_2 = P/A, \quad N_1 = \sigma_1 A, \quad N_2 = \sigma_2 A$$
$$\varepsilon_1 a + \varepsilon_2 b = 0$$
$$\sigma_i = c \cdot |\varepsilon|^n \cdot \text{sign}\varepsilon$$

解方程得

$$\varepsilon_1^n = \frac{P}{Ac} \cdot \frac{1}{1+\left(\dfrac{a}{b}\right)^n} = \frac{P}{Ac} \cdot \frac{\left(\dfrac{b}{a}\right)^n}{1+\left(\dfrac{b}{a}\right)^n} \Rightarrow N_1 = P \cdot \frac{\left(\dfrac{b}{a}\right)^n}{1+\left(\dfrac{b}{a}\right)^n}$$

因此有

$$N_1 = \frac{\left(\dfrac{b}{a}\right)^n P}{1+\left(\dfrac{b}{a}\right)^n}$$

理想弹塑性材料：

$$N_1 - N_2 = P \quad 或 \quad \sigma_1 - \sigma_2 = P/A$$
$$\varepsilon_1 a + \varepsilon_2 b = 0$$
$$N_1 = \sigma_1 A, \quad N_2 = \sigma_2 A$$
$$\sigma_i = E\varepsilon_i(弹性阶段), \quad \pm\sigma_i = \pm\sigma_s(塑性阶段)$$

① 弹性阶段

根据变形协调方程得

$$\varepsilon_2 = -\frac{a}{b}\varepsilon_1$$

考虑本构关系后,有

$$\sigma_2 = E\varepsilon_2 = -\frac{a}{b} \cdot E\varepsilon_1 = -\frac{a}{b} \cdot \sigma_1$$

由于 $b > a$,则 2 段应力小于 1 段,1 段先进入塑性阶段。

代入力平衡式,得

$$\sigma_1 = \frac{P/A}{1 + a/b}$$

即

$$N_1 = \frac{P}{1 + a/b} = \frac{bP}{b + a}$$

上式适用于 $\sigma_1 \leqslant \sigma_s$ 时,即

$$P \leqslant P_e = A\sigma_s\left(1 + \frac{a}{b}\right) = N_s\left(1 + \frac{a}{b}\right)$$

② 1 段进入塑性阶段,2 段还是弹性阶段时

1 段本构关系为

$$\sigma_1 = \sigma_s \Rightarrow N_1 = \sigma_1 A = \sigma_s A$$

适用条件由平衡方程推出:

$$\sigma_s - E\varepsilon_2 = \frac{P}{A} \Rightarrow \varepsilon_2 = \frac{\sigma_s - \dfrac{P}{A}}{E} \geqslant (-\varepsilon_s) \Rightarrow P_s \leqslant 2N_s$$

因此有

$$N_1 = \begin{cases} \dfrac{bP}{a + b}, & 0 \leqslant P \leqslant P_1 = \dfrac{(a + b)N_s}{b} \\[3mm] N_s, & P_1 \leqslant P \leqslant 2N_s \end{cases}$$

1-3　对于线性随动强化模型,屈服时的应力与塑性应变之间满足关系

$$|\sigma - E_p\varepsilon^p| = \sigma_s, \quad E_p = \frac{EE_t}{E - E_t}$$

若设

$$E_t = \frac{E}{100}$$

并给出应力路径为

$$0 \to 1.5\sigma_s \to 0 \to -\sigma_s \to 0$$

试求对应的应变值。

提示:荷载单调变化时,可用全量法计算应力、应变,否则只能用增量法计算应力、应变;增量法步长应考虑材料所处状态,不同的状态物理关系不

同；强化阶段的应变包括弹性应变和塑性应变,且弹性应变亦随应力增加而增加。

提示及答案

计算塑性模量：

$$E_p = \frac{EE_t}{E - E_t} = \frac{0.01E^2}{0.99E} = \frac{E}{99}$$

应力路径为 $0 \to 1.5\sigma_s$ 时：单调加载,因此有

$$|\sigma - E_p\varepsilon^p| = \sigma_s \Rightarrow 1.5\sigma_s - E_p\varepsilon^p = \sigma_s \Rightarrow \varepsilon^p = \frac{0.5\sigma_s}{E_p} = 49.5\varepsilon_s$$

弹性应变为

$$\sigma = E \cdot \varepsilon^e \Rightarrow \varepsilon^e = 1.5\varepsilon_s$$

因此总应变为

$$\varepsilon = (49.5 + 1.5)\varepsilon_s = 51\varepsilon_s$$

应力路径为 $1.5\sigma_s \to 0$ 时：单调卸载,因此有

$$\Delta\sigma = -1.5\sigma_s, \quad \Delta\sigma = E \cdot \Delta\varepsilon \Rightarrow \Delta\varepsilon = -1.5\varepsilon_s$$

因为 $|\Delta\sigma| = 1.5\sigma_s \leqslant 2\sigma_s$,因此未反向屈服,步长是合适的,塑性应变保持不变。因此总应变为

$$\varepsilon = (51 - 1.5)\varepsilon_s = 49.5\varepsilon_s$$

应力路径为 $0 \to -\sigma_s$ 时：单调反向加载,因此弹性应变为

$$\Delta\sigma = -\sigma_s, \quad \Delta\sigma = E \cdot \Delta\varepsilon \Rightarrow \Delta\varepsilon = -\varepsilon_s$$

由于包辛格效应,应力路径 $-0.5 \to -\sigma_s$ 时有新的塑性应变：

$$\Delta\varepsilon^p = \frac{\Delta\sigma}{E_p} = \frac{-0.5\sigma_s}{E/99} = -49.5\varepsilon_s$$

因此总应变为

$$\varepsilon = [49.5 + (-1) + (-49.5)]\varepsilon_s = -\varepsilon_s$$

应力路径为 $-\sigma_s \to 0$ 时：单调卸载,因此有

$$\Delta\sigma = \sigma_s, \quad \Delta\sigma = E \cdot \Delta\varepsilon \Rightarrow \Delta\varepsilon = \varepsilon_s$$

因为 $|\Delta\sigma| = \sigma_s \leqslant 2\sigma_s$,因此未反向屈服,步长是合适的,塑性应变保持不变。因此总应变为

$$\varepsilon = (-1 + 1)\varepsilon_s = 0$$

则有

$$0 \to 51\varepsilon_s \to 49.5\varepsilon_s \to -\varepsilon_s \to 0$$

第 2 章
应力和应变分析

弹性力学中对应力和应变已经作过较为详细的讨论,已知应力和应变分析与材料的性质无关。本章将在弹性力学已有结果的基础上,介绍一些使塑性力学问题分析更为方便的概念,并对其物理意义作出解释。为了叙述的连贯性,有些地方做了必要的重复。

2.1　张量知识简介

力学中常用的量分为三类:只有大小没有方向的物理量——**标量**,如温度、密度、时间等;既有大小又有方向性的物理量——**矢量**,如矢径、位移、速度、力等;具有多重方向性的、比矢量更为复杂的物理量——**张量**,如应力、应变均为 2 阶张量。

所有与坐标系选取无关的量称为**物理恒量**。把这些物理恒量统称为张量时,则在三维空间中,以 n 表示幂次,张量的分量数目可统一地表示为 $M=3^n$。当 $n=0$ 时称为零阶张量,如标量;当 $n=1$ 时称为一阶张量,如矢量;当 $n=2$ 时,称为**二阶张量**,如应力张量、应变张量;对应 n 时,称为 n 阶张量。

在张量讨论中,采用下标字母符号来表示和区别该张量的所有分量。张量运算时不重复出现的下标符号称为**自由标号**,如 $a_{ij}b_i$ 中的 j。自由标号在其方程内只罗列不求和,它的数量确定了张量的阶次。同一方程式中各张量的自由标号相同,即同阶且标号字母相同。重复出现且只能重复出现一次的下标符号称为**哑标号**或**假标号**,如 σ_{ii}、$a_i b_i$、$a_{ij} b_i$ 中的 i。哑标号在其方程内先罗列后求和,称为**求和约定**。求和标号可任意变换字母表示,求和约定只适用于字母标号,不适用于数字标号。运算中括号内的求和标号应在进行其他运算前优先求和。关于对张量的坐标参数求导数时,采用下标符号前方加",",(逗号)的方式来表示。下面举例说明张量运算的规律:

$$\sigma_{ii} = \sum_{i=1}^{3} \sigma_{ii} = \sigma_{11} + \sigma_{22} + \sigma_{33}$$

$$a_i b_i = \sum_{i=1}^{3} a_i b_i = a_1 b_1 + a_2 b_2 + a_3 b_3$$

$$a_{ij} b_i = \sum_{i=1}^{3} a_{ij} b_i = a_{1j} b_1 + a_{2j} b_2 + a_{3j} b_3$$

$$(\sigma_{ii})^2 = \left(\sum_{i=1}^{3} \sigma_{ii} \right)^2 = (\sigma_{11} + \sigma_{22} + \sigma_{33})^2$$

$$\sigma_{ii}^2 = \sum_{i=1}^{3} \sigma_{ii}^2 = \sigma_{11}^2 + \sigma_{22}^2 + \sigma_{33}^2$$

$$\sigma_{ij} \varepsilon_{ij} = \sum_{i=1}^{3} \sum_{j=1}^{3} \sigma_{ij} \varepsilon_{ij}$$
$$= \sigma_{11} \varepsilon_{11} + \sigma_{12} \varepsilon_{12} + \sigma_{13} \varepsilon_{13} + \sigma_{21} \varepsilon_{21} + \sigma_{22} \varepsilon_{22}$$
$$+ \sigma_{23} \varepsilon_{23} + \sigma_{31} \varepsilon_{31} + \sigma_{32} \varepsilon_{32} + \sigma_{33} \varepsilon_{33}$$

$$\sigma_{ij,i} = \sum_{i=1}^{3} \frac{\partial \sigma_{ij}}{\partial x_i} = \frac{\partial \sigma_{1j}}{\partial x_1} + \frac{\partial \sigma_{2j}}{\partial x_2} + \frac{\partial \sigma_{3j}}{\partial x_3}$$

$$\sigma_{i,jj} = \sum_{j=1}^{3} \frac{\partial^2 \sigma_i}{\partial x_j \partial x_j} = \frac{\partial^2 \sigma_i}{\partial x_1 \partial x_1} + \frac{\partial^2 \sigma_i}{\partial x_2 \partial x_2} + \frac{\partial^2 \sigma_i}{\partial x_3 \partial x_3}$$

柯罗尼克尔符号(δ_{ij})(或柯氏符号,Kronecker delta):张量分析中的一个基本符号,亦称单位张量。

$$\delta_{ij} = \begin{cases} 1, & \text{当 } i = j \text{ 时} \\ 0, & \text{当 } i \neq j \text{ 时} \end{cases} \quad \text{或} \quad (\delta_{ij}) = \begin{bmatrix} 1 & 0 & 0 \\ 0 & 1 & 0 \\ 0 & 0 & 1 \end{bmatrix}$$

2.2 弹性力学重要公式

为了讨论方便,这里将弹性力学中的一些重要公式以张量形式给出。

二阶张量的第一、第二和第三不变量计算(此处用应力符号表示,也可用其他二阶张量的符号表示）：

$$I_1 = \sigma_{ii} = \sigma_x + \sigma_y + \sigma_z$$

$$I_2 = \frac{1}{2}(\sigma_{ij}\sigma_{ij} - \sigma_{ii}\sigma_{jj}) = \tau_{xy}^2 + \tau_{yz}^2 + \tau_{zx}^2 - \sigma_x\sigma_y - \sigma_y\sigma_z - \sigma_z\sigma_x$$

$$I_3 = \det(\sigma_{ij}) = \sigma_x\sigma_y\sigma_z + 2\tau_{xy}\tau_{yz}\tau_{zx} - \sigma_x\tau_{yz}^2 - \sigma_y\tau_{zx}^2 - \sigma_z\tau_{xy}^2$$

应变张量 ε_{ij} 为

$$\begin{bmatrix} \varepsilon_x & \varepsilon_{xy} & \varepsilon_{xz} \\ \varepsilon_{yx} & \varepsilon_y & \varepsilon_{yz} \\ \varepsilon_{zx} & \varepsilon_{zy} & \varepsilon_z \end{bmatrix}$$

（注：工程应变分量不符合张量运算规律，作了 $\varepsilon_{ij} = \dfrac{1}{2}\gamma_{ij}$ 代换后变为张量。）

应变张量的三个不变量

$$I_1 = \varepsilon_x + \varepsilon_y + \varepsilon_z$$

$$I_2 = \varepsilon_{xy}^2 + \varepsilon_{yz}^2 + \varepsilon_{zx}^2 - \varepsilon_x\varepsilon_y - \varepsilon_y\varepsilon_z - \varepsilon_z\varepsilon_x$$

$$= \frac{1}{4}(\gamma_{xy}^2 + \gamma_{yz}^2 + \gamma_{zx}^2) - \varepsilon_x\varepsilon_y - \varepsilon_y\varepsilon_z - \varepsilon_z\varepsilon_x$$

$$I_3 = \varepsilon_x\varepsilon_y\varepsilon_z + 2\varepsilon_{xy}\varepsilon_{yz}\varepsilon_{zx} - \varepsilon_x\varepsilon_{yz}^2 - \varepsilon_y\varepsilon_{zx}^2 - \varepsilon_z\varepsilon_{xy}^2$$

$$= \varepsilon_x\varepsilon_y\varepsilon_z + \frac{1}{4}(\gamma_{xy}\gamma_{yz}\gamma_{zx} - \varepsilon_x\gamma_{yz}^2 - \varepsilon_y\gamma_{zx}^2 - \varepsilon_z\gamma_{xy}^2)$$

体积应变

$$\theta = \varepsilon_x + \varepsilon_y + \varepsilon_z$$

弹性应变能

$$W = \frac{1}{2}\sigma_{ij} \cdot \varepsilon_{ij}$$

一阶张量的坐标转换

$$P_i' = l_{ij}P_j \quad (l_{ij} \text{ 为方向余弦}, l_{ik} \cdot l_{kj} = \delta_{ij})$$

二阶张量的坐标转换

$$\sigma_{ij}' = l_{ik}l_{jl}\sigma_{kl} \quad (l_{ij} \text{ 为方向余弦}, l_{ki} \cdot l_{kj} = l_{ik} \cdot l_{jk} = \delta_{ij})$$

柯西公式

$$F_{Nj} = \sigma_{ij}N_i$$

平衡微分方程

$$\sigma_{ij,j} + f_i = 0$$

几何方程

$$\varepsilon_{ij} = \frac{1}{2}(u_{i,j} + u_{j,i})$$

变形协调方程

$$\varepsilon_{ij,kl} + \varepsilon_{kl,ij} - \varepsilon_{ik,jl} - \varepsilon_{jl,ik} = 0$$

物理方程

$$\sigma_{ij} = \frac{E}{1+\nu}\left(\varepsilon_{ij} + \frac{\nu}{1-2\nu}\varepsilon_{kk}\delta_{ij}\right), \quad E、\nu\ 为工程常数$$

$$\varepsilon_{ij} = \frac{1}{E}\left[(1+\nu)\sigma_{ij} - \nu\sigma_{kk}\delta_{ij}\right]$$

$$\sigma_{ij} = \lambda_0\varepsilon_{kk}\delta_{ij} + 2\mu\varepsilon_{ij}, \quad \lambda_0、\mu\ 为拉梅常数$$

建议读者将上述张量形式的方程展开,与直角坐标系下的基本方程进行比较,以便于熟悉张量记法和运算。

2.3 主应力计算

已知一点的 6 个应力分量,则过此点任一方向的面上的法向应力和切向应力即可确定。如果过一点的某个面上只作用有正应力而剪应力为零,则该平面称为**应力主平面**,应力主平面的法线方向 N 称为**应力主方向**,相应的正应力称为**主应力**。下面用数学分析的方法来求主平面和主应力。

令主应力的大小为 σ,主平面的方向余弦为 l、m、n。这 4 个量是未知量,那么在此主平面上沿各坐标轴的应力分量为

$$F_x = \sigma l, \quad F_y = \sigma m, \quad F_z = \sigma n$$

将上式代入柯西公式并整理,有

$$(\sigma_x - \sigma)l + \tau_{xy}m + \tau_{xz}n = 0$$

$$\tau_{yx}l + (\sigma_y - \sigma)m + \tau_{yz}n = 0$$

$$\tau_{zx}l + \tau_{zy}m + (\sigma_z - \sigma)n = 0$$

并有条件(方向余弦的性质)

$$l^2 + m^2 + n^2 = 1$$

所以,由代数知识可知,关于 (l,m,n) 有非零解的条件是

$$\begin{vmatrix} \sigma_x - \sigma & \tau_{xy} & \tau_{xz} \\ \tau_{yx} & \sigma_y - \sigma & \tau_{yz} \\ \tau_{zx} & \tau_{zy} & \sigma_z - \sigma \end{vmatrix} = 0$$

展开该行列式,得到主应力 σ 的特征方程

$$\sigma^3 - I_1\sigma^2 - I_2\sigma - I_3 = 0$$

其中,I_1、I_2、I_3 分别为应力张量的第一、第二和第三不变量。求解此方程即可得主应力。

下面求出主方向。

设与主应力 $\sigma_i(i=1,2,3)$ 对应的主方向为 $N_i=(l_i,m_i,n_i)$。于是求出 N_i 的方程为

$$(\sigma_x-\sigma_i)l_i+\tau_{xy}m_i+\tau_{zx}n_i=0$$
$$\tau_{yx}l_i+(\sigma_y-\sigma_i)m_i+\tau_{yz}n_i=0$$
$$\tau_{zx}l_i+\tau_{zy}m_i+(\sigma_z-\sigma_i)n_i=0$$
$$l_i^2+m_i^2+n_i^2=1$$

由前 3 个方程中任取两个方程与第 4 个方程联立求解,则可求出与 σ_i 对应的主方向。

2.4　应力偏张量及其不变量

金属实验表明,静水压力只是使材料发生体积压缩,而不会使其形状发生改变。因为在静水压力状态下,各向同性材料体内任一点的任何面上都没有剪应力,因此不发生剪切变形。描述静水压力状态的应力分量为 $\sigma_1=\sigma_2=\sigma_3=\sigma_m$,其他分量均为零,此时应力状态的矩阵形式为

$$(\sigma_m)=\begin{bmatrix}\sigma_m & 0 & 0\\ 0 & \sigma_m & 0\\ 0 & 0 & \sigma_m\end{bmatrix}$$

$$\sigma_m=\frac{1}{3}(\sigma_1+\sigma_2+\sigma_3)=\frac{1}{3}I_1$$

其中,σ_m 称为**平均正应力**(亦称为**球应力**或**静水压力**),(σ_m) 称为**应力球张量**。将应力张量减去应力球张量,就得到**应力偏张量**,记为 (s),即

$$(s)=\begin{bmatrix}\sigma_x-\sigma_m & \tau_{xy} & \tau_{zx}\\ \tau_{yx} & \sigma_y-\sigma_m & \tau_{yz}\\ \tau_{zx} & \tau_{zy} & \sigma_z-\sigma_m\end{bmatrix}=\begin{bmatrix}s_x & s_{xy} & s_{zx}\\ s_{yx} & s_y & s_{yz}\\ s_{zx} & s_{zy} & s_z\end{bmatrix}$$

显然有

$$s_x+s_y+s_z=0,\quad s_{ij}=\tau_{ij}$$

应力偏张量不会引起材料的体积改变,只会引起它的形状改变。将应力张量分解为应力球张量和应力偏张量,前者与材料的体积变形有关,后者与材料的形状变化(称为**畸变**)有关。大量实验表明,在常见应力范围内,金属材料的塑性性质与平均正应力无关,即与应力球张量无关,只与应力偏张量有关。因此,在塑性力学中更关心的是应力偏张量。

应力偏张量的主值和主方向计算方法和应力张量的类似,这里略去过程。应力偏张量的主值用应力主值计算时的表达式为

$$\begin{cases} s_1 = \sigma_1 - \dfrac{1}{3}(\sigma_1 + \sigma_2 + \sigma_3) = \dfrac{1}{3}(2\sigma_1 - \sigma_2 - \sigma_3) \\[2mm] s_2 = \dfrac{1}{3}(2\sigma_2 - \sigma_3 - \sigma_1) \\[2mm] s_3 = \dfrac{1}{3}(2\sigma_3 - \sigma_1 - \sigma_2) \end{cases} \tag{2-1}$$

应力偏张量的三个不变量为

$$\begin{cases} J_1 = s_{ii} = s_x + s_y + s_z = 0 \\[2mm] J_2 = \dfrac{1}{2}(s_{ij}s_{ij} - s_{ii}s_{jj}) = \tau_{xy}^2 + \tau_{yz}^2 + \tau_{zx}^2 - s_x s_y - s_y s_z - s_z s_x \\[2mm] J_3 = \det(s_{ij}) = s_x s_y s_z + 2\tau_{xy}\tau_{yz}\tau_{zx} - s_x\tau_{yz}^2 - s_y\tau_{zx}^2 - s_z\tau_{xy}^2 \end{cases} \tag{2-2}$$

注意,因为 $J_1 = s_{ii} = s_x + s_y + s_z = 0$,因此有 $s_1 > 0$,$s_3 < 0$,s_2 正负不定;当 $s_2 > 0$ 时,则 s_3 的绝对值最大;当 $s_2 < 0$ 时,则 s_1 的绝对值最大。

因为 $s_x + s_y + s_z = 0$,所以有

$$(s_x + s_y + s_z)^2 = s_x^2 + s_y^2 + s_z^2 + 2(s_x s_y + s_y s_z + s_z s_x) = 0$$

于是

$$-6(s_x s_y + s_y s_z + s_z s_x) = 2s_x^2 + 2s_y^2 + 2s_z^2 - 2(s_x s_y + s_y s_z + s_z s_x)$$
$$= (s_x - s_y)^2 + (s_y - s_z)^2 + (s_z - s_x)^2 = (\sigma_x - \sigma_y)^2 + (\sigma_y - \sigma_z)^2 + (\sigma_z - \sigma_x)^2$$

将上式代入 J_2 的表达式,得到

$$J_2 = \frac{1}{6}\big[(\sigma_x - \sigma_y)^2 + (\sigma_y - \sigma_z)^2 + (\sigma_z - \sigma_x)^2 + 6(\tau_{xy}^2 + \tau_{yz}^2 + \tau_{zx}^2)\big]$$

$$= \frac{1}{6}\big[(\sigma_1 - \sigma_2)^2 + (\sigma_2 - \sigma_3)^2 + (\sigma_3 - \sigma_1)^2\big] \tag{2-3}$$

对于纯剪切应力状态,如 $\tau_{xy} = \tau$,$\sigma_x = \sigma_y = \sigma_z = \tau_{yz} = \tau_{zx} = 0$,于是有

$$J_2 = \tau^2$$

令

$$T = \sqrt{J_2} = \sqrt{\frac{1}{6}\big[(\sigma_x - \sigma_y)^2 + (\sigma_y - \sigma_z)^2 + (\sigma_z - \sigma_x)^2 + 6(\tau_{xy}^2 + \tau_{yz}^2 + \tau_{zx}^2)\big]}$$

$$= \sqrt{\frac{1}{6}\big[(\sigma_1 - \sigma_2)^2 + (\sigma_2 - \sigma_3)^2 + (\sigma_3 - \sigma_1)^2\big]} \tag{2-4}$$

则在纯剪切情况下,有 $T = \tau$,所以 T 叫做剪应力强度或等效剪应力。

引进一新的量——**应力强度**,其定义为

$$\sigma_e = \sqrt{3J_2} = \frac{1}{\sqrt{2}}\sqrt{(\sigma_x - \sigma_y)^2 + (\sigma_y - \sigma_z)^2 + (\sigma_z - \sigma_x)^2 + 6(\tau_{xy}^2 + \tau_{yz}^2 + \tau_{zx}^2)}$$

$$= \frac{1}{\sqrt{2}} \sqrt{(\sigma_1 - \sigma_2)^2 + (\sigma_2 - \sigma_3)^2 + (\sigma_3 - \sigma_1)^2} \qquad (2\text{-}5)$$

在一维应力状态(简单拉伸或压缩)下,如 $\sigma_x = \sigma$,其余应力分量为零,则有 $\sigma_e = |\sigma|$,所以,σ_e 叫做**应力强度**。σ_e 实际上就是材料力学中第四强度理论的**相当应力**。

2.5 主应力空间、八面体应力

应力状态可由应力张量完全确定。一般来说,应力张量有 9 个分量,但只有 6 个是独立的。因此,应力状态可由 6 个参量确定。这 6 个参量可以是 6 个独立的应力分量(坐标系已给定),也可以是 3 个主应力和 3 个主方向。对于各向同性材料,其力学性质与方向无关,因此,在讨论应力状态与材料性质的关系时,一点的应力状态可由 3 个主应力来描述。

如果虚构一个空间,在其内任一点的坐标分别等于 3 个主应力,这样的空间叫做**三维应力空间**,应力空间内的任一点 P,代表某个应力状态,称为**应力点**(图 2-1)。现在,令三维应力空间坐标轴 σ_1、σ_2、σ_3 与一点处的应力主轴 1、2、3 重合,即构成**主应力空间**。

在主应力空间,以三个相互垂直的单位向量 $\boldsymbol{i}_1$、$\boldsymbol{i}_2$、$\boldsymbol{i}_3$ 作为主应力空间的**基向量**(长度为一个单位长度的向量叫做基向量),则任意一个应力状态可用该空间中的一个**向径**(又称径矢,表示空间中任一点在坐标系中的矢量,即原点到某一点的矢量)OP 表示:

$$OP = \sigma_1 \boldsymbol{i}_1 + \sigma_2 \boldsymbol{i}_2 + \sigma_3 \boldsymbol{i}_3$$

因此 OP 可分解为偏量部分 OQ 和静水压力部分 ON,如图 2-2 所示:

$$OP = OQ + ON = (s_1 \boldsymbol{i}_1 + s_2 \boldsymbol{i}_2 + s_3 \boldsymbol{i}_3) + (\sigma_m \boldsymbol{i}_1 + \sigma_m \boldsymbol{i}_2 + \sigma_m \boldsymbol{i}_3)$$

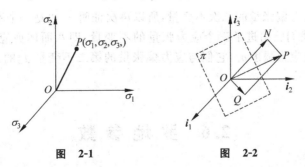

图 2-1　　　　　图 2-2

其中,OQ 为主偏应力向量,ON 与向量 $\left(\dfrac{1}{\sqrt{3}}, \dfrac{1}{\sqrt{3}}, \dfrac{1}{\sqrt{3}}\right)$ 相平行。过原点 O 以

ON 为法向的平面称为 π **平面**或称为**偏平面**，其方程为

$$\sigma_1 + \sigma_2 + \sigma_3 = 0$$

注意到

$$s_1 + s_2 + s_3 = 0$$

可知主偏应力向量 OQ 一定是在 π 平面内。

在主应力空间内取一个八面体，其中每个面的外法线对应力主轴的方向余弦有如下关系

$$l^2 = m^2 = n^2 = \frac{1}{3}$$

于是在八面体任一面上的正应力 σ_8 为

$$\sigma_8 = \sigma_1 l^2 + \sigma_2 m^2 + \sigma_3 n^2 = \frac{1}{3}(\sigma_1 + \sigma_2 + \sigma_3) = \frac{1}{3}I_1 = \sigma_m$$

即八面体上的正应力等于平均应力 σ_m。

八面体上的剪应力 τ_8 为

$$\begin{aligned}
\tau_8^2 &= l^2\sigma_1^2 + m^2\sigma_2^2 + n^2\sigma_3^2 - (l^2\sigma_1 + m^2\sigma_2 + n^2\sigma_3)^2 \\
&= \frac{1}{3}(\sigma_1^2 + \sigma_2^2 + \sigma_3^2) - \frac{1}{9}(\sigma_1 + \sigma_2 + \sigma_3)^2 \\
&= \frac{1}{9}\left[(\sigma_1 - \sigma_2)^2 + (\sigma_2 - \sigma_3)^2 + (\sigma_3 - \sigma_1)^2\right]
\end{aligned}$$

因此

$$\tau_8 = \frac{1}{3}\sqrt{(\sigma_1 - \sigma_2)^2 + (\sigma_2 - \sigma_3)^2 + (\sigma_3 - \sigma_1)^2} \tag{2-6}$$

因为 σ_1、σ_2、σ_3 是与坐标系选择无关的量，所以八面体应力 σ_8、τ_8 都与坐标系无关，因而都是张量的不变量。

比较 J_2 和 τ_8：

$$\tau_8 = \sqrt{\frac{2}{3}J_2}$$

因为 J_2 是应力偏张量的二次不变量，所以再次证明 τ_8 也是一个不变量。

到此，我们已引进了三个应力张量的不变量，即八面体剪应力 τ_8、剪应力强度 T 及应力强度 σ_e，它们与应力偏张量的第二不变量 J_2 的开方都只差一个常数乘子。

2.6　罗地参数

现将主应力空间的三个基向量 (i_1, i_2, i_3) 在 π 平面上的投影记为 (i_1', i_2', i_3')，并在 π 平面上建立直角坐标系 Oxy，使 y 轴与 i_2' 轴相重合，见图 2-3。这

时，π 平面上任一点的位置既可由坐标 (x,y) 来表示，也可用 (s_1,s_2,s_3) 来表示。因为 $s_1+s_2+s_3=0$，所以在 (s_1,s_2,s_3) 中只有两个独立的参数。坐标 (x,y) 与 (s_1,s_2,s_3) 之间有单一的对应关系。利用简单的几何作图（见图 2-4，图中斜面与 π 平面平行），可知 i_α' 与 $i_\alpha(\alpha=1,2,3)$ 之间的夹角 β 满足

$$\cos\beta = \sqrt{\frac{2}{3}}$$

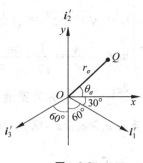

图　2-3

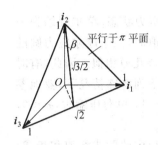 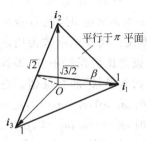 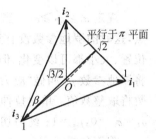

图　2-4

说明向量 i_α' 的长度为 $\sqrt{\dfrac{2}{3}}$。于是，把 s_1i_1、s_2i_2、s_3i_3 投影到 π 平面上时，可分别得到它们的 (x,y) 坐标值

$$\left(\frac{\sqrt{3}}{2}s_1\cos\beta, -\frac{1}{2}s_1\cos\beta\right) = \left[\frac{\sqrt{2}}{2}s_1, -\frac{1}{\sqrt{6}}s_1\right]$$

$$(0, s_2\cos\beta) = \left[0, \frac{\sqrt{2}}{\sqrt{3}}s_2\right]$$

$$\left(-\frac{\sqrt{3}}{2}s_3\cos\beta, -\frac{1}{2}s_3\cos\beta\right) = \left[-\frac{\sqrt{2}}{2}s_3, -\frac{1}{\sqrt{6}}s_3\right]$$

因此，OQ（或 OP）在 π 平面上的坐标可写为

$$\begin{cases} x = \dfrac{\sqrt{2}}{2}(s_1 - s_3) = \dfrac{\sqrt{2}}{2}(\sigma_1 - \sigma_3) \\ y = \dfrac{1}{\sqrt{6}}(2s_2 - s_1 - s_3) = \dfrac{1}{\sqrt{6}}(2\sigma_2 - \sigma_1 - \sigma_3) \end{cases} \tag{2-7}$$

当采用极坐标表示时，则有

$$\begin{cases} r_\sigma = \sqrt{x^2+y^2} = \sqrt{\dfrac{1}{2}(\sigma_1-\sigma_3)^2 + \dfrac{1}{6}(2\sigma_2-\sigma_1-\sigma_3)^2} = \sqrt{2J_2} \\[3mm] \tan\theta_\sigma = \dfrac{y}{x} = \dfrac{1}{\sqrt{3}} \cdot \dfrac{2\sigma_2-\sigma_1-\sigma_3}{\sigma_1-\sigma_3} = \dfrac{1}{\sqrt{3}}\mu_\sigma \end{cases} \quad (2\text{-}8)$$

$\mu_\sigma = \dfrac{2\sigma_2-\sigma_1-\sigma_3}{\sigma_1-\sigma_3}$ 称为**罗地(Lode)参数**,它表示了主应力之间的相对比值。若规定 $\sigma_1 \geqslant \sigma_2 \geqslant \sigma_3$,则 μ_σ 的变化范围是

$$-1 \leqslant \mu_\sigma \leqslant 1$$

θ_σ 的变化范围是

$$-30° \leqslant \theta_\sigma \leqslant 30°$$

规定 $\sigma_1 \geqslant \sigma_2 \geqslant \sigma_3$。当 $\sigma_1 = \sigma_2 = \sigma_3$ 时,此为静水压力状态,莫尔圆缩为一点,这时的罗地参数没有意义。当罗地参数为给定值时,三个摩尔应力圆的位置、大小都可以变化,但彼此比例保持不变,即保持几何相似。因此,有时将罗地参数 μ_σ 叫做"应力状态形状"的特征值。在下列特殊情况下,罗地参数将取整数值:单向拉伸时,$\sigma_1 > 0$,$\sigma_2 = \sigma_3 = 0$,$\mu_\sigma = -1$;单向压缩时,$\sigma_3 < 0$,$\sigma_1 = \sigma_2 = 0$,$\mu_\sigma = 1$;纯剪切时,$\sigma_1 = -\sigma_3$,$\sigma_2 = 0$,$\mu_\sigma = 0$。

前面分析了用 (s_1, s_2, s_3) 表示的 (x, y)。式(2-7)中的两式相加和相减,再由 $J_1 = s_{ii} = s_1 + s_2 + s_3 = 0$ 就得到用 (x, y) 或 $(r_\sigma, \theta_\sigma)$ 表示的 (s_1, s_2, s_3):

$$\begin{cases} s_1 = \dfrac{1}{\sqrt{2}}x - \dfrac{1}{\sqrt{6}}y = \sqrt{\dfrac{2}{3}} \cdot r_\sigma \cdot \sin\left(\theta_\sigma + \dfrac{2}{3}\pi\right) \\[3mm] s_2 = \sqrt{\dfrac{2}{3}}\,y = \sqrt{\dfrac{2}{3}} \cdot r_\sigma \cdot \sin\theta_\sigma \\[3mm] s_3 = -\dfrac{1}{\sqrt{2}}x - \dfrac{1}{\sqrt{6}}y = \sqrt{\dfrac{2}{3}} \cdot r_\sigma \cdot \sin\left(\theta_\sigma - \dfrac{2}{3}\pi\right) \end{cases} \quad (2\text{-}9)$$

2.7 应变张量、应变偏张量及其不变量

在小变形情况下,应变分量和位移分量之间有如下几何关系:

$$\varepsilon_x = \frac{\partial u}{\partial x}, \quad \varepsilon_y = \frac{\partial v}{\partial y}, \quad \varepsilon_z = \frac{\partial w}{\partial z}$$

$$\gamma_{xy} = \frac{\partial v}{\partial x} + \frac{\partial u}{\partial y}, \quad \gamma_{yz} = \frac{\partial v}{\partial z} + \frac{\partial w}{\partial y}, \quad \gamma_{zx} = \frac{\partial u}{\partial z} + \frac{\partial w}{\partial x}$$

上述应变分量称为**工程应变分量**。

若取 $\varepsilon_{ij} = \dfrac{1}{2}\gamma_{ij}$,此时得到应变张量$\varepsilon_{ij}$:

$$\varepsilon_{ij} = \begin{bmatrix} \varepsilon_x & \varepsilon_{xy} & \varepsilon_{xz} \\ \varepsilon_{yx} & \varepsilon_y & \varepsilon_{yz} \\ \varepsilon_{zx} & \varepsilon_{zy} & \varepsilon_z \end{bmatrix}$$

和应力张量类似,作主应变空间,计算八面体正应变 ε_8、八面体剪应变 γ_8:

$$\begin{cases} \varepsilon_8 = \dfrac{1}{3}(\varepsilon_x + \varepsilon_y + \varepsilon_z) = \dfrac{1}{3}(\varepsilon_1 + \varepsilon_2 + \varepsilon_3) = \dfrac{1}{3}I_1 = \varepsilon_m \\ \gamma_8 = \dfrac{\sqrt{2}}{3}\sqrt{(\varepsilon_1 - \varepsilon_2)^2 + (\varepsilon_2 - \varepsilon_3)^2 + (\varepsilon_3 - \varepsilon_1)^2} \end{cases} \tag{2-10}$$

应变球张量

$$(\boldsymbol{\varepsilon}_m) = \begin{bmatrix} \varepsilon_m & 0 & 0 \\ 0 & \varepsilon_m & 0 \\ 0 & 0 & \varepsilon_m \end{bmatrix}$$

应变偏张量,记为 (e),即

$$(\boldsymbol{e}) = \begin{bmatrix} \varepsilon_{xx} - \varepsilon_m & \varepsilon_{xy} & \varepsilon_{xz} \\ \varepsilon_{yx} & \varepsilon_{yy} - \varepsilon_m & \varepsilon_{yz} \\ \varepsilon_{zx} & \varepsilon_{zy} & \varepsilon_{zz} - \varepsilon_m \end{bmatrix} = \begin{bmatrix} e_x & e_{xy} & e_{xz} \\ e_{yx} & e_y & e_{yz} \\ e_{zx} & e_{zy} & e_z \end{bmatrix}$$

应变强度(等效正应变)

$$\varepsilon_e = \sqrt{\dfrac{2}{3}e_{ij}e_{ij}} \tag{2-11}$$

上式在单向拉伸时,若取 $\nu = 0.5$,则 $\varepsilon_e = \varepsilon$。

剪应变强度(等效剪应变)

$$\Gamma = \sqrt{2e_{ij}e_{ij}} \tag{2-12}$$

上式在纯剪切状态时,有 $\Gamma = \gamma$。

应变罗地参数 μ_ε 在下列特殊情况下取整数:单向拉伸时,$\mu_\varepsilon = -1$;单向压缩时,$\mu_\varepsilon = 1$;纯剪切时,$\mu_\varepsilon = 0$。

应注意,张量和偏张量具有相同的主方向,偏张量的不变量可用张量不变量和球张量表示。

前面分析了应力/应变张量的分解、各种应力/应变不变量及一点应力/应变状态的各种表示方法。这些分析结果在以后的屈服准则、塑性本构关系中将会用到。为了便于查阅,现将它们的关系整理如下:

$$\sigma_m = \sigma_8 = \dfrac{1}{3}I_1$$

$$r_\sigma = \sqrt{s_{ij}s_{ij}}$$

$$= \sqrt{\dfrac{1}{3}\left[(\sigma_x - \sigma_y)^2 + (\sigma_y - \sigma_z)^2 + (\sigma_z - \sigma_x)^2 + 6(\tau_{xy}^2 + \tau_{yz}^2 + \tau_{zx}^2)\right]}$$

$$\tau_8 = \sqrt{\frac{1}{3}s_{ij}s_{ij}}$$

$$= \sqrt{\frac{1}{9}\left[(\sigma_x - \sigma_y)^2 + (\sigma_y - \sigma_z)^2 + (\sigma_z - \sigma_x)^2 + 6(\tau_{xy}^2 + \tau_{yz}^2 + \tau_{zx}^2)\right]}$$

$$\sigma_e = \sqrt{\frac{3}{2}s_{ij}s_{ij}}$$

$$= \sqrt{\frac{1}{2}\left[(\sigma_x - \sigma_y)^2 + (\sigma_y - \sigma_z)^2 + (\sigma_z - \sigma_x)^2 + 6(\tau_{xy}^2 + \tau_{yz}^2 + \tau_{zx}^2)\right]}$$

$$T = \sqrt{J_2} = \sqrt{\frac{1}{2}s_{ij}s_{ij}}$$

$$= \sqrt{\frac{1}{6}\left[(\sigma_x - \sigma_y)^2 + (\sigma_y - \sigma_z)^2 + (\sigma_z - \sigma_x)^2 + 6(\tau_{xy}^2 + \tau_{yz}^2 + \tau_{zx}^2)\right]}$$

$$\varepsilon_m = \varepsilon_8 = \frac{1}{3}I_1$$

$$\gamma_8 = \sqrt{\frac{4}{3}e_{ij}e_{ij}}$$

$$= \sqrt{\frac{4}{9}\left[(\varepsilon_x - \varepsilon_y)^2 + (\varepsilon_y - \varepsilon_z)^2 + (\varepsilon_z - \varepsilon_x)^2 + \frac{3}{2}(\gamma_{xy}^2 + \gamma_{yz}^2 + \gamma_{zx}^2)\right]}$$

$$\varepsilon_e = \sqrt{\frac{2}{3}e_{ij}e_{ij}}$$

$$= \sqrt{\frac{2}{9}\left[(\varepsilon_x - \varepsilon_y)^2 + (\varepsilon_y - \varepsilon_z)^2 + (\varepsilon_z - \varepsilon_x)^2 + \frac{3}{2}(\gamma_{xy}^2 + \gamma_{yz}^2 + \gamma_{zx}^2)\right]}$$

$$\Gamma = \sqrt{2e_{ij}e_{ij}}$$

$$= \sqrt{\frac{2}{3}\left[(\varepsilon_x - \varepsilon_y)^2 + (\varepsilon_y - \varepsilon_z)^2 + (\varepsilon_z - \varepsilon_x)^2 + \frac{3}{2}(\gamma_{xy}^2 + \gamma_{yz}^2 + \gamma_{zx}^2)\right]}$$

本 章 小 结

(1) 利用张量记法可使冗繁的公式变得简捷。应力/应变张量的不变量从不同角度反映了一点应力/应变水平的高低,使一般应力/应变状态的 6 个分量的影响综合为一个量,从而使问题得以简化。

(2) 对于各向同性材料,反映一点应力/应变状态的 6 个分量的作用可等同于 3 个主应力/主应变的作用,因此可在主应力/主应变构成的形象三维空间中讨论屈服和强化问题。由于静水压力不影响材料屈服,将主应力/应变空间的任一矢量分解为球量和偏量(如应力球量和体积应变有关,应力偏量和塑性应变有关),这样应力/应变的三维空间屈服和强化问题又进一步简化为二维平面(偏平面)问题,不但物理意义明确,且数学处理更加方便。

(3) 罗地参数表示 3 个主应力/主应变之间的相对大小,它是屈服条件实验验证的重要参数,同时也表征了应力状态在偏平面上的位置。

(4) 重要概念:二阶张量,二阶偏张量,(主)应力/应变空间,π 平面,罗地参数,球应力状态,八面体应力/应变,应力/应变强度,剪应力/剪应变强度。

思　考　题

2-1　什么是八面体应力? 它有什么特点?

2-2　什么是应力罗地参数? 试由应力圆证明其变化范围为 $-1 \leqslant \mu_\sigma \leqslant 1$。

2-3　什么是应力状态的不变量?

2-4　什么是应力偏张量? 为什么应力偏张量只与材料单元体的形状改变有关?

习　题

2-1　已知下列应力状态: $\begin{bmatrix} 5 & 3 & 8 \\ 3 & 0 & 3 \\ 8 & 3 & 11 \end{bmatrix} \times 10^5 \mathrm{Pa}$,试求八面体正应力与剪应力、正应力强度与剪应力强度及 π 平面上的 r_σ、θ_σ。

提示及答案

$$\sigma_1 = 17.48683 \times 10^5 \mathrm{Pa}, \quad \sigma_2 = 0, \quad \sigma_3 = -1.48683 \times 10^5 \mathrm{Pa}$$

$$\sigma_8 = 5.333 \times 10^5 \mathrm{Pa}, \quad \tau_8 = 8.6152 \times 10^5 \mathrm{Pa}$$

$$\sigma_e = 18.2757 \times 10^5 \mathrm{Pa}, \quad T = 10.5515 \times 10^5 \mathrm{Pa}$$

$$r_\sigma = 14.9220 \times 10^5 \mathrm{Pa}, \quad \theta_\sigma = -25.9599°$$

2-2　证明: $\dfrac{\partial J_2}{\partial \sigma_{ij}} = \dfrac{\partial J_2}{\partial s_{ij}} = s_{ij}$

提示:注意 ∂s_{ij} 和 ∂s_{ji} 的区别。

2-3 设 $\sigma_1 \geqslant \sigma_2 \geqslant \sigma_3$，证明：$\dfrac{\tau_8}{\tau_{\max}} = \dfrac{\sqrt{2(3+\mu_\sigma^2)}}{3}$，且该值在 $0.816 \sim 0.943$ 之间。

2-4 张量 σ_{ij} 的主值满足 $\sigma_1 \geqslant \sigma_2 \geqslant \sigma_3$，张量 σ_{ij} 的偏张量第二不变量为 J_2，证明

$$1 \leqslant \frac{2\sqrt{J_2}}{\sigma_1-\sigma_3} \leqslant \frac{2}{\sqrt{3}} \approx 1.15$$

提示：由 $\sigma_1-\sigma_2 \geqslant 0$ 和 $\sigma_2-\sigma_3 \geqslant 0$，可知

$$(\sigma_1-\sigma_3)^2 \geqslant (\sigma_1-\sigma_3)^2 - 2(\sigma_1-\sigma_2)(\sigma_2-\sigma_3) = (\sigma_1-\sigma_2)^2 + (\sigma_2-\sigma_3)^2$$

$$\geqslant \frac{1}{2}\left[(\sigma_1-\sigma_2)^2 + (\sigma_2-\sigma_3)^2\right] + \frac{2}{2}(\sigma_1-\sigma_2)(\sigma_2-\sigma_3) = \frac{1}{2}(\sigma_1-\sigma_3)^2$$

即

$$\frac{1}{2}(\sigma_1-\sigma_3)^2 \leqslant (\sigma_1-\sigma_2)^2 + (\sigma_2-\sigma_3)^2 \leqslant (\sigma_1-\sigma_3)^2$$

上式各项加 $(\sigma_1-\sigma_3)^2$ 再除以 6，有

$$\frac{1}{4}(\sigma_1-\sigma_3)^2 \leqslant J_2 \leqslant \frac{1}{3}(\sigma_1-\sigma_3)^2$$

整理上式即有

$$1 \leqslant \frac{2\sqrt{J_2}}{\sigma_1-\sigma_3} \leqslant \frac{2}{\sqrt{3}} \approx 1.15$$

第3章
应力屈服条件

金属材料的拉伸曲线说明，如果材料原来处于零应力状态且从未屈服过，则在受力后应力存在一个初始弹性范围，这个范围的边界是 $\pm\sigma_{\mathrm{s}}$。在复杂应力状态下，初始弹性范围的边界不再是应力轴上两个离散的点，而是应力空间内的一个曲线/面，称为**初始屈服曲线/面**，或简称**屈服曲线/面**，表示这个曲线/面的函数称为**屈服函数**或**屈服条件**。本章将介绍金属材料常用的屈服条件。

3.1　布里基曼试验

布里基曼(Bridgman)曾对金属材料做过大量的均压(即静水压力)试验，得出了如下的关系式：

$$\theta = \frac{\sigma_{\mathrm{m}}}{K}\left(1 - \frac{1}{k_1}\sigma_{\mathrm{m}}\right) \tag{3-1}$$

式中，σ_{m} 为静水压力；θ 为体积应变，亦即应变张量的第一不变量；K 和 k_1 为材料的常数。实验表明，在压力 σ_{m} 达到 15000 个大气压时，上式都适用。当压力值等于金属材料的屈服极限时，用上式计算的体积应变 θ 和用弹性规律

$$\theta = \frac{\sigma_{\mathrm{m}}}{K}$$

计算的 θ 值相差约 1%,且 σ_m 越小二者的差别越小。因此,在工程实用范围内,可以认为弹性规律是正确的,即**体积应变 θ 与静水压力 σ_m 之间呈线性关系**。同时,实验发现金属材料的体积变化是弹性的。基于上述实验结果,在塑性力学中,认为金属材料即使已进入塑性状态,但体积变化仍然是弹性的;静水压力 σ_m 与体积应变 θ 之间呈线性关系,即

$$\sigma_m = K\theta, \quad K = \frac{E}{3(1-2\nu)} \tag{3-2}$$

上式称为**体积弹性定律**。由于 K 是与 E 同量级的量,所以体积应变与弹性应变同量级。据上所述,可以得出以下结论:

(1) 当塑性变形发展比较充分,致使应变的弹性部分比塑性部分小得多时,体积应变与总应变相比可略去不计,此时假定**材料**(指金属材料,下同)**是不可压缩的**。此假定可使计算大为简化,因此在塑性力学中,即使物体变形不大,其塑性变形与弹性变形为同量级时,也采用材料不可压缩的假定,当然这样得到的结果是近似的。

(2) 既然体积变化总是弹性的,因此可以认为,**材料的塑性变形与应力球张量无关**,或者说,与静水压力无关。在应力状态中,加上或减去任一静水压力状态,不会影响材料的塑性变形。由此可见,材料的塑性变形只决定于应力偏张量,或者说,材料的畸变只与某种剪应力特征值(如八面体剪应力、剪应力强度、主剪应力等)有关。这就是塑性力学将应力张量分解为应力球张量和应力偏张量的原因。

(3) 体积应变总是弹性的,因此塑性变形将不会引起体积变化,即

$$\begin{cases} \theta = \varepsilon_x + \varepsilon_y + \varepsilon_z = \varepsilon_x^e + \varepsilon_y^e + \varepsilon_z^e \\ \varepsilon_x^p + \varepsilon_y^p + \varepsilon_z^p = 0 \end{cases} \tag{3-3}$$

或者说,$\theta^p = 0$,$\varepsilon_m^p = 0$,于是**塑性应变张量与塑性应变偏张量相同**,即

$$\begin{cases} \varepsilon_x^p = e_x^p, \quad \varepsilon_y^p = e_y^p, \quad \varepsilon_z^p = e_z^p \\ \varepsilon_{xy}^p = e_{xy}^p, \quad \varepsilon_{yz}^p = e_{yz}^p, \quad \varepsilon_{zx}^p = e_{zx}^p \end{cases} \tag{3-4}$$

式中 $\varepsilon_{ij}^p = \frac{1}{2}\gamma_{ij}^p$ 且 $i \neq j$。假定材料不可压缩,则有

$$\begin{cases} \theta = \varepsilon_x + \varepsilon_y + \varepsilon_z = 3\varepsilon_m = 0 \\ \varepsilon_x = e_x, \quad \varepsilon_y = e_y, \quad \varepsilon_z = e_z \\ \varepsilon_{xy} = e_{xy}, \quad \varepsilon_{yz} = e_{yz}, \quad \varepsilon_{zx} = e_{zx} \end{cases} \tag{3-5}$$

式中 $\varepsilon_{xy} = \frac{1}{2}\gamma_{xy}$ 且 $i \neq j$。应注意,在塑性力学中式(3-3)、式(3-4)总是存在的,而式(3-5)只有在假定材料不可压缩时才存在。

3.2　屈服条件的一般形式

材料从零应力状态开始加载,第一次达到弹性极限进入塑性状态的条件称为**初始屈服条件**。**屈服条件**又称**塑性条件**,它是判断材料处于弹性状态还是处于塑性状态的准则。在单轴应力状态下材料的屈服条件由两个屈服应力点来定义。在复杂应力状态下,屈服条件成为应力空间中的一条曲线、一个曲面或一个超曲面。因此初始屈服条件的一般数学表达式如下:

$$f(\sigma_{ij}) = 0$$

上式在应力空间的形态称为**屈服面**。在应力空间中应力变化的轨迹称为**应力路径**。屈服函数 $f(\sigma_{ij}) = 0$ 的特定形式与材料有关,可根据不同的应力路径进行的实验定出从弹性阶段到塑性阶段的各个界限。材料进入屈服后若存在硬化阶段,则相继屈服面的大小、形状和位置都可能改变。为明确起见,初始状态的屈服面和屈服函数分别称为**初始屈服面**和**初始屈服函数**,而硬化阶段的屈服面和屈服函数分别称为**相继/后继屈服面**和**相继/后继屈服函数**。应该注意,可以用"**加载**"来替代"**相继屈服**",如"**加载面**"替代"**相继屈服面**"。

对于各向同性材料,主应力的方向已不重要,且三个主应力值可以确定唯一的应力状态,那么屈服条件又可表示为

$$f(\sigma_1, \sigma_2, \sigma_3) = 0$$

或

$$f(I_1, I_2, I_3) = 0$$

或

$$f(I_1, J_2, J_3) = 0$$

其中,I_1、I_2、I_3、J_2、J_3 分别为应力张量的不变量和应力偏张量的不变量。

由于金属材料的屈服与静水压力无关,因此忽略静水压力的影响,从而使屈服函数简化为

$$f(J_2, J_3) = 0$$

上式是与静水压力无关的各向同性材料的**一般形式的屈服条件**。当应力状态为一维应力状态时,屈服条件也应可以退化到一维条件,从而用实验可以验证和确定屈服条件。

主应力空间中的一点表示一种应力状态,此应力状态又可分解为球应力状态和偏应力状态。球应力不影响材料的屈服。偏应力的大小(如 σ_e、τ_8、

r_o、T、J_2)与材料的屈服有关,即反映 π 平面上任一点到原点的距离大小影响屈服,而原点是偏应力为零的点,当然不会屈服。如用图 3-1(a)来分析,在主应力空间中,设有一应力状态 P_1,过 P_1 点作一直线 AB 与 π 平面垂直,则直线上任一点在 π 平面上的投影均相同,当 P_1 达到屈服状态时,AB 上的所有点均达到屈服状态。

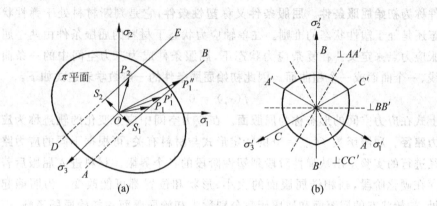

图 3-1

同样,对应力状态 P_2,也作一直线 DE 与 π 平面垂直,当 P_2 达到屈服状态时,DE 上的所有点均达到屈服状态。依此类推,能作出无数条这样的直线,这些直线形成一个垂直于 π 平面的柱面,因此屈服面在主应力空间的形状是一个空间**柱面**,柱面内为弹性变形状态,柱面上的点处于塑性状态。由于 $\sigma_1 = \sigma_2 = \sigma_3$ 是静水压力状态,它在主应力空间是 π 平面过原点的法方向的一条直线,这条直线一定在屈服柱面以内。

屈服柱面与 π 平面相交形成的闭合曲线称为**屈服轨迹**。屈服轨迹的大小、形状决定了整个屈服柱面上的屈服条件,所以以后只需要研究屈服轨迹。屈服轨迹有如下性质:

(1) **屈服轨迹是一条将原点包围在内部的封闭曲线**。因为材料的应力大小达到一定数值时才会屈服,所以屈服轨迹不会通过原点。如果屈服轨迹不封闭,在不封闭处材料将出现永不屈服的状态,这和实际材料相悖,因此不可能存在。

(2) **屈服面/屈服轨迹必是外凸的**。材料的初始屈服只有一次,主应力空间中自原点出发的任意射线不可能和屈服轨迹相交两次,因为不可能存在一个方向加载屈服后继续加载又呈现弹性性质,之后又出现屈服的现象。

(3) 假设材料是初始各向同性的,则坐标变换对屈服没有影响。如图 3-1(b)所示,设应力点($\sigma_1,\sigma_2,\sigma_3$)是屈服面上的点,则($\sigma_1,\sigma_3,\sigma_2$)也必是屈服面上的点,因此屈服轨迹必是以直线 AA'(即 π 平面上 σ_1 的投影轴 σ_1' 轴)为对称轴对称。同理,屈服轨迹也必关于 σ_2' 轴和 σ_3' 轴对称。即**各向同性材料的屈服轨迹有三条对称轴**。

(4) 若不考虑包辛格效应,材料的拉伸和压缩屈服应力相等,如果应力点 $(\sigma_1,\sigma_2,\sigma_3)$ 是屈服面上的点,则 $(-\sigma_1,-\sigma_2,-\sigma_3)$ 也必是屈服面上的点。因此,过原点作一直线,其与屈服面的两个交点一定关于原点对称。结合性质(3),则屈服轨迹必关于 AA'、BB'、CC' 的垂线对称。

这样,屈服轨迹是一条包含原点在内的封闭外凸曲线,且有 6 个对称轴,即屈服轨迹由 12 个相同的外凸弧段组成。因此当用实验方法确定屈服轨迹时,只要研究 θ_σ 在 $0°\sim30°$ 范围内变化时的屈服轨迹即可。

3.3　常用的屈服条件

关于材料进入塑性状态的原因有不同的假设。伽利略认为材料进入塑性状态是由最大主应力引起的,此后圣维南又认为用最大主应变判断材料是否进入塑性状态,后来的实验结果否定了这两个假设。再后来贝尔特拉密提出当物体的弹性能达到某一极限值时材料进入塑性状态,但由于将形状改变能和体积变形能混在一起考虑,这也和实验结果不一致。

1864 年法国工程师特雷斯卡(H. Tresca)做了一系列金属挤压实验,发现了在变形的金属表面有很细的痕纹,这些痕纹的方向很接近最大剪应力的方向,因此他认为金属的塑性变形是由于剪切应力引起的晶体滑移引起的,据此提出了**最大剪应力条件**,又称 **Tresca 屈服条件**。当已知主应力的次序,用此假设解决问题是很方便的。而主应力次序未知时,应用此假设有一定困难。此假设的屈服轨迹是一个正六边形。

1913 年德国力学家米泽斯(R. Von Mises)指出,π 平面上的特雷斯卡六边形的六个顶点是由实验得到的,但连接这六个点的直线却具有假设的性质,这种假设是否合理尚需证明,他认为作为近似,可以将这些点用一个圆连接起来。这样在这六个点上两个屈服条件完全一致,其他点上也相当接近,而且避免了由于屈服条件不连续产生的数学上的困难,此为 **Mises 屈服条件**。Mises 屈服条件在主应力空间是一个圆柱体,在 $\sigma_3=0$ 的平面上则是一个椭圆。虽然米泽斯提出这一条件时并未认为它是准确的条件,但实验结果表明 Mises 屈服条件更接近于实际情况。而波兰力学家**胡贝尔**(M. Huber)早在 1904 年便曾提出过这一条件。

　　1924 年德国力学家亨奇(H. Henchy)经过反复研究,对 Mises 屈服条件
做出物理解释。亨奇认为 Mises 屈服条件相当于弹性形变比能(歪形能)达
到一定数值时,材料进入塑性状态。因此这一条件又称为**胡贝尔-米泽斯-亨
奇屈服条件**,或简称 **Mises 屈服条件**。和 Mises 屈服条件类似的还有苏联力
学家伊柳辛(Сергей Владимирович Ильюшин)提出应力强度(或等效应力)
的概念,他认为当应力强度等于材料单向拉伸的屈服极限时,材料进入塑性
状态。

3.3.1　特雷斯卡屈服条件

　　特雷斯卡认为:当最大剪应力达到某数值时,材料开始进入塑性状态,
或者说,**最大剪应力是材料屈服的准则**。在一般情况下,主应力 σ_1、σ_2、σ_3 的
数字下标只表示主应力的序号或编号,不表示它的大小顺序,因此,Tresca
屈服条件应写成下列形式:

$$\begin{cases} \sigma_1 - \sigma_2 = \pm 2k_1 \\ \sigma_2 - \sigma_3 = \pm 2k_1 \\ \sigma_3 - \sigma_1 = \pm 2k_1 \end{cases} \tag{3-6}$$

式中 k_1 为材料常数,它由实验确定。上式也可写成

$$\begin{cases} f_1 = \sigma_1 - \sigma_2 - 2k_1 = 0 \\ f_2 = \sigma_2 - \sigma_3 - 2k_1 = 0 \\ f_3 = \sigma_3 - \sigma_1 - 2k_1 = 0 \\ f_4 = -\sigma_1 + \sigma_2 - 2k_1 = 0 \\ f_5 = -\sigma_2 + \sigma_3 - 2k_1 = 0 \\ f_6 = -\sigma_3 + \sigma_1 - 2k_1 = 0 \end{cases} \tag{3-7}$$

上式表示主应力空间内的六个平面,其中两两平行,构成一个**正六边棱柱
面**,这就是初始弹性范围的边界。当应力点在此柱面以内时表示材料处于
初始弹性状态;当应力点在柱面上时表示材料进入屈服并将开始产生塑性
变形,即相当于一维应力状态时 $\sigma = \pm \sigma_s$。如果材料是理想塑性的,则当应力
点在此柱面上时,材料完全屈服,可以"无限制"地变形;应力点不可能落到
柱面之外,这相当于一维应力状态下,σ 不可能超过屈服极限。

　　材料常数 k_1 可由单向拉伸实验确定。当 $\sigma_1 = \sigma_s$,$\sigma_2 = \sigma_3 = 0$ 时,材料屈
服。代入式(3-7)中的第一式,可以求出

$$k_1 = \frac{1}{2}\sigma_s \tag{3-8}$$

也可以通过纯剪实验（如薄壁圆筒扭转实验）来测定 k_1。当 $\sigma_1 = \tau_s$，$\sigma_2 = 0$，$\sigma_3 = -\tau_s$ 时，材料屈服。代入式（3-7）中的第六式，得出

$$k_1 = \tau_s \tag{3-9}$$

如果 Tresca 屈服条件是正确的，则材料常数应是唯一的，应有

$$\tau_s = \frac{1}{2}\sigma_s \tag{3-10}$$

式中 σ_s 和 τ_s 都是由实验测定的。对于常用钢材，上式与实验结果不完全符合，由此说明 Tresca 屈服条件是近似正确的。

下面分析 Tresca 屈服条件的一般应力表达式。若规定 $\sigma_1 \geqslant \sigma_2 \geqslant \sigma_3$，则有 $s_1 \geqslant s_2 \geqslant s_3$，Tresca 屈服条件的主应力表达式可表示为

$$\sigma_1 - \sigma_3 = s_1 - s_3 = 2k_1$$

因为

$$s_1 - s_3 = \sqrt{2}\, x = \sqrt{2}\, r_\sigma \cdot \cos\theta_\sigma = \sqrt{2} \cdot \sqrt{2J_2} \cdot \cos\theta_\sigma = 2\sqrt{J_2} \cdot \cos\theta_\sigma$$

$$J_3 = s_1 s_2 s_3 = \left(\frac{2}{3}\right)^{\frac{3}{2}} r_\sigma^3 \cdot \sin\left(\theta_\sigma - \frac{2\pi}{3}\right) \cdot \sin\left(\theta_\sigma + \frac{2\pi}{3}\right) \cdot \sin\theta_\sigma$$

$$= -\frac{2}{3\sqrt{3}}(J_2)^{\frac{3}{2}} \cdot \sin 3\theta_\sigma$$

（注：$\sin 3\theta = 3\sin\theta - 4\sin^3\theta$）故有

$$\theta_\sigma = \frac{1}{3}\sin^{-1}\left[-\frac{3\sqrt{3}\,J_3}{2(J_2)^{\frac{3}{2}}}\right], \quad |\theta_\sigma| \leqslant \frac{\pi}{6}$$

于是，Tresca 屈服条件的一般应力表达式为

$$f(J_2, J_3) = \frac{\sqrt{J_2}}{k_1}\cos\left\{\frac{1}{3}\arcsin\left[-\frac{3\sqrt{3}\,J_3}{2(J_2)^{\frac{3}{2}}}\right]\right\} - 1 = 0$$

下面分析平面应力状态时 Tresca 屈服条件的主应力表达式。此时假定 $\sigma_3 = 0$，则式（3-7）变为

$$\begin{cases} f_1 = \sigma_1 - \sigma_2 - 2k_1 = 0 \\ f_2 = \sigma_2 - 2k_1 = 0 \\ f_3 = -\sigma_1 - 2k_1 = 0 \\ f_4 = -\sigma_1 + \sigma_2 - 2k_1 = 0 \\ f_5 = -\sigma_2 - 2k_1 = 0 \\ f_6 = \sigma_1 - 2k_1 = 0 \end{cases}$$

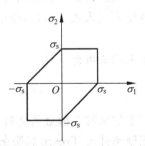

图 **3-2**

在 σ_1-σ_2 平面上，上式表示一个六边形，如图 3-2 所示，其中取 $k_1 = \frac{1}{2}\sigma_s$。在实际应用中，通常都

取 $k_1 = \dfrac{1}{2}\sigma_s$，这等价于取 $\tau_s = \dfrac{1}{2}\sigma_s$。

3.3.2　米泽斯屈服条件

Tresca 屈服函数由六个线性函数构成，它是非正则的（正则性用来刻画函数的光滑程度），在数学处理上不方便。1913 年，米泽斯建议用一个圆柱面代替 Tresca 正六边棱柱面，其表达式为

$$(\sigma_1 - \sigma_2)^2 + (\sigma_2 - \sigma_3)^2 + (\sigma_3 - \sigma_1)^2 = 6k_2^2 \tag{3-11}$$

或

$$(\sigma_x - \sigma_y)^2 + (\sigma_y - \sigma_z)^2 + (\sigma_z - \sigma_x)^2 + 6(\tau_{xy}^2 + \tau_{yz}^2 + \tau_{zx}^2)$$
$$= 6k_2^2 \tag{3-12}$$

或

$$J_2 = k_2^2$$

k_2 为材料常数。

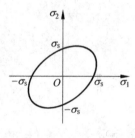

图 3-3

在主应力空间内，式（3-11）表示一个圆柱面。对于平面应力状态，若令 $\sigma_3 = 0$，则式（3-11）变为

$$\sigma_1^2 - \sigma_1\sigma_2 + \sigma_2^2 = 3k_2^2 \tag{3-13}$$

在 $\sigma_1 - \sigma_2$ 平面上，上式表示一个椭圆（见图 3-3）。

当用拉伸实验测定 k_2 时，则当 $\sigma_1 = \sigma_s$，$\sigma_2 = \sigma_3 = 0$ 时，材料屈服，将各应力代入式（3-11），得出

$$k_2 = \frac{1}{\sqrt{3}}\sigma_s \tag{3-14}$$

如果通过纯剪实验来测定 k_2，则当 $\sigma_1 = \tau_s$，$\sigma_2 = 0$，$\sigma_3 = -\tau_s$ 时，材料屈服，将各应力代入式（3-11），得出

$$k_2 = \tau_s \tag{3-15}$$

由上两式可得

$$\tau_s = \frac{1}{\sqrt{3}}\sigma_s \tag{3-16}$$

对于常见的工程金属材料，上式与实验结果比较符合。因此可以认为 Mises 屈服条件比 Tresca 屈服条件更精确些。

根据 J_2 的定义，可得到 Mises 屈服条件的一般表达式

$$f(J_2, J_3) = J_2 - k_2^2 = 0$$

3.3.3 最大偏应力屈服条件

最大偏应力屈服条件又称**双剪应力屈服条件**。它最早是由 R. Schmidt 在 1932 年提出的,后来我国的俞茂宏(1961 年)用双剪应力的概念对屈服条件进行了说明。

在材料力学中,第一强度理论认为当材料的最大正应力(绝对值)达到某一数值时,材料将开始破坏。对于脆性材料该理论是比较适用的。然而,对大多数金属来说,静水压力对屈服条件并没有显著影响,故而修正第一强度理论,认为**最大偏应力(绝对值)达到某一数值时材料开始破坏**,这就是**最大偏应力屈服条件**。假设拉伸和压缩的屈服条件相同时,最大偏应力屈服条件可写为

$$\max(|s_1|, |s_2|, |s_3|) = k_3 \tag{3-17a}$$

因为 $s_1 = \sigma_1 - \frac{1}{3}(\sigma_1 + \sigma_2 + \sigma_3) = \frac{1}{3}(2\sigma_1 - \sigma_2 - \sigma_3)$,因此常数 k_3 由简单拉伸实验确定时,有 $k_3 = \frac{2}{3}\sigma_s$,该屈服条件又可等价地表示为

$$\begin{cases} 3s_1 = 2\sigma_1 - (\sigma_2 + \sigma_3) = \pm 2\sigma_s \\ 3s_2 = 2\sigma_2 - (\sigma_3 + \sigma_1) = \pm 2\sigma_s \\ 3s_3 = 2\sigma_3 - (\sigma_1 + \sigma_2) = \pm 2\sigma_s \end{cases} \tag{3-17b}$$

在 π 平面上,它表示一个外切于 Mises 圆的**正六边形**,与内接的 Tresca 正六边形相比,其方位转过了 30°,如图 3-4 所示。如果由实验可确定 $\theta_\sigma = -30°$ 和 $\theta_\sigma = 30°$ 的值 r_σ,并认为屈服面是外凸的,则不难看出,Tresca 屈服条件和最大偏应力屈服条件分别对应于屈服面的下界和上界。

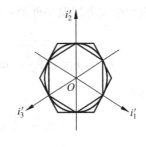

图 3-4

最大偏应力条件也可用双剪应力条件来进行解释:当两个主剪应力的绝对值之和达到某一极限值时,材料开始屈服。若设 $\sigma_1 \geqslant \sigma_2 \geqslant \sigma_3$,则主剪应力的绝对值可定为

$$|\tau_{12}| = \frac{\sigma_1 - \sigma_2}{2}, \quad |\tau_{13}| = \frac{\sigma_1 - \sigma_3}{2}, \quad |\tau_{23}| = \frac{\sigma_2 - \sigma_3}{2}$$

以上三个主剪应力的绝对值中,$|\tau_{13}|$ 最大。用双剪应力屈服条件来解释时,则认为当两个较大的主剪应力的绝对值之和达到某一数值时,材料开始屈服。故而最大偏应力屈服条件的表达式如下:

$$\begin{cases} |\tau_{13}| + |\tau_{12}| = \sigma_1 - \dfrac{1}{2}(\sigma_2 + \sigma_3) = \sigma_s, & \text{当} \, |\tau_{12}| \geqslant |\tau_{23}| \, \text{时} \\[2mm] |\tau_{13}| + |\tau_{23}| = \dfrac{1}{2}(\sigma_1 + \sigma_2) - \sigma_3 = \sigma_s, & \text{当} \, |\tau_{12}| \leqslant |\tau_{23}| \, \text{时} \end{cases} \tag{3-17c}$$

又 $s_1 \geqslant s_2 \geqslant s_3$，则最大偏应力屈服条件可表示为

$$\max(|s_1|, |s_2|, |s_3|) = \begin{cases} s_1 = \dfrac{2}{3}\sigma_s, & \text{当} \, s_2 \leqslant 0 \, \text{时} \\[2mm] -s_3 = \dfrac{2}{3}\sigma_s, & \text{当} \, s_2 \geqslant 0 \, \text{时} \end{cases} \tag{3-17d}$$

或者

$$\begin{cases} s_1 = \dfrac{2\sigma_1 - (\sigma_2 + \sigma_3)}{3} = \dfrac{2}{3}\sigma_s, & \text{当} \, 2\sigma_2 - (\sigma_1 + \sigma_3) \leqslant 0 \, \text{时} \\[2mm] -s_3 = \dfrac{-2\sigma_3 + (\sigma_1 + \sigma_2)}{3} = \dfrac{2}{3}\sigma_s, & \text{当} \, 2\sigma_2 - (\sigma_1 + \sigma_3) \geqslant 0 \, \text{时} \end{cases} \tag{3-17e}$$

又因为

$$s_1 = \sqrt{\dfrac{2}{3}}\, r_\sigma \sin\!\left(\theta_\sigma + \dfrac{2\pi}{3}\right) = \sqrt{\dfrac{2}{3}}\,\sqrt{2J_2}\,\sin\!\left\{\dfrac{1}{3}\arcsin\!\left[-\dfrac{3\sqrt{3}J_3}{2(J_2)^{\frac{3}{2}}}\right] + \dfrac{2\pi}{3}\right\}$$

$$= \dfrac{2}{\sqrt{3}}\,\sqrt{J_2}\,\sin\!\left\{\dfrac{1}{3}\arcsin\!\left[-\dfrac{3\sqrt{3}J_3}{2(J_2)^{\frac{3}{2}}}\right] + \dfrac{2\pi}{3}\right\} = k_3$$

$$-s_3 = -\dfrac{2}{\sqrt{3}}\,\sqrt{J_2}\,\sin\!\left\{\dfrac{1}{3}\arcsin\!\left[-\dfrac{3\sqrt{3}J_3}{2(J_2)^{\frac{3}{2}}}\right] - \dfrac{2\pi}{3}\right\} = k_3$$

最大偏应力屈服条件的一般表达式为

$$f(J_2, J_3) = \dfrac{\dfrac{2\sqrt{J_2}}{\sqrt{3}}}{k_3}\max\left\{\left|\sin\!\left(\theta_\sigma + \dfrac{2\pi}{3}\right)\right|, \left|\sin\!\left(\theta_\sigma - \dfrac{2\pi}{3}\right)\right|\right\} - 1 = 0$$

其中

$$\theta_\sigma = \dfrac{1}{3}\arcsin\!\left[-\dfrac{3\sqrt{3}J_3}{2(J_2)^{\frac{3}{2}}}\right], \quad |\theta_\sigma| \leqslant \dfrac{\pi}{6}$$

在某些情况下，最大偏应力屈服条件也较好地符合实验结果，而且在主应力空间中，相应的屈服面是平面，计算也较为方便。

3.4 屈服条件的实验验证

各种屈服理论的可靠性需要由实验加以验证。历史上所做的验证实验有：薄壁圆管试件的拉伸和内压联合作用的实验、薄壁圆管试件的拉伸和扭

转联合作用的实验。这些实验可实现双向应力状态(图 3-5)。通过调整应力分量间的比值,可得到 π 平面上不同的 θ_σ 值(或罗地参数 μ_σ)时的屈服轨迹。下面介绍历史上两个验证屈服条件的实验。

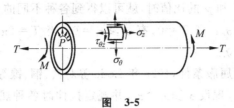

图　3-5

3.4.1　薄壁圆管受拉力和内压的联合作用

设圆管的半径为 R,壁厚为 t,壁厚远小于半径。在拉力 T 和内压 p 作用下,圆管近似地处于均匀应力状态。在柱坐标中其应力分量为

$$\sigma_z = \frac{T}{2\pi Rt}, \quad \sigma_\theta = \frac{pR}{t}, \quad \sigma_r \approx 0$$

注:z 向拉应力由拉力引起,忽略内压引起的拉应力;环向拉应力由内压引起,应用拉梅问题的解答,拉梅问题(解答如下)中将 $P_2 = 0$,$P_1 = p$,$a = R$,$\nu = 0.5$,$t \ll R$ 代入即得。

$$\sigma_r = \frac{a^2 b^2 (P_2 - P_1)}{b^2 - a^2} \cdot \frac{1}{r^2} + \frac{P_1 a^2 - P_2 b^2}{b^2 - a^2}$$

$$\sigma_\theta = -\frac{a^2 b^2 (P_2 - P_1)}{b^2 - a^2} \cdot \frac{1}{r^2} + \frac{P_1 a^2 - P_2 b^2}{b^2 - a^2}$$

$$\sigma_z = \nu(\sigma_r + \sigma_\theta) = 2\nu \cdot \frac{P_1 a^2 - P_2 b^2}{b^2 - a^2}$$

如果 $\sigma_\theta \geqslant \sigma_z \geqslant \sigma_r$,则可取 $\sigma_1 = \sigma_\theta$,$\sigma_2 = \sigma_z$,$\sigma_3 = \sigma_r = 0$,故有

$$\mu_\sigma = \frac{2\sigma_2 - \sigma_1 - \sigma_3}{\sigma_1 - \sigma_3} = \frac{T - \pi R^2 p}{\pi R^2 p}$$

当 $T = 0$ 时

$$\mu_\sigma = -1, \quad \theta_\sigma = -30°$$

这对应于简单拉伸的情形;

当 $T = \pi R^2 p$ 时

$$\mu_\sigma = 0, \quad \theta_\sigma = 0$$

这对应于纯剪切情形,因为如减去静水应力 $\dfrac{pR}{2t}$ 后,应力的各分量为

$$\sigma_z = 0, \quad \sigma_\theta = -\sigma_r = \frac{pR}{2t}$$

最后，当 $T = 2\pi R^2 p$ 时，就有 $\mu_\sigma = 1(\theta_\sigma = 30°)$。于是，在 $0 \leqslant T \leqslant 2\pi R^2 p$ 的范围内来改变 T 和 p 的比值时，就可以得到各种不同的 μ_σ（或 θ_σ）值。

验证 $\sigma_\theta \geqslant \sigma_z \geqslant \sigma_r$：当 $T = 0$，有 $\sigma_\theta \geqslant \sigma_z = 0$；当 $T = 2\pi R^2 p$，有 $\sigma_\theta \geqslant \sigma_z = 0.5\sigma_\theta$，因此假设成立。

为了比较各种屈服条件，1926 年 Lode 曾对铁、铜、镍等材料进行了上述的拉伸-内压实验。现设 $\sigma_1 \geqslant \sigma_2 \geqslant \sigma_3$，并规定拉伸时各种屈服条件是相重合的，则对 Tresca 屈服条件有

$$\frac{\sigma_1 - \sigma_3}{\sigma_s} = 1$$

对 Mises 屈服条件有

$$J_2 = k_2^2 = \frac{\sigma_s^2}{3}$$

$$r_\sigma = \sqrt{x^2 + y^2} = x\sqrt{1 + \left(\frac{y}{x}\right)^2} = x\sqrt{1 + \frac{\mu_\sigma^2}{3}}$$

$$= \frac{1}{\sqrt{2}}(\sigma_1 - \sigma_3)\sqrt{1 + \frac{\mu_\sigma^2}{3}} = \sqrt{2J_2} = \sqrt{\frac{2}{3}}\sigma_s$$

因此，Mises 屈服条件可写为

$$\frac{\sigma_1 - \sigma_3}{\sigma_s} = \frac{2}{\sqrt{3 + \mu_\sigma^2}}$$

最后考察最大偏应力屈服条件。因为 $s_1 \geqslant s_2 \geqslant s_3$，所以

$$\mu_\sigma = \frac{2\sigma_2 - \sigma_1 - \sigma_3}{\sigma_1 - \sigma_3} = \frac{3s_2}{s_1 - s_3} = \frac{3(s_1 + s_3)}{s_3 - s_1}$$

与 s_2 有相同的符号。由上式解出

$$\frac{s_1}{s_3} = \frac{\mu_\sigma - 3}{\mu_\sigma + 3}$$

故最大偏应力屈服条件可等价地写为：

当 $-1 \leqslant \mu_\sigma \leqslant 0$ 时（或 $s_2 \leqslant 0$），有 $s_1 = \frac{2}{3}\sigma_s$，因此

$$\frac{\sigma_1 - \sigma_3}{\sigma_s} = \frac{s_1 - s_3}{\sigma_s} = \frac{s_1}{\sigma_s}\left(1 - \frac{\mu_\sigma + 3}{\mu_\sigma - 3}\right) = \frac{4}{3 - \mu_\sigma}$$

当 $0 \leqslant \mu_\sigma \leqslant 1$ 时（或 $s_2 \geqslant 0$），有 $s_3 = -\frac{2}{3}\sigma_s$，因此

$$\frac{\sigma_1 - \sigma_3}{\sigma_s} = \frac{s_1 - s_3}{\sigma_s} = \frac{s_3}{\sigma_s} \cdot \left(\frac{\mu_\sigma - 3}{\mu_\sigma + 3} - 1\right) = \frac{4}{3 + \mu_\sigma}$$

可见对于最大偏应力屈服条件,有

$$\frac{\sigma_1 - \sigma_3}{\sigma_s} = \frac{4}{3 + |\mu_\sigma|}$$

图 3-6 为各屈服条件和实验结果的对比,不难看出,实验结果更接近于 Mises 屈服条件。

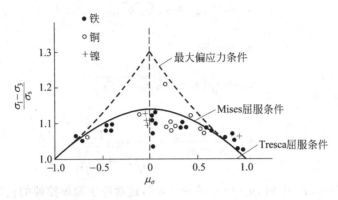

图　3-6

下面分析各屈服条件的误差。

Tresca 屈服条件：$\dfrac{\sigma_1 - \sigma_3}{\sigma_s} = 1$

Mises 屈服条件：$1 \leqslant \dfrac{\sigma_1 - \sigma_3}{\sigma_s} = \dfrac{2}{\sqrt{3 + \mu_\sigma^2}} \leqslant 1.1547$

最大偏应力屈服条件：$1 \leqslant \dfrac{\sigma_1 - \sigma_3}{\sigma_s} = \dfrac{4}{3 + |\mu_\sigma|} \leqslant 1.3333$

因此,若规定拉伸时各屈服条件重合,则剪切时最大偏差可达 33.33%。

一种实验结果的验证并不充分,且上面的实验中未考虑剪应力的影响,因此下面将用另外一种实验进行验证。

3.4.2　薄壁圆管受拉伸和扭矩的联合作用

仍考虑薄壁圆管,在拉力 T 和扭矩 M 的作用下,圆管仍处于均匀应力状态,其不为零的应力分量为

$$\sigma_z = \frac{T}{2\pi R t}, \quad \tau_{z\theta} = \frac{M}{2\pi R^2 t}$$

相应的主应力为

$$\sigma_1 = \frac{\sigma_z}{2} + \frac{1}{2}\sqrt{\sigma_z^2 + 4\tau_{z\theta}^2} \geqslant 0$$

$$\sigma_2 = \sigma_r = 0$$

$$\sigma_3 = \frac{\sigma_z}{2} - \frac{1}{2}\sqrt{\sigma_z^2 + 4\tau_{z\theta}^2} \leqslant 0$$

$$\left(注: \sigma_{1,2} = \frac{\sigma_x + \sigma_y}{2} \pm \sqrt{\left(\frac{\sigma_x - \sigma_y}{2}\right)^2 + \tau_{xy}^2}\right) 主偏应力为$$

$$s_1 = \frac{1}{6}\left[\sigma_z + 3\sqrt{\sigma_z^2 + 4\tau_{z\theta}^2}\right]$$

$$s_2 = -\frac{\sigma_z}{3}$$

$$s_3 = \frac{1}{6}\left[\sigma_z - 3\sqrt{\sigma_z^2 + 4\tau_{z\theta}^2}\right]$$

故有

$$\mu_\sigma = \frac{2\sigma_2 - \sigma_1 - \sigma_3}{\sigma_1 - \sigma_3} = \frac{-T}{\sqrt{T^2 + 4\dfrac{M^2}{R^2}}}$$

当 $M=0, T>0$ 时，$\mu_\sigma = -1, \theta_\sigma = -30°$，这对应于简单拉伸的情形。

当 $T=0, M\neq 0$ 时，$\mu_\sigma = 0, \theta_\sigma = 0$，这对应于纯剪切的情形。

改变 T 和 M 的比值，便可得到 $-1 \leqslant \mu_\sigma \leqslant 0$ 的各种应力状态。

为了检验屈服条件，泰勒(Taylor)和奎尼(Quinney)曾对软钢、铜、铝等材料进行薄壁圆管的拉扭实验。薄壁圆管受到拉伸和扭转的组合作用时，截面上的非零应力分量为 σ_z 和 $\tau_{z\theta}$。代入式(3-12)得到 Mises 屈服条件

$$\sigma_z^2 + 3\tau_{z\theta}^2 = \sigma_s^2$$

Tresca 屈服条件为

$$\sigma_z^2 + 4\tau_{z\theta}^2 = \sigma_s^2$$

最大偏应力屈服条件: 当 $\sigma_z \geqslant 0$ 时，$s_2 \leqslant 0, s_1 = \frac{2}{3}\sigma_s$，有

$$\frac{1}{4}\left[\sigma_z + 3\sqrt{\sigma_z^2 + 4\tau_{z\theta}^2}\right] = \sigma_s$$

将以上三式写成无量纲形式，则有

$$\left(\frac{\sigma_z}{\sigma_s}\right)^2 + 3\left(\frac{\tau_{z\theta}}{\sigma_s}\right)^2 = 1 \quad （\text{Mises 屈服条件}）$$

$$\left(\frac{\sigma_z}{\sigma_s}\right)^2 + 4\left(\frac{\tau_{z\theta}}{\sigma_s}\right)^2 = 1 \quad （\text{Tresca 屈服条件}）$$

$$\frac{1}{4}\left(\frac{\sigma_z}{\sigma_s}\right) + \frac{3}{4}\sqrt{\left(\frac{\sigma_z}{\sigma_s}\right)^2 + 4\left(\frac{\tau_{z\theta}}{\sigma_s}\right)^2} = 1 \quad （\text{最大偏应力屈服条件}）$$

将上式绘于一图，实验结果更接近于 Mises 屈服条件和最大偏应力条件，见图 3-7。

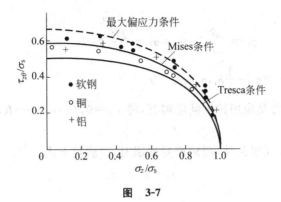

图 3-7

实际上,Tresca 屈服条件和 Mises 屈服条件都得到了较广泛的应用。Mises 屈服条件是正则函数,应力主方向已知或未知的情况均适用,同时,对常见金属材料来说,更与实验结果相符,这是它的优点。但是 Mises 屈服函数是非线性的,这往往带来计算中的很大困难。Tresca 屈服条件是分段线性的,往往使计算工作大为简化,这是其显著优点,但在主方向已知且不变的情况下,才能用主应力表示这个屈服条件,得到线性屈服函数,否则就不是线性函数了。同时,Tresca 屈服条件是分段正则的,因此在具体应用中,要预先判断、估计塑性区内的应力是在屈服曲面的哪一部分上,这也使其应用不方便。

Tresca 屈服条件和 Mises 屈服条件分别对应于材料力学中的第三和第四强度理论。Tresca 屈服条件的力学意义明确;Mises 屈服条件则可作不同的物理解释。

【例 3-1】 设封闭薄壁圆筒(图 3-8)受到内压 p 的作用,筒的内径为 40cm,壁厚 $t=4$mm,材料为理想塑性的,屈服极限为 $\sigma_s=245$MPa。试用 Mises 屈服条件和 Tresca 屈服条件求最大许可的内压 p。

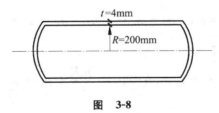

图 3-8

【解】 受内压的薄壁圆筒,考虑最危险的位置为远离端头的筒身部分和内壁。下面分析这两处的应力状态。

在距封头相当远的**筒身部分**:当圆筒处于弹性状态时可应用拉梅解答,

应力为

$$\sigma_z = \frac{pR}{2t} > 0, \quad \sigma_\theta = \frac{pR}{t} > 0, \quad \sigma_r \approx 0$$

因此,$\sigma_1 = \sigma_\theta$,$\sigma_2 = \sigma_z = \frac{1}{2}\sigma_\theta$,$\sigma_3 = \sigma_r = 0$。

注:此应力是应用拉梅问题解答,将 $P_2 = 0$,$P_1 = p$,$a = R$,$\nu = 0.5$,$t \ll R$ 代入即得。

按 Tresca 屈服条件,圆筒筒身屈服时,应满足下式:

$$\sigma_1 - \sigma_3 = \sigma_s$$

即

$$\sigma_\theta = \frac{p_s R}{t} = \sigma_s$$

所以

$$p_s = \frac{\sigma_s t}{R} = \frac{245 \times 4}{200} = 4.9 \, (\text{MPa})$$

按 Mises 屈服条件,筒身屈服时,应力满足下式:

$$\sigma_\theta^2 - \sigma_\theta \sigma_z + \sigma_z^2 = \sigma_s^2$$

由此可得

$$\sigma_z = \frac{p_s R}{2t} = \frac{1}{\sqrt{3}}\sigma_s$$

即

$$p_s = \frac{2}{\sqrt{3}} \cdot \frac{\sigma_s t}{R} = 1.1547 \times 4.9 = 5.66 \, (\text{MPa})$$

如果要考虑 σ_r 的影响,则应按厚壁筒进行应力分析,这将在后面章节讨论。

圆筒内壁处:这里按薄壁筒计算,内壁开始屈服时的压力即是圆筒的弹性极限压力 p_e。内壁处的主应力为

$$\sigma_1 = \sigma_\theta, \quad \sigma_2 = \sigma_z = \frac{1}{2}\sigma_\theta, \quad \sigma_3 = \sigma_r = -p$$

按 Tresca 屈服条件有

$$\sigma_1 - \sigma_3 = \sigma_\theta + p_e = \frac{p_e R}{t} + p_e = \sigma_s$$

由上式可解出

$$p_e = \frac{\sigma_s}{1 + \dfrac{R}{t}} = \frac{245}{1 + 50} = 4.80 \, (\text{MPa})$$

Mises 屈服条件为

$$(\sigma_1 - \sigma_2)^2 + (\sigma_2 - \sigma_3)^2 + (\sigma_3 - \sigma_1)^2 = 2\sigma_s^2$$

将有关值代入,可得

$$\left(\frac{p_e R}{t} - \frac{p_e R}{2t}\right)^2 + \left(\frac{p_e R}{2t} + p_e\right)^2 + \left(-p_e - \frac{p_e R}{t}\right)^2 = 2\sigma_s^2$$

解出

$$p_e = \sqrt{\frac{2 \times \sigma_s^2}{\dfrac{3R^2}{2t^2} + \dfrac{3R}{t} + 2}} = \sqrt{\frac{2 \times 245^2}{3902}} = 5.55(\text{MPa})$$

以上结果表明,p_s 与 p_e 的值相差不大,如果考虑到 p_e 只是弹性极限压力,它总比塑性极限压力要低,则考虑 σ_r 的塑性极限压力与不考虑 σ_r 所得到的塑性极限压力结果将更加接近。所以,一般来说,受内压的薄壁圆筒可以不计 σ_r 的影响。

【例 3-2】　设闭端薄壁圆筒受到内压 p 和外加轴向拉力 σ 作用,圆筒的内半径为 R,壁厚为 t,试写出 Mises 屈服条件和 Tresca 屈服条件的表达式。

【解】　薄壁筒在内压和轴向拉力作用下,最危险的位置在远离端头的筒身部分时。筒身内的应力分量为

$$\sigma_z = \frac{pR}{2t} + \sigma, \quad \sigma_\theta = \frac{pR}{t}, \quad \sigma_r \approx 0$$

在平面应力状态下,Mises 屈服条件为

$$3\left(\frac{pR}{2t}\right)^2 + \sigma^2 = \sigma_s^2$$

其无量纲形式为

$$\frac{\left(\dfrac{pR}{2t}\right)^2}{\left(\dfrac{\sigma_s}{\sqrt{3}}\right)^2} + \left(\frac{\sigma}{\sigma_s}\right)^2 = 1$$

建立 Tresca 屈服条件时,应区分不同的情况:

当 $\sigma < \dfrac{pR}{2t}$ 时,$\sigma_1 = \sigma_\theta$,$\sigma_3 = \sigma_r \approx 0$,Tresca 屈服条件为

$$\sigma_1 - \sigma_3 \approx \sigma_\theta = \frac{pR}{t} = \sigma_s$$

即

$$\frac{pR}{2t\sigma_s} = \frac{1}{2}$$

当 $\sigma > \dfrac{pR}{2t}$ 时,$\sigma_1 = \sigma_z$,$\sigma_3 = \sigma_r \approx 0$,Tresca 屈服条件为

$$\sigma_1 - \sigma_3 \approx \sigma_z = \frac{pR}{2t} + \sigma = \sigma_s$$

即

$$\frac{pR}{2t\sigma_s} + \frac{\sigma}{\sigma_s} = 1$$

3.5 相继屈服曲面

以上讨论的是初始屈服面。如果材料是理想塑性的,则相继屈服面和初始屈服面是一致的,即应力状态不能超出屈服面之外;而且,无论应力点是在屈服曲面之内或者刚刚落到屈服曲面之上,变形都是弹性的,材料处于弹性状态,应力和应变之间有单值对应关系,并服从广义胡克定律;只有继续加载时材料才处于塑性状态。

如果材料是强化的,材料在发生塑性变形之后,其相继弹性范围的边界则是变化的,它不只与瞬时应力状态有关,而且与材料塑性变形性质的记录史有关。**相继屈服函数**一般可写成

$$f(\sigma_x, \cdots, \tau_{xy}, \cdots, H_a) = f(\sigma_{ij}, H_a) = 0$$

$H_a(\alpha=1,2,\cdots,n)$ 为塑性变形记录史参数,它是一个内变量。H_a 可以是标量,也可以是张量,在实验中它们是不能用宏观手段来加以控制的。以后形式上把内变量 H_a 写为标量。在应力空间中,相继屈服函数是一个以 H_a 为参数的曲面,称之为**加载曲面或后继屈服面或相继屈服面**。

当应力位于加载曲面之内时,应力的变化将不引起内变量 H_a 的变化,材料不产生新的塑性变形,故可认为应力与应变之间呈现弹性响应。当应力位于加载面上并继续加载时,应力的变化就会引起内变量 H_a 的改变,材料将产生新的塑性变形。此时的加载曲面将变为

$$f(\sigma_x + \mathrm{d}\sigma_x, \cdots, \tau_{xy} + \mathrm{d}\tau_{xy}, \cdots, H_a + \mathrm{d}H_a) = f(\sigma_{ij} + \mathrm{d}\sigma_{ij}, H_a + \mathrm{d}H_a) = 0$$

将 f 在 (σ_{ij}, H_a) 处展开得[①]

$$f(\sigma_{ij} + \mathrm{d}\sigma_{ij}, H_a + \mathrm{d}H_a) = f(\sigma_{ij}, H_a) + \left[\mathrm{d}\sigma_{ij} \frac{\partial f}{\partial \sigma_{ij}} \Big|_{f(\sigma_{ij}, H_a)} + \mathrm{d}H_a \frac{\partial f}{\partial H_a} \Big|_{f(\sigma_{ij}, H_a)} \right]$$
$$+ \frac{1}{2!} \left[\mathrm{d}\sigma_{ij}^2 \frac{\partial^2 f}{\partial \sigma_{ij}^2} \Big|_{f(\sigma_{ij}, H_a)} + 2\mathrm{d}\sigma_{ij} \cdot \mathrm{d}H_a \frac{\partial^2 f}{\partial \sigma_{ij} \partial H_a} \Big|_{f(\sigma_{ij}, H_a)} \right.$$

---

① 二变数的泰勒级数为

$$f(x+h, y+k) = f(x,y) + \left(h\frac{\partial f}{\partial x} + k\frac{\partial f}{\partial y} \right) + \frac{1}{2!} \left(h^2 \frac{\partial^2 f}{\partial x^2} + 2hk \frac{\partial^2 f}{\partial x \partial y} + k^2 \frac{\partial^2 f}{\partial y^2} \right)$$
$$+ \frac{1}{3!} \left(h^3 \frac{\partial^3 f}{\partial x^3} + 3h^2 k \frac{\partial^3 f}{\partial x^2 \partial y} + 3hk^2 \frac{\partial^3 f}{\partial x \partial y^2} + k^3 \frac{\partial^3 f}{\partial y^3} \right) + \cdots$$

$$+ \mathrm{d}H_\alpha^2 \frac{\partial^2 f}{\partial H_\alpha^2}\bigg|_{f(\sigma_{ij},H_\alpha)} \Bigg] + \frac{1}{3!}\Bigg[\mathrm{d}\sigma_{ij}^3 \frac{\partial^3 f}{\partial \sigma_{ij}^3}\bigg|_{f(\sigma_{ij},H_\alpha)} + 3\mathrm{d}\sigma_{ij}^2 \cdot \mathrm{d}H_\alpha \frac{\partial^3 f}{\partial \sigma_{ij}^2 \partial H_\alpha}\bigg|_{f(\sigma_{ij},H_\alpha)}$$

$$+ 3\mathrm{d}\sigma_{ij} \cdot \mathrm{d}H_\alpha^2 \frac{\partial^3 f}{\partial \sigma_{ij} \partial H_\alpha^2}\bigg|_{f(\sigma_{ij},H_\alpha)} + \mathrm{d}H_\alpha^3 \frac{\partial^3 f}{\partial H_\alpha^3}\bigg|_{f(\sigma_{ij},H_\alpha)} \Bigg]$$

$$+ \cdots$$

略去 2 阶及其以上的各项,有

$$\mathrm{d}\sigma_{ij} \frac{\partial f}{\partial \sigma_{ij}}\bigg|_{f(\sigma_{ij},H_\alpha)} + \mathrm{d}H_\alpha \frac{\partial f}{\partial H_\alpha}\bigg|_{f(\sigma_{ij},H_\alpha)} = 0 \tag{3-18}$$

上式是材料在弹塑性加载过程中,加载曲面应满足的**一致性条件**,即在强化过程中 $\mathrm{d}\sigma_{ij}$ 与 $\mathrm{d}H_\alpha$ 在屈服面/加载面上应遵循的关系。

　　相继屈服函数也叫**加载函数**或**强化函数**,其函数形式或强化模型非常复杂,至今仍未完善解决。第 1 章中已经指出目前广泛应用的是两个近似的强化模型,即等向强化模型和随动强化模型,它们是一维应力下的相继强化模型,下面给出一般应力状态下强化模型。

3.5.1　等向强化模型

　　此模型认为相继屈服曲面是初始屈服曲面在应力空间内的比例扩大(只扩不缩)曲面,其中心位置不变。它忽略了由于塑性变形所引起的材料各向异性性质,因此在加载过程中,仅当应力分量之间的比值变化不大时,这种模型才与实际符合的较好。设初始屈服条件为

$$f(\sigma_x, \cdots, \tau_{xy}, \cdots) - k = 0$$

式中 k 为材料常数。则**等向强化模型的相继屈服条件**可写成

$$f(\sigma_x, \cdots, \tau_{xy}, \cdots) - K(H_\alpha) = 0 \tag{3-19}$$

$K(H_\alpha)$ 是 H_α 的单调递增正函数,且 $K(H_\alpha) \geqslant k$。工程上,H_α 的增量常取为等效塑性应变增量

$$\mathrm{d}H_\alpha = \sqrt{\frac{2}{3}\mathrm{d}\varepsilon_{kl}^{\mathrm{p}} \cdot \mathrm{d}\varepsilon_{kl}^{\mathrm{p}}} = \mathrm{d}\varepsilon_{\mathrm{e}}^{\mathrm{p}} \tag{3-20}$$

或塑性功增量

$$\mathrm{d}H_\alpha = \sigma_{kl} \cdot \mathrm{d}\varepsilon_{kl}^{\mathrm{p}} = \mathrm{d}W^{\mathrm{p}} \tag{3-21}$$

这里,$\varepsilon_{kl}^{\mathrm{p}}$ 和 $\mathrm{d}\varepsilon_{kl}^{\mathrm{p}}$ 分别称为**塑性应变**和**塑性应变增量**,其确切定义将在下一章讨论。请注意,塑性功增量中的 σ_{kl} 是指屈服面/加载面上的应力,当此应力 σ_{kl} 有微小增量时将产生新的塑性应变增量,应力在塑性应变上所做的功就是塑性功,只是忽略了应力的微小增量而是直接用屈服面/加载面上的应力。

特别地,对于 Mises 屈服条件,其相应的等向强化模型为

$$\sigma_e = \sqrt{\frac{3}{2} s_{ij} s_{ij}} = K(H_\alpha)$$

$$K(0) = \sigma_s$$

函数 K 的形式可由简单拉伸实验确定。因为在简单拉伸时,有

$$d\varepsilon_e^p = d\varepsilon^p$$

和

$$dW^p = \sigma d\varepsilon^p$$

所以当取 $H_\alpha = \varepsilon^p$,或 $H_\alpha = \int \sigma d\varepsilon^p$ 时,便可较容易地由实验来确定函数 K。

对于 Tresca 屈服条件,其相应的等向强化模型为

$$\tau_{max} = K(H_\alpha)$$

其中 K 的形式可由简单拉伸实验确定。在不卸载的情况下,$K(H_\alpha)$ 也可由函数 $K_\tau(\varepsilon_c)$ 代替,这里 K_τ 是一个单调递增函数,ε_c 是某一特征应变,通常取为绝对值最大的主应变的两倍即 $2|\varepsilon|_{max}$。只有当应力点始终不在加载面的角点上时,才可将 ε_c 取为绝对值最大的工程剪应变 γ_{max}。

等向强化模型并未考虑包氏效应,故在分析应力作反复变化的问题时,往往会带来较大的误差。这时应采用下面的随动强化模型。

3.5.2 随动强化模型

此模型认为相继屈服曲面是初始屈服曲面在应力空间中的平移,大小、形状均保持不变。随动强化理论的相继屈服条件为

$$f(\sigma_{ij} - \alpha_{ij}) - k = 0 \tag{3-22}$$

α_{ij} 为相继屈服曲面中心在应力空间内的位置。关于 α_{ij} 的演化规律(即随塑性应变的增减而变化的规律),通常有以下几种。

1. 线性随动强化模型

$$\dot{\alpha}_{ij} = c\dot{\varepsilon}_{ij}^p, \quad c > 0$$

式中 c 是一个材料常数,因此随动强化模型可写为

$$f(\sigma_{ij} - c\varepsilon_{ij}^p) - k = 0 \tag{3-23}$$

特别地,对于 Mises 屈服条件,其相应的表达式为

$$\sigma_e(\sigma_{ij} - c\varepsilon_{ij}^p) = \sqrt{\frac{3}{2}(s_{ij} - c\varepsilon_{ij}^p)(s_{ij} - c\varepsilon_{ij}^p)} = \sigma_s \tag{3-24}$$

式(3-24)称为**完全随动强化模型**。但在平面应力状态下,它并不表示 Mises

椭圆屈服曲线。(在低维应力空间中屈服曲线作平移的模型为**简单随动强化模型**。)

在简单拉伸时，s_{ij} 和 $\varepsilon_{ij}^{\text{p}}$ 有如下的非零分量：

$$s_{11} = \frac{2}{3}\sigma, \quad s_{22} = s_{33} = -\frac{1}{3}\sigma$$

$$\varepsilon_{11}^{\text{p}} = \varepsilon^{\text{p}}, \quad \varepsilon_{22}^{\text{p}} = \varepsilon_{33}^{\text{p}} = -\frac{1}{2}\varepsilon^{\text{p}}$$

这里已假定塑性变形不引起体积的改变。因此，在简单拉伸时 Mises 随动强化模型可简化为

$$\sigma = \sigma_{\text{s}} + \frac{3}{2}c\varepsilon^{\text{p}}$$

再由线性强化材料的简单拉伸实验曲线

$$\sigma = \sigma_{\text{s}} + E_{\text{p}}\varepsilon^{\text{p}}$$

得到 c 与材料常数 E_{p} 之间的关系

$$\frac{3}{2}c = E_{\text{p}}$$

2. Ziegler 模型

$$\dot{\alpha}_{ij} = \dot{\eta}(\sigma_{ij} - \alpha_{ij}), \quad \dot{\eta} > 0$$

其中 $\dot{\eta}$ 利用随动强化规律确定，即对式(3-23)两边求微分：

$$\frac{\partial f}{\partial(\sigma_{ij} - \alpha_{ij})}\text{d}(\sigma_{ij} - \alpha_{ij}) = \frac{\partial f}{\partial\sigma_{ij}}\text{d}\sigma_{ij} - \frac{\partial f}{\partial\sigma_{ij}}\text{d}\alpha_{ij} = \frac{\partial f}{\partial\sigma_{ij}}\text{d}\sigma_{ij} - \frac{\partial f}{\partial\sigma_{ij}}\dot{\eta}(\sigma_{ij} - \alpha_{ij}) = 0$$

则有

$$\dot{\eta} = \frac{\dfrac{\partial f}{\partial\sigma_{ij}}\text{d}\sigma_{ij}}{\dfrac{\partial f}{\partial\sigma_{kl}}(\sigma_{kl} - \alpha_{kl})}$$

3. Armstrong 模型

线性随动强化模型有时与实际有较大的误差，因此阿姆斯特朗(Armstrong)等人于 1966 年提出了如下非线性演化规律：

$$\dot{\alpha}_{ij} = c\dot{\varepsilon}_{ij}^{\text{p}} - \gamma(\dot{\varepsilon}_{kl}^{\text{p}}\dot{\varepsilon}_{kl}^{\text{p}})^{0.5}\alpha_{ij}$$

式中右端的第二项称为阻尼项，c、γ 为材料常数。但以上的非线性关系增加了计算的复杂性，使用时往往不方便。

在 π 平面上，对以上两种强化模型作一形象比较。采用 Mises 屈服条件时，屈服曲线是一个半径为 $r_\sigma = \sqrt{\dfrac{2}{3}}\sigma_{\text{s}}$ 的圆。如应力状态达到 A 点(图 3-9)，

则等向强化模型将是一个半径为 OA 的圆。在随动强化模型中,圆心移到了 O' 点,但其半径并没有改变。

　　Ivey 曾对铝合金薄圆管进行拉扭实验,初始屈服面与 Mises 屈服条件较符合,但随着剪应力的增加,整个加载面都向剪应力增加的方向移动,接近于随动强化模型(图 3-10)。另外,Naghdi 等人在对 24S-T 铝合金所做的类似实验中,观察到随着剪应力的增加,初始时为圆的 Mises 屈服曲线将会在加载点附近逐渐形成尖角(图 3-11)。这个现象接近于一些学者所提出和发展的"尖角模型"理论,可用来解释弹塑性分叉和稳定性中的某些实验现象。

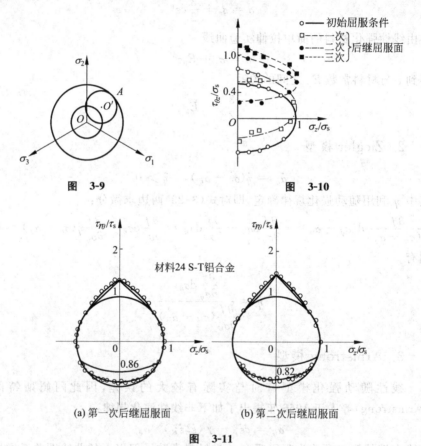

图　3-9
图　3-10

(a) 第一次后继屈服面
(b) 第二次后继屈服面

图　3-11

　　以上关于屈服条件和加载条件的讨论都是在应力空间进行的,当应力可通过应变来表示时,屈服条件和加载条件同样也可在应变空间来讨论。对于理想塑性或应变软化材料,这可能会更方便些。

本 章 小 结

（1）屈服条件是判定材料处于弹性状态或塑性状态的依据，常用应力分量的函数表示，当然也可用应变分量的函数表示。由于屈服和静水压力无关，只与偏应力有关，因此一点的屈服只与反映偏应力大小的不变量有关，故而推出在主应力空间，屈服面是包含原点、垂直于偏平面的等截面柱体，则确定了偏平面上的屈服线就确定了主应力空间的屈服面。

（2）常用的屈服条件有三个：Tresca 屈服条件、Mises 屈服条件和最大偏应力屈服条件。其中 Tresca 屈服条件和最大偏应力屈服条件，当已知主应力并可判定相互大小关系时，二者均为线性函数，在不需求导数时应用方便。Mises 屈服条件无论以主应力形式还是以一般应力形式给出，均为二次函数，它是一光滑函数且更接近实验结果。

（3）加载条件反映强化材料初次屈服后的相继屈服条件。当应力位于加载面上并继续加载时，应力的变化就会引起内变量的变化，二者之间的关系即是一致性条件。加载面的演化规律是一个困难的问题，常用的简化模型有等向强化和随动强化两种模型。

（4）重要概念：屈服曲面/屈服函数/塑性条件，加载面/相继屈服面，加载函数/相继屈服函数，屈服轨迹，最大剪应力屈服条件或 Tresca 屈服条件，Mises 屈服条件，最大偏应力屈服条件或双剪应力屈服条件，体积弹性定律，应力路径。

思 考 题

3-1　什么是屈服条件？Mises 屈服条件和 Tresca 屈服条件是什么，各自的物理解释有哪些？

3-2　试指出应力罗地参数取何值时，Tresca 屈服条件和 Mises 屈服条件是一致的。

3-3　试说明三个常用屈服条件都与静水压力无关。

3-4　为什么屈服曲面必定是外凸的？它与材料的哪种基本性质有关？

习　题

3-1　薄壁圆管受拉力 P 和扭矩 T 作用，试写出此情况下的 Mises 屈服条件和 Tresca 屈服条件。若此圆管厚度为 3mm，平均半径为 50mm，保持 $\tau/\sigma=1$，材料拉伸屈服极限为 390MPa，试求此圆管屈服时轴向荷载和扭矩的值。

答案：Mises 屈服条件：$\sigma^2+3\tau^2=\sigma_s^2$。$P=183.8\text{kN}$，$T=9189.2\text{N}\cdot\text{m}$。

Tresca 屈服条件：$\sigma^2+4\tau^2=\sigma_s^2$。$P=164.4\text{kN}$，$T=8218.4\text{N}\cdot\text{m}$。

3-2　一薄壁圆管受拉扭作用，圆管的材料在屈服后满足 Mises 线性随动强化模型，即

$$\sigma_e(\sigma_{ij}-c\varepsilon_{ij}^p)=\sqrt{\frac{3}{2}(s_{ij}-c\varepsilon_{ij}^p)(s_{ij}-c\varepsilon_{ij}^p)}=\sigma_s$$

(1) 用 σ_z、$\sigma_{z\theta}$、ε_z^p、$\varepsilon_{z\theta}^p$ 来表示该加载条件；

(2) 先将应力分量 σ_z 从零加载到 $1.5\sigma_s$，然后卸载到零，求这时的 ε_z^p 与 $\varepsilon_{z\theta}^p$ 值；

(3) 接着让应力分量 $\sigma_{z\theta}$ 从零开始增加，问 $\sigma_{z\theta}$ 多大时开始进入屈服？

答案：(1) $\sigma_e(\sigma_{ij}-c\varepsilon_{ij}^p)=\sqrt{\left(\sigma_z-\frac{3}{2}c\varepsilon_z^p\right)^2+3\left(\sigma_{z\theta}-c\varepsilon_{z\theta}^p\right)^2}=\sigma_s$

(2) $\varepsilon_z^p=\dfrac{\sigma_s}{3c}$，$\varepsilon_{z\theta}^p=0$

(3) $\sigma_{z\theta}=0.5\sigma_s$

3-3　一薄壁圆管受拉力、内压和扭矩的作用，要考虑的非零应力分量有 σ_z、σ_θ、$\sigma_{z\theta}$。试用这三个应力分量表示本章介绍的三种屈服条件。

提示及答案：Mises 屈服条件为

$$\sigma_z^2+\sigma_\theta^2-\sigma_z\sigma_\theta+3\sigma_{z\theta}^2=\sigma_s^2$$

对另两种屈服条件采用如下处理方法：记

$$A=\frac{\sigma_\theta+\sigma_z}{2},\quad B=\sqrt{\left(\frac{\sigma_\theta-\sigma_z}{2}\right)^2+\sigma_{z\theta}^2}\geqslant0,\quad \sigma^+=A+B,\quad \sigma^-=A-B$$

则有

$$\sigma_1=\sigma^+,\quad \sigma_2=\sigma^-,\quad \sigma_3=0,\quad \text{当}\ A\geqslant B\ \text{时}$$
$$\sigma_1=\sigma^+,\quad \sigma_2=0,\quad \sigma_3=\sigma^-,\quad \text{当}\ |A|\leqslant B\ \text{时}$$
$$\sigma_1=0,\quad \sigma_2=\sigma^+,\quad \sigma_3=\sigma^-,\quad \text{当}\ A+B\leqslant0\ \text{时}$$

代入 Tresca 及最大偏应力屈服条件公式，经整理后可得如下结果：

Tresca 屈服条件

$(\sigma_z - \sigma_s)(\sigma_\theta - \sigma_s) = \sigma_{z\theta}^2$, 当 $0 \leqslant \sigma_\theta + \sigma_z \leqslant 2\sigma_s$, $\sigma_\theta \sigma_z \geqslant \sigma_{z\theta}^2$ 时

$(\sigma_\theta - \sigma_z)^2 + 4\sigma_{z\theta}^2 = \sigma_s^2$, 当 $\sigma_\theta \sigma_z \leqslant \sigma_{z\theta}^2$ 时

$(\sigma_z + \sigma_s)(\sigma_\theta + \sigma_s) = \sigma_{z\theta}^2$, 当 $-2\sigma_s \leqslant \sigma_\theta + \sigma_z \leqslant 0$, $\sigma_\theta \sigma_z \geqslant \sigma_{z\theta}^2$ 时

最大偏应力屈服条件

$$|A| = \sigma_s, \quad 当 |A| \geqslant 3B 时$$
$$3B + |A| = 2\sigma_s, \quad 当 |A| \leqslant 3B 时$$

得

$$|\sigma_\theta + \sigma_z| = 2\sigma_s, \quad 当 (2\sigma_\theta - \sigma_z)(\sigma_\theta - 2\sigma_z) + 9\sigma_{z\theta}^2 \leqslant 0 时$$
$$(2\sigma_\theta - \sigma_z - 2c\sigma_s)(\sigma_\theta - 2\sigma_z + 2c\sigma_s) + 9\sigma_{z\theta}^2 = 0,$$

当 $(2\sigma_\theta - \sigma_z)(\sigma_\theta - 2\sigma_z) + 9\sigma_{z\theta}^2 \geqslant 0$ 时

其中 $c = \mathrm{sign}(\sigma_\theta + \sigma_z)$。

3-4 设 s_1、s_2、s_3 为主应力偏量,试证明用应力偏量表示 Mises 屈服条件时,其形式为

$$\sqrt{\frac{3}{2}(s_1^2 + s_2^2 + s_3^2)} = \sigma_s$$

3-5 对 z 方向受约束的平面应变状态,假设材料不可压缩,证明其屈服条件为

Mises 屈服条件:$\dfrac{1}{4}(\sigma_x - \sigma_y)^2 + \tau_{xy}^2 = \dfrac{1}{3}\sigma_s^2 = \tau_s^2$

Tresca 屈服条件:$\dfrac{1}{4}(\sigma_x - \sigma_y)^2 + \tau_{xy}^2 = \dfrac{1}{4}\sigma_s^2 = \tau_s^2$

3-6 设 $f(\sigma_1, \sigma_2, \sigma_3) = 0$ 为屈服函数,试证明若它与平均应力无关,则有下式:

$$\frac{\partial f}{\partial \sigma_1} + \frac{\partial f}{\partial \sigma_2} + \frac{\partial f}{\partial \sigma_3} = 0$$

3-7 设材料是刚性理想塑性的,则在平面应变情况下(设 $\varepsilon_z = 0$),有下列关系:

$$\mathrm{d}\sigma_1 - \mathrm{d}\sigma_2 = 0$$

此处 σ_1 和 σ_2 为 (x, y) 平面内的主应力。

第 4 章
塑性本构关系

塑性力学与连续介质力学的其他分支的主要区别在于刻画材料力学性质的本构关系不同。因此,本构关系的建立不仅是塑性力学的基础,而且也是塑性力学的重要研究课题之一。研究弹塑性体的本构关系将基于如下两个假设:①小变形假设;②仅考虑等温过程中的应变率无关材料,即忽略应变率大小(或粘性效应)对变形规律的影响。这时,任何与时间呈单调递增关系的参数都可取作变形过程的时间参数,由此得到的本构关系将会简化。

4.1　塑性应力率和塑性应变率

在塑性力学中,应力不仅与应变有关,而且还与其整个变形历史有关。因此,塑性力学中用一组内变量 $H_\alpha (\alpha=1,2,\cdots,n)$ 来刻画塑性变形历史。内变量是由于材性变化产生的变量,可以计算但无法测量,而应力、应变这些可以测量的变量为外变量。因此,应力可表示为

$$\sigma_{ij} = \sigma_{ij}(\varepsilon_{kl}, H_\alpha)$$

当 H_α 固定时,应力 σ_{ij} 和应变 ε_{ij} 之间具有单一的对应关系,即弹性关系。应变也可通过应力来表示:

$$\varepsilon_{ij} = \varepsilon_{ij}(\sigma_{kl}, H_\alpha)$$

以后讨论均是在直角坐标系下,这时,应力和应变的增量或变化率可

写为

$$\begin{cases} \dot{\sigma}_{ij} = L_{ijkl}\dot{\varepsilon}_{kl} + \dot{\sigma}^{\mathrm{p}}_{ij} \\ \dot{\varepsilon}_{ij} = M_{ijkl}\dot{\sigma}_{kl} + \dot{\varepsilon}^{\mathrm{p}}_{ij} \end{cases} \tag{4-1}$$

其中

$$\dot{\sigma}^{\mathrm{e}}_{ij} = L_{ijkl}\dot{\varepsilon}_{kl}$$

$$\dot{\sigma}^{\mathrm{p}}_{ij} = \frac{\partial \sigma_{ij}}{\partial H_a}\dot{H}_a$$

分别称为**弹性应力率**和**塑性应力率**(请注意,此为数学表达的方便,并无物理意义);

$$\dot{\varepsilon}^{\mathrm{e}}_{ij} = M_{ijkl}\dot{\sigma}_{kl}$$

$$\dot{\varepsilon}^{\mathrm{p}}_{ij} = \frac{\partial \varepsilon_{ij}}{\partial H_a}\dot{H}_a$$

分别称为**弹性应变率**和**塑性应变率**;

$$L_{ijkl} = \frac{\partial \sigma_{ij}}{\partial \varepsilon_{kl}}$$

$$M_{ijkl} = \frac{\partial \varepsilon_{ij}}{\partial \sigma_{kl}}$$

分别是两个四阶的弹性张量,它们是正定的,且满足对称性条件

$$L_{ijkl} = L_{jikl} = L_{ijlk} = L_{klij}$$

$$M_{ijkl} = M_{jikl} = M_{ijlk} = M_{klij}$$

和互逆关系

$$M_{ijkl}L_{klpq} = L_{ijkl}M_{klpq} = \frac{1}{2}(\delta_{ip}\delta_{jq} + \delta_{iq}\delta_{jp})$$

在一般情况下,L_{ijkl} 不仅与应变有关,而且还与内变量有关;同样地,M_{ijkl} 不仅与应力有关,而且还与内变量有关。也就是说,**弹性性质是依赖于塑性变形的**,或称为弹性变形与塑性变形是耦合的。为了简化问题,这里仅考虑弹性变形与塑性变形之间没有耦合的情形。这时

$$\sigma_{ij} = \sigma^{\mathrm{e}}_{ij} + \sigma^{\mathrm{p}}_{ij}, \quad \varepsilon_{ij} = \varepsilon^{\mathrm{e}}_{ij} + \varepsilon^{\mathrm{p}}_{ij}$$

这里,弹性应力 $\sigma^{\mathrm{e}}_{ij} = L_{ijkl}\varepsilon_{kl}$ 和弹性应变 $\varepsilon^{\mathrm{e}}_{ij} = M_{ijkl}\sigma_{kl}$ 的四阶弹性张量仅依赖于材料常数,而塑性应力 σ^{p}_{ij} 和塑性应变 $\varepsilon^{\mathrm{p}}_{ij}$ 仅仅是内变量的函数,并且只有当内变量改变时,塑性应力或塑性应变才可能有相应的改变。

对于弹性张量为四阶各向同性张量的情形,L_{ijkl} 和 M_{ijkl} 还可具体写为

$$\begin{cases} L_{ijkl} = \lambda_0 \delta_{ij}\delta_{kl} + \mu(\delta_{ik}\delta_{jl} + \delta_{il}\delta_{jk}) \\ M_{ijkl} = -\dfrac{\nu}{E}\delta_{ij}\delta_{kl} + \dfrac{1+\nu}{2E}(\delta_{ik}\delta_{jl} + \delta_{il}\delta_{jk}) \end{cases} \tag{4-2}$$

上式中 E 为杨氏模量,ν 为泊松比,λ_0 和 μ 称为拉梅常数[①],二者之间有如下关系:

$$\lambda_0 = \frac{E\nu}{(1+\nu)(1-2\nu)}, \quad \mu = \frac{E}{2(1+\nu)}$$

当 H_a 固定($\dot{H}_a = 0$)时,式(4-1)将化为应力率和应变率之间的弹性关系

$$\dot{\varepsilon}_{11} = \frac{1}{E}[\dot{\sigma}_{11} - \nu(\dot{\sigma}_{22} + \dot{\sigma}_{33})], \quad \dot{\varepsilon}_{23} = \frac{1+\nu}{E}\dot{\sigma}_{23}$$

$$\dot{\varepsilon}_{22} = \frac{1}{E}[\dot{\sigma}_{22} - \nu(\dot{\sigma}_{11} + \dot{\sigma}_{33})], \quad \dot{\varepsilon}_{31} = \frac{1+\nu}{E}\dot{\sigma}_{31}$$

$$\dot{\varepsilon}_{33} = \frac{1}{E}[\dot{\sigma}_{33} - \nu(\dot{\sigma}_{11} + \dot{\sigma}_{22})], \quad \dot{\varepsilon}_{12} = \frac{1+\nu}{E}\dot{\sigma}_{12}$$

上面公式也可改为偏应力率 $\dot{s}_{ij}$ 和偏应变率 $\dot{e}_{ij}$ 之间的关系:

$$\dot{e}_{ij} = \frac{1+\nu}{E}\dot{s}_{ij}, \quad \dot{\varepsilon}_{kk} = \frac{1-2\nu}{E}\dot{\sigma}_{kk} = \frac{1}{3K}\dot{\sigma}_{kk}$$

其中 $K = \dfrac{E}{3(1-2\nu)} = \lambda_0 + \dfrac{2}{3}\mu$ 称为**体积模量**。因为 $\dot{s}_{kk} = 0$,所以上式第一式中只有 5 个方程是独立的。

由此可见,当弹性张量已知时,弹-塑性本构关系的建立就归结为如何正确地给出关于塑性应力率和(或)塑性应变率表达式的问题。下面将讨论这些问题。

4.2 材料性质的三个假设

1. 稳定材料假设

当应力的单调变化会引起应变的同号的单调变化,或反之,应变的单调变化会引起应力的同号的单调变化时,称材料是稳定的。

对于简单拉伸情形,稳定材料的应力-应变曲线的斜率应该是非负的,如图 4-1(a)中的曲线(1)→(2)→(3)。图 4-1(b)为**不稳定材料**,也称**软化材料**。注意图 4-1(c)是不存在的材料。

现将状态(1)的应力和应变分别记为 $\sigma_{ij}^{(1)}$ 和 $\varepsilon_{ij}^{(1)}$,状态(2)的应力和应变分别记为 $\sigma_{ij}^{(2)}$ 和 $\varepsilon_{ij}^{(2)}$,则稳定材料的数学表达式为:对任意的状态(1)和状态(2),如果应力 σ_{ij} 在应力空间内沿直线路径由状态(1)单调地变化到状态(2)

[①] 拉梅常数通常用 λ 和 μ 表示,为了避免与下文中的符号相重复,这里将 λ 改成了 λ_0。

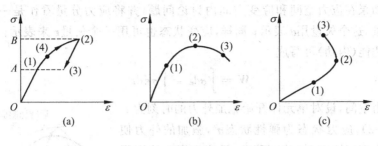

图　**4-1**

时,或应变 ε_{ij} 在应变空间内可以沿直线路径由状态(1)单调地变化到状态
(2)时,必然有

$$(\sigma_{ij}^{(2)} - \sigma_{ij}^{(1)})(\varepsilon_{ij}^{(2)} - \varepsilon_{ij}^{(1)}) \geqslant 0 \tag{4-3}$$

或

$$\mathrm{d}\sigma_{ij}\,\mathrm{d}\varepsilon_{ij} \geqslant 0 \tag{4-4}$$

如果式(4-3)中的等号仅当 $\sigma_{ij}^{(2)} = \sigma_{ij}^{(1)}$ 或 $\varepsilon_{ij}^{(2)} = \varepsilon_{ij}^{(1)}$ 时才成立,则称材料是在严
格意义下稳定的。理想塑性材料和强化材料均是稳定材料。

　　需要说明,在以上稳定材料的定义中,所要求的应力路径或应变路径是
沿直线路径作单调变化的。因为稳定材料对任意选取的两个状态,式(4-3)
并不总是成立的,如图 4-1(a)中(3)→(4)的过程是先卸载再加载,这不是直
线路径。

　　式(4-3)和式(4-4)是等价的,因为当状态(1)变化到状态(2)的变化量
为一阶小量时,有 $\sigma_{ij}^{(2)} = \sigma_{ij}^{(1)} + \mathrm{d}\sigma_{ij}$,$\varepsilon_{ij}^{(2)} = \varepsilon_{ij}^{(1)} + \mathrm{d}\varepsilon_{ij}$,将其代入式(4-3),即可得
式(4-4)。

2. 杜拉克公设

　　杜拉克(Drucker)关于材料性质的公设:设材料单元体经历某一应力历
史后,到达应力状态 $\sigma^0(\sigma_x^0, \sigma_y^0, \sigma_z^0, \tau_{xy}^0, \tau_{yz}^0, \tau_{zx}^0)$ 而平衡;然后缓慢地对其施加
外力,又卸去外力,使其回到原来的应力状态 σ^0 ,这一过程称为**应力循环**。
在应力循环过程中,假定应变的变化(一般地不能还原,即有新的塑性变形
产生)是一个微量,则在加载过程中以及在应力循环过程中,附加外力所做
的功(净功)不为负。这就是**杜拉克公设**。

　　杜拉克公设也可这样表述:当材料的物质微元在应力空间的任意应力
闭循环中的余功非正时,此材料满足杜拉克公设。其数学表达式是

$$\oint \varepsilon_{ij}\,\mathrm{d}\sigma_{ij} \leqslant 0 \tag{4-5}$$

下面推导杜拉克公设的另一种表达式。

如果在应力空间和应变空间内讨论问题,并将应力分量看作是一矢量的分量,这个矢量用 $\boldsymbol{\sigma}$ 表示;同样,应变状态也可用一个矢量 $\boldsymbol{\varepsilon}$ 来表示;于是应变比能(内功)可写成

$$W = \int \boldsymbol{\sigma} \mathrm{d}\boldsymbol{\varepsilon} = \int \boldsymbol{\sigma} \dot{\boldsymbol{\varepsilon}} \mathrm{d}t$$

在应力空间,设对单元体开始施加外力的时刻为 t_0 (图 4-2),应力状态为弹性状态 $\boldsymbol{\sigma}^0$,施加的外力使应力点向屈服面/加载面移动,设应力点到达屈服面/加载面上的时刻为 t_1;继续加载,到 t_2 时刻应力点到达新的塑性状态;之后开始卸载,t_3 时刻回到原来的应力状态 $\boldsymbol{\sigma}^0$。则杜拉克公设的第一部分(在施加外力过程中,外力的净功不为负)可用数学式表示为

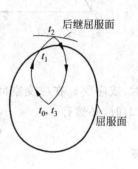

图 **4-2**

$$A(t) = \int_{t_0}^{t} (\boldsymbol{\sigma} - \boldsymbol{\sigma}^0) \dot{\boldsymbol{\varepsilon}} \mathrm{d}t \geqslant 0, \quad t_0 \leqslant t \leqslant t_2$$

第二部分(在应力循环中,外力的净功不为负)可以表示为

$$A(t) = \int_{t_0}^{t_3} (\boldsymbol{\sigma} - \boldsymbol{\sigma}^0) \dot{\boldsymbol{\varepsilon}} \mathrm{d}t \geqslant 0 \tag{4-6}$$

因为在应力循环过程中,应变的弹性部分是可逆的,不会消耗能量,即弹性能为零,而塑性变形只在加载过程中(即从 t_1 到 t_2)才发生变化,所以式(4-6)可写成

$$A = \int_{t_1}^{t_2} (\boldsymbol{\sigma} - \boldsymbol{\sigma}^0) \dot{\boldsymbol{\varepsilon}}^{\mathrm{p}} \mathrm{d}t \geqslant 0 \tag{4-7}$$

已设应变的变化至多是微量,因此,$t_2 - t_1 = \delta t$ 也是微量。将式(4-7)应用泰勒级数在 t_1 附近展开,在泰勒级数 $f(x) = f(x_0) + f'(x_0)\mathrm{d}x + \dfrac{1}{2!}f''(x_0)(\mathrm{d}x)^2 + \cdots$ 中,取

$$x_0 = t_1, \mathrm{d}x = \delta t = \mathrm{d}t$$

$$f(x_0) = \int_{t_1}^{t_1} (\boldsymbol{\sigma} - \boldsymbol{\sigma}^0) \dot{\boldsymbol{\varepsilon}}^{\mathrm{p}} \mathrm{d}t = 0$$

$$f'(x_0) = (\boldsymbol{\sigma} - \boldsymbol{\sigma}^0) \dot{\boldsymbol{\varepsilon}}^{\mathrm{p}} \big|_{t_1} = (\boldsymbol{\sigma} - \boldsymbol{\sigma}^0) \frac{\mathrm{d}\boldsymbol{\varepsilon}^{\mathrm{p}}}{\mathrm{d}t} \bigg|_{t_1}$$

$$f''(x_0) = \frac{\partial}{\partial t} \big[(\boldsymbol{\sigma} - \boldsymbol{\sigma}^0) \dot{\boldsymbol{\varepsilon}}^{\mathrm{p}} \big] \bigg|_{t_1} = \left[\frac{\partial \boldsymbol{\sigma}}{\partial t} \cdot \frac{\mathrm{d}\boldsymbol{\varepsilon}^{\mathrm{p}}}{\mathrm{d}t} + (\boldsymbol{\sigma} - \boldsymbol{\sigma}^0) \frac{\mathrm{d}^2 \boldsymbol{\varepsilon}^{\mathrm{p}}}{\mathrm{d}t^2} \right] \bigg|_{t_1}$$

则有

$$A = (\boldsymbol{\sigma} - \boldsymbol{\sigma}^0) \left. \frac{\mathrm{d}\,\boldsymbol{\varepsilon}^{\mathrm{p}}}{\mathrm{d}t} \right|_{t_1} \cdot \delta t + \frac{1}{2} \left[\frac{\partial\,\boldsymbol{\sigma}}{\partial t} \cdot \frac{\mathrm{d}\,\boldsymbol{\varepsilon}^{\mathrm{p}}}{\mathrm{d}t} + (\boldsymbol{\sigma} - \boldsymbol{\sigma}^0) \frac{\mathrm{d}^2\,\boldsymbol{\varepsilon}^{\mathrm{p}}}{\mathrm{d}t^2} \right]_{t_1} (\delta t)^2 + \cdots$$

$$= (\boldsymbol{\sigma} - \boldsymbol{\sigma}^0) \mathrm{d}\boldsymbol{\varepsilon}^{\mathrm{p}} + \frac{1}{2} \mathrm{d}\boldsymbol{\sigma} \mathrm{d}\boldsymbol{\varepsilon}^{\mathrm{p}} + \frac{1}{2} (\boldsymbol{\sigma} - \boldsymbol{\sigma}^0) \mathrm{d}^2\,\boldsymbol{\varepsilon}^{\mathrm{p}} + \cdots$$

$$\approx (\boldsymbol{\sigma} - \boldsymbol{\sigma}^0) \mathrm{d}\boldsymbol{\varepsilon}^{\mathrm{p}} + \frac{1}{2} \mathrm{d}\boldsymbol{\sigma} \mathrm{d}\boldsymbol{\varepsilon}^{\mathrm{p}}$$

因此可以得到下列不等式：

$$(\boldsymbol{\sigma} - \boldsymbol{\sigma}^0) \cdot \mathrm{d}\boldsymbol{\varepsilon}^{\mathrm{p}} + \frac{1}{2} \mathrm{d}\boldsymbol{\sigma} \mathrm{d}\boldsymbol{\varepsilon}^{\mathrm{p}} \geqslant 0 \tag{4-8}$$

进一步简化，可得

$$(\boldsymbol{\sigma} - \boldsymbol{\sigma}^0) \cdot \mathrm{d}\boldsymbol{\varepsilon}^{\mathrm{p}} \geqslant 0 \quad \text{或} \quad \mathrm{d}\boldsymbol{\sigma} \cdot \mathrm{d}\boldsymbol{\varepsilon}^{\mathrm{p}} \geqslant 0 \tag{4-9}$$

其中 $(\boldsymbol{\sigma} - \boldsymbol{\sigma}^0) \cdot \mathrm{d}\boldsymbol{\varepsilon}^{\mathrm{p}}$ 对应 $\boldsymbol{\sigma} \neq \boldsymbol{\sigma}^0$，即应力闭循环中的开始应力状态在屈服面/加载面以内任一点，应力增量 $\boldsymbol{\sigma} - \boldsymbol{\sigma}^0$ 在 $\mathrm{d}\boldsymbol{\varepsilon}^{\mathrm{p}}$ 上所做的微功，虽然 $\mathrm{d}\boldsymbol{\varepsilon}^{\mathrm{p}}$ 是微小量，但由于应力增量 $\boldsymbol{\sigma} - \boldsymbol{\sigma}^0$ 不是微小值，故而此微功不可忽略；$\mathrm{d}\boldsymbol{\sigma} \cdot \mathrm{d}\boldsymbol{\varepsilon}^{\mathrm{p}}$ 对应 $\boldsymbol{\sigma} = \boldsymbol{\sigma}^0$，即应力闭循环中的开始应力状态是屈服面/加载面上任一点时，继续加载产生的应力增量 $\mathrm{d}\boldsymbol{\sigma}$ 在 $\mathrm{d}\boldsymbol{\varepsilon}^{\mathrm{p}}$ 上所做的微功，此时的应力增量和塑性应变增量均为微小值，故而此微功也是微小值，要求精度不高时可以忽略不计。

式(4-8)、式(4-9)是塑性力学最重要的公式，由此可以推导出塑性本构关系。

杜拉克公设是在应力空间给出的，下面给出应变空间相应的公设，即依留辛公设。

3. 依留辛公设

依留辛公设：在应变空间中材料微元经历任意一个应变闭循环，则该过程中所做的功是非负的，其数学表达式是

$$\oint \sigma_{ij} \mathrm{d}\varepsilon_{ij} \geqslant 0$$

对于弹性的应变循环，上式中的等号成立。请注意，应变的闭循环不一定对应于应力闭循环。

以上关于稳定材料的定义、杜拉克公设、依留辛公设是在大量宏观实验基础上总结的，它们适用于大多数材料。由三个假设或公设出发可以导出形式较为简单的本构关系，因此这些假设或公设具有重要意义。这三个假设是互不等价的，从两个公设出发可以导出加载面的外凸性和正交流动法则，稳定材料假设是保证塑性本构关系中的全量理论解的唯一性的基础。当材料同时满足稳定性假设和杜拉克公设时，材料一定满足依留辛公设。

4.3 杜拉克公设的三个推论

本节将由杜拉克公设导出的基本不等式

$$(\boldsymbol{\sigma} - \boldsymbol{\sigma}^0) \cdot \mathrm{d}\boldsymbol{\varepsilon}^{\mathrm{p}} + \frac{1}{2}\mathrm{d}\boldsymbol{\sigma}\mathrm{d}\boldsymbol{\varepsilon}^{\mathrm{p}} \geqslant 0$$

出发得出三个重要的推论。

在应力空间中构造一个应力闭循环：此循环由屈服面/加载面 $f=0$ 内的任一点 $\sigma_{ij}^{(1)}$ 出发，沿某一路径达到屈服面/加载面 $f=0$ 上的任一点 $\sigma_{ij}^{(2)}$，在此过程中材料并未产生新的塑性变形。此后，可作一微小的应力增量 $\Delta\sigma_{ij}$，相应的应力为 $\sigma_{ij}^{(3)} = \sigma_{ij}^{(2)} + \Delta\sigma_{ij}$，应力 $\sigma_{ij}^{(3)}$ 使材料产生一微小的塑性应变增量 $\Delta\varepsilon_{ij}^{\mathrm{p}}$。最后，再通过某一弹性卸载路径使应力由 $\sigma_{ij}^{(3)}$ 回到初值 $\sigma_{ij}^{(1)}$，在卸载过程中材料也未产生新的塑性变形。

1. 材料是稳定的

推论一：如果把应力的起始点取在加载面上，而且仍能够造出上述的应力闭循环的话，则由杜拉克公设可知材料一定是稳定的。这一推论也表明，对于非稳定材料，当把应力的起始点选在加载面上时，将无法作出应力闭循环。

【证明】 在应力空间，构造应力闭循环，应力起始点取在加载面上，此时

$$\boldsymbol{\sigma} = \boldsymbol{\sigma}^0$$

所以

$$(\boldsymbol{\sigma} - \boldsymbol{\sigma}^0) \cdot \mathrm{d}\boldsymbol{\varepsilon}^{\mathrm{p}} + \frac{1}{2}\mathrm{d}\boldsymbol{\sigma}\mathrm{d}\boldsymbol{\varepsilon}^{\mathrm{p}} = \frac{1}{2}\mathrm{d}\boldsymbol{\sigma}\mathrm{d}\boldsymbol{\varepsilon}^{\mathrm{p}} \geqslant 0$$

即

$$\mathrm{d}\boldsymbol{\sigma}\mathrm{d}\boldsymbol{\varepsilon}^{\mathrm{p}} \geqslant 0 \tag{4-10}$$

考虑弹性部分，由 M_{ijkl} 的正定性可知

$$\mathrm{d}\sigma_{ij} M_{ijkl} \, \mathrm{d}\sigma_{kl} = \mathrm{d}\sigma_{ij} \, \mathrm{d}\varepsilon_{ij}^{\mathrm{e}} \geqslant 0 \tag{4-11}$$

即有

$$\mathrm{d}\sigma_{ij}(\mathrm{d}\varepsilon_{ij}^{\mathrm{e}} + \mathrm{d}\varepsilon_{ij}^{\mathrm{p}}) = \mathrm{d}\sigma_{ij} \, \mathrm{d}\varepsilon_{ij} \geqslant 0$$

上式说明材料是稳定的。

2. 屈服面和加载面是外凸的

现在来讨论不等式 $(\boldsymbol{\sigma} - \boldsymbol{\sigma}^0) \cdot \mathrm{d}\boldsymbol{\varepsilon}^{\mathrm{p}} \geqslant 0$ 的几何意义。图 4-3 中，$\boldsymbol{\sigma}^0$ 表示屈

服面/加载面以内点 P_0 在 t_0 时的应力状态，$\boldsymbol{\sigma}$ 是位于屈服面/加载面上点 P 的应力状态。所以，式(4-9)可写成

$$(\boldsymbol{\sigma} - \boldsymbol{\sigma}_0) \cdot \mathrm{d}\boldsymbol{\varepsilon}^{\mathrm{p}} = P_0P \cdot \mathrm{d}\boldsymbol{\varepsilon}^{\mathrm{p}} \geqslant 0$$

上式表明矢量 P_0P 与 $\mathrm{d}\boldsymbol{\varepsilon}^{\mathrm{p}}$ 的夹角不大于 90°。注意到 P 是屈服面/加载面上的任意一点，P_0 是屈服面/加载面之内的任一点，所以该不等式表明屈服面/加载面上或其内所有的点都必位于过 P 点的切平面 H 的同一侧，亦即屈服面/加载面在 P 点是外凸的。既然 P 是屈服面/加载面上的任一点，所以**屈服面/加载面处处是外凸的**。不等式(4-9)就是屈服面/加载面外凸性的不等式。特雷斯卡屈服条件、米泽斯屈服条件及最大偏应力屈服条件，其屈服面/加载面都是外凸的。

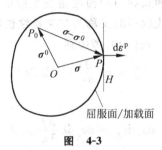

图 4-3

因为应力空间中屈服面/加载面 $f=0$ 内的任意两点之差和应变空间中屈服面/加载面 $g=0$ 内的任意两点之差之间具有线性弹性关系，所以在应力空间中的直线段和在应变空间中的直线段是互为对应的，由此也证明应变空间中的屈服面/加载面 $g=0$ 也是外凸的。

3. 正交流动法则

如果屈服面/加载面处处正则，即在屈服面/加载面上的任何点处只有唯一的外法线，则不等式(4-9)表示塑性应变率矢 $\dot{\boldsymbol{\varepsilon}}^{\mathrm{p}}$ 必正交于屈服面/加载面，或者，更确切地说，塑性应变率矢 $\dot{\boldsymbol{\varepsilon}}^{\mathrm{p}}$ 与屈服面/加载面的外法线平行且同向，称之为**塑性位势理论**。

如果加载面在某应力点处是光滑的，则相应的塑性应变增量(率)必指向加载面在该点的外法向

$$\mathrm{d}\varepsilon_{ij}^{\mathrm{p}} = \mathrm{d}\lambda \frac{\partial f}{\partial \sigma_{ij}}, \quad \mathrm{d}\lambda \geqslant 0 \tag{4-12a}$$

或

$$\dot{\varepsilon}_{ij}^{\mathrm{p}} = \dot{\lambda} \frac{\partial f}{\partial \sigma_{ij}}, \quad \dot{\lambda} \geqslant 0 \tag{4-12b}$$

如果加载面在某应力点处是 r 个光滑曲面 $f_s=0$ 的交点,则相应的塑性应变增量(率)可写为

$$\mathrm{d}\varepsilon_{ij}^{\mathrm{p}} = \mathrm{d}\lambda_s \frac{\partial f_s}{\partial \sigma_{ij}} = \mathrm{d}\lambda_1 \frac{\partial f_1}{\partial \sigma_{ij}} + \mathrm{d}\lambda_2 \frac{\partial f_2}{\partial \sigma_{ij}} + \cdots, \quad \mathrm{d}\lambda_s \geqslant 0, \quad s=1,2,\cdots,r$$

(4-13a)

或

$$\dot{\varepsilon}_{ij}^{\mathrm{p}} = \dot{\lambda}_s \frac{\partial f_s}{\partial \sigma_{ij}} = \dot{\lambda}_1 \frac{\partial f_1}{\partial \sigma_{ij}} + \dot{\lambda}_2 \frac{\partial f_2}{\partial \sigma_{ij}} + \cdots, \quad \dot{\lambda}_s \geqslant 0, s=1,2,\cdots,r$$

(4-13b)

它表示塑性应变增量(率)的方向处于由这 r 个加载面 $f_s=0$ 的外法线所组成的锥体内。式(4-12)和式(4-13)描述塑性变形增量与应力增量之间的关系,称为**正交流动法则**,式(4-13)又称为**广义塑性位势理论**。

由于 $\mathrm{d}\sigma\mathrm{d}\varepsilon^{\mathrm{p}} \geqslant 0$,即 $\mathrm{d}\sigma_{ij}\mathrm{d}\varepsilon_{ij}^{\mathrm{p}} \geqslant 0$,考虑到

$$\mathrm{d}\varepsilon_{ij}^{\mathrm{p}} = \mathrm{d}\lambda \frac{\partial f}{\partial \sigma_{ij}}, \quad \mathrm{d}\lambda \geqslant 0$$

有

$$\mathrm{d}\sigma_{ij}\mathrm{d}\varepsilon_{ij}^{\mathrm{p}} = \mathrm{d}\sigma_{ij}\mathrm{d}\lambda \frac{\partial f}{\partial \sigma_{ij}} \geqslant 0$$

即

$$\mathrm{d}\sigma_{ij} \frac{\partial f}{\partial \sigma_{ij}} \geqslant 0$$

对于强化材料,有

$$\begin{cases} f=0, \mathrm{d}\sigma_{ij} \dfrac{\partial f}{\partial \sigma_{ij}} > 0, 表示加载 \\[2mm] f=0, \mathrm{d}\sigma_{ij} \dfrac{\partial f}{\partial \sigma_{ij}} = 0, 表示中性变载 \\[2mm] f=0, \mathrm{d}\sigma_{ij} \dfrac{\partial f}{\partial \sigma_{ij}} < 0, 表示卸载 \end{cases}$$

(4-14a)

上式是强化材料应力空间的加卸载准则。上式的几何意义是:第一式表示应力增量 $\mathrm{d}\sigma_{ij}$(矢量)与屈服面的法向夹角为锐角,即 $\mathrm{d}\sigma_{ij}$ 方向向加载面的外侧,故为加载;第二式表示 $\mathrm{d}\sigma_{ij}$ 方向与加载面的外法向垂直,故为中性变载;第三式表示 $\mathrm{d}\sigma_{ij}$ 方向与加载面的外法向夹角为钝角,故为卸载。

对于理想塑性材料

$$\begin{cases} f=0, \mathrm{d}\sigma_{ij} \dfrac{\partial f}{\partial \sigma_{ij}} = 0, 表示加载 \\[2mm] f=0, \mathrm{d}\sigma_{ij} \dfrac{\partial f}{\partial \sigma_{ij}} < 0, 表示卸载 \end{cases}$$

(4-14b)

上式是理想塑性材料应力空间的加卸载准则,此材料无中性变载的情况。

正交流动法则证明如下:

当加载面在应力点 $\sigma_{ij}^{(2)}$ 处光滑时,经过 $\sigma_{ij}^{(2)}$ 且与加载面相切的平面将是唯一的。另外,再作一个与 $\mathrm{d}\varepsilon_{ij}^{\mathrm{p}}$ 相垂直的超平面 Q,如果它不与上述的切平面相重合的话,那么它就必然与加载面相割。这时,在超平面 Q 的两侧都有加载面的内点,即在加载面内总存在这样的应力状态 $\sigma_{ij}^{(1)}$,使加载面外凸性不成立。由此可见,超平面 Q 只能是加载面在 $\sigma_{ij}^{(2)}$ 处的切平面,而 $\mathrm{d}\varepsilon_{ij}^{\mathrm{p}}$ 应垂直于这个切平面,从而证明了塑性应变增量的方向必指向加载面在该点的外法向。

4.4　增　量　理　论

4.4.1　应变空间的加载面和加、卸载准则

第 3 章中对屈服条件和加载条件的讨论是在应力空间中进行的。对于任意固定的内变量,将 $\sigma_{ij}=\sigma_{ij}(\varepsilon_{kl},H_a)$ 代入应力空间的加载面 $f(\sigma_{ij},H_a)=0$,即可得到应变空间的加载面

$$f\big[\sigma_{ij}(\varepsilon_{kl},H_a),H_a\big]=g(\varepsilon_{kl},H_a)=0$$

反之,将 $\varepsilon_{ij}=\varepsilon_{ij}(\sigma_{kl},H_a)$ 代入上式,可得

$$g\big[\varepsilon_{ij}(\sigma_{kl},H_a),H_a\big]=f(\sigma_{kl},H_a)=0$$

因此上两式是互为对偶的。对上两式求导,可得

$$\frac{\partial g}{\partial\varepsilon_{kl}}=\frac{\partial f}{\partial\sigma_{ij}}\cdot\frac{\partial\sigma_{ij}}{\partial\varepsilon_{kl}}=\frac{\partial f}{\partial\sigma_{ij}}L_{ijkl}=L_{klij}\frac{\partial f}{\partial\sigma_{ij}}$$

$$\frac{\partial f}{\partial\sigma_{kl}}=\frac{\partial g}{\partial\varepsilon_{ij}}\cdot\frac{\partial\varepsilon_{ij}}{\partial\sigma_{kl}}=\frac{\partial g}{\partial\varepsilon_{ij}}M_{ijkl}=M_{klij}\frac{\partial g}{\partial\varepsilon_{ij}}$$

$\dfrac{\partial f}{\partial\sigma_{ij}}$ 和 $\dfrac{\partial g}{\partial\varepsilon_{ij}}$ 分别表示应力空间和应变空间中加载面的外法向,上式反映了这两个外法向之间的关系。

应变空间中的一致性条件为

$$\mathrm{d}\varepsilon_{kl}\frac{\partial g}{\partial\varepsilon_{kl}}\bigg|_{g(\varepsilon_{kl},H_a)}+\mathrm{d}H_a\frac{\partial g}{\partial H_a}\bigg|_{g(\varepsilon_{kl},H_a)}=0\quad 或\quad \dot{\varepsilon}_{kl}\frac{\partial g}{\partial\varepsilon_{kl}}+\dot{H}_a\frac{\partial g}{\partial H_a}=0$$

应变空间的一致性条件反映了屈服面/加载面上应变增量 $\dot{\varepsilon}_{kl}$ 与内变量增量 $\dot{H}_a$ 的关系。

由于产生新的塑性变形时内变量会有相应的改变,故通常还需要给出

内变量的演化方程。现假定该方程具有如下的形式：

$$\dot{H}_a = \gamma Z_a(\varepsilon_{ij}, H_a)$$

将其代入一致性条件,有

$$\gamma = -\left(\frac{\partial g}{\partial H_a} Z_a\right)^{-1} \left(\frac{\partial g}{\partial \varepsilon_{kl}} \dot{\varepsilon}_{kl}\right)$$

如令

$$\omega = -\left(\frac{\partial g}{\partial H_a} Z_a\right)^{-1}, \quad \hat{g} = \frac{\partial g}{\partial \varepsilon_{kl}} \dot{\varepsilon}_{kl}$$

则有

$$\dot{H}_a = \omega Z_a(\varepsilon_{ij}, H_a)\hat{g} \tag{4-15a}$$

可见对于率无关材料,$\dot{H}_a$ 与 $\dot{\varepsilon}_{kl}$ 之间具有一次齐式的关系。上式仅适用于弹塑性加载过程,即仅适用于应变状态已在加载面 $g=0$ 之上,而且应变增量指向 $g=0$ 之外(即 $\hat{g}>0$)的情形,因为只有在这种情形下才可能产生新的塑性变形。如果材料处于弹性状态,即应变在加载面之内,$g<0$;或者材料处于中性变载或卸载状态,即应变虽然已在加载面 $g=0$ 上,但应变增量指向 $g=0$ 的切向或内部(即 $\hat{g}\leqslant0$),则内变量仍然没有变化的:$\dot{H}_a=0$。这时不产生新的塑性变形。因此,式(4-15a)的完整写法应该是

$$\dot{H}_a = \begin{cases} 0, & \text{当 } g<0 \text{ 时(弹性状态)} \\ 0, & \text{当 } g=0, \hat{g}<0 \text{ 时(卸载)} \\ 0, & \text{当 } g=0, \hat{g}=0 \text{ 时(中性变载)} \\ \omega Z_a(\varepsilon_{ij}, H_a)\hat{g}, & \text{当 } g=0, \hat{g}>0 \text{ 时(弹塑性加载)} \end{cases} \tag{4-15b}$$

在以后的讨论中,将上式统一地简写为

$$\dot{H}_a = \omega Z_a(\varepsilon_{ij}, H_a)\langle\hat{g}\rangle \tag{4-15c}$$

其中

$$\langle\hat{g}\rangle = \begin{cases} 0, & \text{当 } \hat{g}\leqslant0 \text{ 时} \\ \hat{g}, & \text{当 } \hat{g}>0 \text{ 时} \end{cases}$$

式(4-15b)、式(4-15c)就是塑性力学中关于率无关材料在应变空间的加载和卸载准则,它是由 $\hat{g}$ 的符号来决定的。在传统的塑性力学中,常在应力空间表示加、卸载准则,即以

$$\hat{f} = \frac{\partial f}{\partial \sigma_{ij}} \dot{\sigma}_{ij}$$

的符号来作为加、卸载准则的判据,$\hat{f}>0$ 时加载,$\hat{f}=0$ 时中性变载,$\hat{f}<0$ 时卸载。

为了说明在应力空间表示的加、卸载准则的局限性,下面讨论 $\hat{g}$ 和 $\hat{f}$ 之间的关系。将塑性应变率写为

$$\dot{\varepsilon}_{ij}^{\mathrm{p}} = \frac{\partial \varepsilon_{ij}}{\partial H_a} \dot{H}_a = \omega \left(\frac{\partial \varepsilon_{ij}}{\partial H_a} Z_a \right) \langle \hat{g} \rangle = \hat{\varepsilon}_{ij} \langle \hat{g} \rangle$$

其中

$$\hat{\varepsilon}_{ij} = \omega \left(\frac{\partial \varepsilon_{ij}}{\partial H_a} Z_a \right)$$

因此在弹塑性加载($\hat{g} > 0$)时,有

$$\hat{g} = \frac{\partial g}{\partial \varepsilon_{ij}} \dot{\varepsilon}_{ij} = \frac{\partial g}{\partial \varepsilon_{ij}} (M_{ijkl} \dot{\sigma}_{kl} + \dot{\varepsilon}_{ij}^{\mathrm{p}}) = \frac{\partial f}{\partial \sigma_{kl}} \dot{\sigma}_{kl} + \frac{\partial g}{\partial \varepsilon_{ij}} \dot{\varepsilon}_{ij}^{\mathrm{p}} = \hat{f} + \frac{\partial g}{\partial \varepsilon_{ij}} \hat{\varepsilon}_{ij} \langle \hat{g} \rangle$$

故得

$$\hat{f} = \phi \hat{g} = \left(1 - \frac{\partial g}{\partial \varepsilon_{ij}} \hat{\varepsilon}_{ij} \right) \hat{g}, \quad \text{当} \hat{g} > 0 \text{时}$$

ϕ 是一个表征材料硬化(强化)特性的参数。$\phi > 0$ 时材料处于硬化阶段,$\phi < 0$ 时材料处于软化阶段,$\phi = 0$ 时材料处于理想塑性阶段。

因为在弹塑性加载过程中始终有 $g = 0$,$\hat{g} > 0$,所以在应变空间中加载面 $g = 0$ 在应变状态附近将局部地向外移动。与此同时,应力空间中加载面 $f = 0$ 在应力状态附近的移动方向则由 ϕ 的符号确定:$\phi > 0$ 对应于加载面 $f = 0$ 局部地向外移动,$\phi < 0$ 对应于加载面 $f = 0$ 局部地向内移动,而 $\phi = 0$ 对应于加载面 $f = 0$ 局部地驻留不动。这就是公式 $\hat{f} = \phi \hat{g}$ 的几何意义。

由以上讨论可知,当材料处于硬化阶段,即 $\phi > 0$ 时,采用 $\hat{g}$ 的符号与采用 $\hat{f}$ 的符号来作为加卸载准则的判据是完全等价的。而当材料处于软化阶段或理想塑性阶段时,只有用 $\hat{g}$ 的符号来作为加卸载准则的判据才是合理的。

4.4.2　增量型本构关系的一般形式

由上节讨论可知,塑性应变率 $\dot{\varepsilon}_{ij}^{\mathrm{p}}$ 具有 $\dfrac{\partial f}{\partial \sigma_{ij}}$ 方向且与 $\langle \hat{g} \rangle$ 成正比。因此可将 $\hat{\varepsilon}_{ij}$ 写为

$$\hat{\varepsilon}_{ij} = \bar{\nu} \frac{\partial f}{\partial \sigma_{ij}}, \quad \bar{\nu} \geqslant 0 \tag{4-16}$$

而有

$$\dot{\varepsilon}_{ij}^{\mathrm{p}} = \dot{\lambda} \frac{\partial f}{\partial \sigma_{ij}} = \bar{\nu} \frac{\partial f}{\partial \sigma_{ij}} \langle \hat{g} \rangle, \quad \bar{\nu} \geqslant 0$$

将两式

$$\dot{\sigma}_{ij} = L_{ijkl}\dot{\varepsilon}_{kl} + \dot{\sigma}_{ij}^{\mathrm{p}}$$

$$\dot{\varepsilon}_{ij} = M_{ijkl}\dot{\sigma}_{kl} + \dot{\varepsilon}_{ij}^{\mathrm{p}}$$

相互代入,有

$$\dot{\sigma}_{ij} = L_{ijkl}\dot{\varepsilon}_{kl} + \dot{\sigma}_{ij}^{\mathrm{p}} = L_{ijkl}(M_{klpq}\dot{\sigma}_{pq} + \dot{\varepsilon}_{kl}^{\mathrm{p}}) + \dot{\sigma}_{ij}^{\mathrm{p}} = L_{ijkl}M_{klpq}\dot{\sigma}_{pq} + L_{ijkl}\dot{\varepsilon}_{kl}^{\mathrm{p}} + \dot{\sigma}_{ij}^{\mathrm{p}}$$

$$\dot{\varepsilon}_{ij} = M_{ijkl}\dot{\sigma}_{kl} + \dot{\varepsilon}_{ij}^{\mathrm{p}} = M_{ijkl}(L_{klpq}\dot{\varepsilon}_{pq} + \dot{\sigma}_{kl}^{\mathrm{p}}) + \dot{\varepsilon}_{ij}^{\mathrm{p}} = M_{ijkl}L_{klpq}\dot{\varepsilon}_{pq} + M_{ijkl}\dot{\sigma}_{kl}^{\mathrm{p}} + \dot{\varepsilon}_{ij}^{\mathrm{p}}$$

再考虑 $L_{ijkl}M_{klpq} = M_{ijkl}L_{klpq} = \dfrac{1}{2}(\delta_{ip}\delta_{jq} + \delta_{iq}\delta_{jp})$。对于正应力增量和正应变增量,即 $i = j$ 时

$$L_{ijkl}M_{klpq} = M_{ijkl}L_{klpq} = \frac{1}{2}(\delta_{ip}\delta_{jq} + \delta_{iq}\delta_{jp}) = 1, \quad \text{当 } i = j = p = q \text{ 时}$$

$$L_{ijkl}M_{klpq} = M_{ijkl}L_{klpq} = 0, \quad \text{当 } i = j \neq p \text{ 或 } i = j \neq q \text{ 时}$$

因此有

$$\begin{cases} \dot{\sigma}_{ii} = \dot{\sigma}_{ii} + L_{ijkl}\dot{\varepsilon}_{kl}^{\mathrm{p}} + \dot{\sigma}_{ij}^{\mathrm{p}} \\ \dot{\varepsilon}_{ii} = \dot{\varepsilon}_{ii} + M_{ijkl}\dot{\sigma}_{kl}^{\mathrm{p}} + \dot{\varepsilon}_{ij}^{\mathrm{p}} \end{cases} \tag{a}$$

注意上式中的重复下标不是张量记法,只表示正应力或正应变。

对于剪应力增量和反映剪应变增量的 $\dot{\varepsilon}_{ij}$,即 $i \neq j$ 时

$$L_{ijkl}M_{klpq} = M_{ijkl}L_{klpq} = \frac{1}{2}(\delta_{ip}\delta_{jq} + \delta_{iq}\delta_{jp}) = \frac{1}{2}, \text{当 } i = p, j = q \text{ 或 } i = q, j = p \text{ 时}$$

$$L_{ijkl}M_{klpq} = M_{ijkl}L_{klpq} = 0, \text{当 } i \neq p \neq q \text{ 或 } j \neq p \neq q \text{ 时}$$

再考虑 $\sigma_{pq} = \sigma_{qp}$,$\varepsilon_{pq} = \varepsilon_{qp}$,因此有

$$\begin{cases} \dot{\sigma}_{ij} = \dot{\sigma}_{ij} + L_{ijkl}\dot{\varepsilon}_{kl}^{\mathrm{p}} + \dot{\sigma}_{ij}^{\mathrm{p}} \\ \dot{\varepsilon}_{ij} = \dot{\varepsilon}_{ij} + M_{ijkl}\dot{\sigma}_{kl}^{\mathrm{p}} + \dot{\varepsilon}_{ij}^{\mathrm{p}} \end{cases} \tag{b}$$

综合考虑式(a)和式(b),故而有

$$\dot{\varepsilon}_{ij}^{\mathrm{p}} = -M_{ijkl}\dot{\sigma}_{kl}^{\mathrm{p}}, \quad \dot{\sigma}_{ij}^{\mathrm{p}} = -L_{ijkl}\dot{\varepsilon}_{kl}^{\mathrm{p}}$$

再考虑应力空间和应变空间加载面的关系,可得

$$\dot{\varepsilon}_{ij}^{\mathrm{p}} = -M_{ijkl}\dot{\sigma}_{kl}^{\mathrm{p}} = \bar{\nu}M_{ijkl}\frac{\partial g}{\partial \varepsilon_{kl}}\langle \hat{g} \rangle = \bar{\nu}\frac{\partial f}{\partial \sigma_{ij}}\langle \hat{g} \rangle$$

$$\dot{\sigma}_{ij}^{\mathrm{p}} = -L_{ijkl}\dot{\varepsilon}_{kl}^{\mathrm{p}} = -\bar{\nu}L_{ijkl}\frac{\partial f}{\partial \sigma_{kl}}\langle \hat{g} \rangle = -\bar{\nu}\frac{\partial g}{\partial \varepsilon_{ij}}\langle \hat{g} \rangle$$

注意,上式中的第二式说明塑性应力率指向应变空间中加载面的内法向。

最后,注意到式(4-16),强化参数 ϕ 还可写为

$$\phi = 1 - \frac{\partial g}{\partial \varepsilon_{ij}} \hat{\varepsilon}_{ij} = 1 - \bar{\nu} \frac{\partial f}{\partial \sigma_{ij}} \cdot \frac{\partial g}{\partial \varepsilon_{ij}} = 1 - \bar{\nu} H$$

其中

$$H = \frac{\partial f}{\partial \sigma_{ij}} \cdot \frac{\partial g}{\partial \varepsilon_{ij}} = \frac{\partial f}{\partial \sigma_{ij}} L_{ijkl} \frac{\partial f}{\partial \sigma_{kl}} > 0$$

又 $\bar{\nu} > 0$，可引进参数 $E_p = \dfrac{\phi}{\nu}$，故有

$$\bar{\nu} = \frac{1}{H + E_p} > 0$$

因为 E_p 的符号与 ϕ 的符号相同，所以也可用 E_p 来判断在加载过程中材料是处于硬化阶段还是软化阶段或理想塑性阶段。

现来考虑弹塑性加载过程，即 $\hat{g} > 0$ 的情形。塑性应力率 $\dot{\sigma}_{ij}^p$ 可写为

$$\dot{\sigma}_{ij}^p = -\bar{\nu} \frac{\partial g}{\partial \varepsilon_{ij}} \left(\frac{\partial g}{\partial \varepsilon_{kl}} \dot{\varepsilon}_{kl} \right) = -\frac{1}{H + E_p} \cdot \frac{\partial g}{\partial \varepsilon_{ij}} \cdot \frac{\partial g}{\partial \varepsilon_{kl}} \dot{\varepsilon}_{kl}$$

如果 $\phi \neq 0$，由 $\hat{f} = \phi \hat{g}$，可将塑性应变率写为

$$\dot{\varepsilon}_{ij}^p = \bar{\nu} \frac{\partial f}{\partial \sigma_{ij}} \langle \hat{g} \rangle = \frac{\bar{\nu}}{\phi} \cdot \frac{\partial f}{\partial \sigma_{ij}} \cdot \left(\frac{\partial f}{\partial \sigma_{kl}} \dot{\sigma}_{kl} \right) = \frac{1}{E_p} \cdot \frac{\partial f}{\partial \sigma_{ij}} \cdot \frac{\partial f}{\partial \sigma_{kl}} \dot{\sigma}_{kl}, \quad E_p \neq 0$$

于是，塑性应力率和塑性应变率具有如下的形式：

$$\begin{cases} \dot{\sigma}_{ij} = \left(L_{ijkl} - \dfrac{\alpha}{H + E_p} \cdot \dfrac{\partial g}{\partial \varepsilon_{ij}} \cdot \dfrac{\partial g}{\partial \varepsilon_{kl}} \right) \dot{\varepsilon}_{kl} \\[3mm] \dot{\varepsilon}_{ij} = \left(M_{ijkl} + \dfrac{\alpha}{E_p} \cdot \dfrac{\partial f}{\partial \sigma_{ij}} \cdot \dfrac{\partial f}{\partial \sigma_{kl}} \right) \dot{\sigma}_{kl} \end{cases} \quad (4\text{-}17a)$$

其中

$$\alpha = \begin{cases} 1, & \text{弹塑性加载时} \\ 0, & \text{弹性状态，或卸载，或中性变载时} \end{cases}$$

上式的第二式不适用于材料处于理想塑性阶段（$E_p = 0$）的情形。对于理想塑性材料，其应力空间中的加载面就是应力空间中的初始屈服面。应力状态只可能在此屈服面之内或之上。当应力点在屈服面上且有

$$\hat{f} = \frac{\partial f}{\partial \sigma_{ij}} \dot{\sigma}_{ij} = 0$$

时，材料的塑性应变增量可能为零（对应于中性变载），也可能不为零（对应于弹塑性加载）。这时有 $\phi = 0, E_p = 0, \bar{\nu} = \dfrac{1}{H}$，式（4-17a）中的第二式的第二项中的因子 $\dfrac{1}{E_p}$ 是不定的。因此，当材料为理想塑性时，将式（4-17a）改写为

$$\begin{cases} \dot{\sigma}_{ij} = \left(L_{ijkl} - \dfrac{\alpha}{H} \cdot \dfrac{\partial g}{\partial \varepsilon_{ij}} \cdot \dfrac{\partial g}{\partial \varepsilon_{kl}} \right) \dot{\varepsilon}_{kl} \\[3mm] \dot{\varepsilon}_{ij} = M_{ijkl}\dot{\sigma}_{kl} + \alpha\dot{\lambda}\,\dfrac{\partial f}{\partial \sigma_{ij}}, \quad \dot{\lambda} \geqslant 0 \end{cases} \tag{4-17b}$$

式(4-17)就是塑性阶段的一般形式的**增量型本构关系**。以上导出的本构关系形式并未受到塑性变形体积不可压缩条件的限制,因此适用于大多数材料。

材料进入塑性变形状态之后,应力和应变的关系就不再是唯一的,而与应力历史有关。因此,一般地说,塑性本构方程不能用应力和应变的全量(终值)来表达,而要用应力和应变的增量来表达。在塑性力学中,用增量形式表示的本构方程称为**增量理论**或**流动理论**;而全量型的应力-应变关系则称为**全量理论**或**形变理论**。本章先介绍流动理论,再讨论全量理论。

4.4.3　弹性阶段本构关系

由于材料发生塑性变形后,总应变可分为弹性部分和塑性部分,其中弹性部分应变同应力的关系是唯一的,仍然服从广义虎克定律。因此,引起人们关心的实际上只是塑性部分应变与应力的关系。由于应变的弹性部分与应力之间仍然是弹性关系,同时也为了与塑性力学的全量理论在形式上加以对照,这里先分析广义虎克定律用应力和应变的偏张量表示的形式。

广义虎克定律

$$\varepsilon_x = \frac{1}{E}\left[\sigma_x - \nu(\sigma_y + \sigma_z)\right], \quad \cdots$$

$$\gamma_{xy} = 2\varepsilon_{xy} = \frac{1}{G}\tau_{xy}, \quad \cdots$$

注意到

$$\varepsilon_{\mathrm{m}} = \frac{1}{3}(\varepsilon_x + \varepsilon_y + \varepsilon_z) = \frac{\sigma_{\mathrm{m}}}{3K} = \frac{1-2\nu}{E}\sigma_{\mathrm{m}} = \frac{1-2\nu}{3E}(\sigma_x + \sigma_y + \sigma_z)$$

于是有下列关系:

$$\begin{aligned} e_x = \varepsilon_x - \varepsilon_{\mathrm{m}} &= \frac{1}{E}\left[\sigma_x - \nu(\sigma_y + \sigma_z)\right] - \frac{1-2\nu}{3E}(\sigma_x + \sigma_y + \sigma_z) \\[2mm] &= \frac{1}{E}\left[(1+\nu)\sigma_x - (\sigma_x + \sigma_y + \sigma_z)\left(\nu + \frac{1-2\nu}{3}\right)\right] \\[2mm] &= \frac{1+\nu}{E}\left[\sigma_x - \frac{1}{3}(\sigma_x + \sigma_y + \sigma_z)\right] = \frac{1+\nu}{E}s_x = \frac{s_x}{2G} \end{aligned}$$

在线弹性情况下,可以证明

$$T = G\Gamma$$

因此广义虎克定律可写成如下形式：

$$
\begin{cases}
s_x = \dfrac{2T}{\Gamma}e_x, s_y = \dfrac{2T}{\Gamma}e_y, s_z = \dfrac{2T}{\Gamma}e_z \\[2mm]
\tau_{xy} = \dfrac{T}{\Gamma}\gamma_{xy}, \tau_{yz} = \dfrac{T}{\Gamma}\gamma_{yz}, \tau_{zx} = \dfrac{T}{\Gamma}\gamma_{zx} \\[2mm]
\sigma_m = K\theta, K = \dfrac{E}{3(1-2\nu)} \\[2mm]
T = G\Gamma
\end{cases} \tag{4-18a}
$$

或

$$s_{ij} = \frac{2T}{\Gamma}e_{ij} = 2Ge_{ij}, \quad \sigma_m = K\theta, \quad T = G\Gamma \tag{4-18b}$$

注意到 $\sigma_e = \sqrt{3}\,T$，$\varepsilon_e = \dfrac{1}{\sqrt{3}}\Gamma$，所以

$$\frac{T}{\Gamma} = \frac{\sigma_e}{3\varepsilon_e} \tag{4-19}$$

对于线弹性材料，可以证明 $\sigma_e = E\varepsilon_e$，因此由上式可得

$$E = 3G$$

上列关系式对应于 $\nu = 0.5$，$k \to \infty$，即材料是不可压缩的。这是因为，在定义 ε_e 时，只当 $\nu = 0.5$，才在简单拉伸情况下，有 $\varepsilon_e = \varepsilon$。

根据式(4-19)，又可将广义虎克定律写成

$$s_x = \frac{2\sigma_e}{3\varepsilon_e}e_x, \quad s_y = \frac{2\sigma_e}{3\varepsilon_e}e_y, \quad s_z = \frac{2\sigma_e}{3\varepsilon_e}e_z$$

$$\tau_{xy} = \frac{\sigma_e}{3\varepsilon_e}\gamma_{xy}, \quad \tau_{yz} = \frac{\sigma_e}{3\varepsilon_e}\gamma_{yz}, \quad \tau_{zx} = \frac{\sigma_e}{3\varepsilon_e}\gamma_{zx}$$

$$\sigma_m = K\theta, \quad K = \frac{E}{3(1-2\nu)}$$

$$\sigma_e = E\varepsilon_e$$

或

$$s_{ij} = \frac{2\sigma_e}{3\varepsilon_e}e_{ij}, \quad \sigma_m = K\theta, \quad \sigma_e = E\varepsilon_e$$

4.4.4 理想弹塑性材料的本构关系

Shield 和 Ziegler 总结指出，构成塑性本构关系有三个条件：

（1）初始屈服条件

该条件判定应力达到什么水平时塑性变形开始产生，即划分塑性区和

弹性区的范围,不同范围采用不同的本构关系。

(2) 加载条件

描述材料强化规律,以便得到不同的相继屈服函数。

(3) 流动法则

与屈服面相关联的流动法则,即应力、应变(或其增量)之间的关系,这一关系包括方向关系(即两者主轴之间的关系)和大小分配关系(两者之间的比例关系)。

下面讨论在流动法则基础上建立的本构关系。

1. Prandtl-Reuss 本构关系

设采用 Mises 屈服条件,于是屈服函数为

$$f = J_2 - k_2^2 = 0$$

易证明

$$\frac{\partial f}{\partial \sigma_x} = \frac{\partial J_2}{\partial \sigma_x} = s_x, \quad \cdots, \quad \frac{\partial f}{\partial \tau_{xy}} = \tau_{xy}, \quad \cdots$$

所以,当采用 Mises 屈服条件时,塑性本构方程由正交流动法则给出,即

$$d\varepsilon_{ij}^p = d\lambda \frac{\partial f}{\partial \sigma_{ij}} = d\lambda s_{ij}, \quad d\lambda \geqslant 0 \tag{4-20a}$$

因此有

$$
\begin{cases}
\dot{\varepsilon}_x^p = \dot{\lambda} s_x = \dfrac{\dot{\lambda}}{3}(2\sigma_x - \sigma_y - \sigma_z) \\[2mm]
\dot{\varepsilon}_y^p = \dot{\lambda} s_y = \dfrac{\dot{\lambda}}{3}(2\sigma_y - \sigma_x - \sigma_z) \\[2mm]
\dot{\varepsilon}_z^p = \dot{\lambda} s_z = \dfrac{\dot{\lambda}}{3}(2\sigma_z - \sigma_x - \sigma_y) \\[2mm]
\dot{\gamma}_{xy}^p = 2\dot{\lambda}\tau_{xy} \\[2mm]
\dot{\gamma}_{yz}^p = 2\dot{\lambda}\tau_{yz} \\[2mm]
\dot{\gamma}_{zx}^p = 2\dot{\lambda}\tau_{zx}
\end{cases}
\tag{4-20b}
$$

式(4-20)称为 Mises **流动法则**。

将塑性应变增量分解,且考虑塑性变形不引起体积改变,即有

$$d\varepsilon_{ij}^p = d\varepsilon_m^p \delta_{ij} + de_{ij}^p = de_{ij}^p$$

故

$$de_{ij}^p = d\lambda \cdot s_{ij}$$

又

$$de_{ij} = de_{ij}^{e} + de_{ij}^{p} = \frac{1}{2G}ds_{ij} + d\lambda \cdot s_{ij}$$

由于 $de_{ii}=0$，上述关系只有 5 个独立表达式，还需补充一个体积变形规律的表达式，那么理想弹塑性材料的增量本构关系应表示为

$$\begin{cases} de_{ij} = \dfrac{1}{2G}ds_{ij} + d\lambda s_{ij} \\ d\varepsilon_{ii} = \dfrac{1}{3K}d\sigma_{ii} \end{cases} \tag{4-21}$$

$d\lambda$ 是由塑性位势理论带来的。塑性位势理论只能确定塑性变形的方向而不能确定其大小，其大小由变形协调条件确定。

下面分析在给定塑性应变增量时，$d\lambda$ 的确定方法。若给定 $d\varepsilon_{ij}^{p}$，材料服从 Mises 屈服准则，则由

$$J_2 = \frac{1}{2}s_{ij}s_{ij} = \frac{1}{2} \cdot \frac{1}{d\lambda}d\varepsilon_{ij}^{p} \cdot \frac{1}{d\lambda}d\varepsilon_{ij}^{p} = \frac{1}{2} \cdot \frac{1}{(d\lambda)^2}d\varepsilon_{ij}^{p} \cdot d\varepsilon_{ij}^{p} = \frac{1}{3}\sigma_s^2$$

可求出

$$d\lambda = \sqrt{\frac{3}{2}} \cdot \frac{1}{\sigma_s}\sqrt{d\varepsilon_{ij}^{p} \cdot d\varepsilon_{ij}^{p}} = \frac{3}{2} \cdot \frac{d\varepsilon_e^{p}}{\sigma_s}$$

上式说明，在塑性变形过程中，比例系数 $d\lambda$ 不仅与材料的屈服极限有关，而且还和变形程度有关，是一个变量。

从增量本构关系看出，若给定应力和应变增量，可以求得应力增量，应力叠加后就得到新的应力水平，即产生新的塑性应变以后的应力分量。若给定应力和应力增量，此时 $d\lambda$ 无法计算，也就无法求得 de_{ij}，这时只能确定出应变增量各分量之间的比例关系。

式(4-20)是圣维南(St. Venant, 1870)及列维(Levy, 1871)最早提出来的塑性变形规律；后来，米泽斯(1913)独立地提出了类似的变形规律以及米泽斯屈服条件，因此式(4-20)常称为**圣维南-列维-米泽斯关系式**，或简称为**列维-米泽斯关系式**。当然，当时并不是从杜拉克公设推出来的，也没有将变形规律与屈服条件联系起来。

1928 年，米泽斯提出了塑性位势理论，认为塑性应变率矢 $\dot{\boldsymbol{\varepsilon}}^{p}$ 应与塑性势函数 $\boldsymbol{\Psi}$ 的外法线平行且同向，即

$$\dot{\boldsymbol{\varepsilon}}_x^{p} = \dot{\lambda}\frac{\partial \boldsymbol{\Psi}}{\partial \sigma_x}, \quad \cdots, \quad \dot{\gamma}_{xy}^{p} = \dot{\lambda}\frac{\partial \boldsymbol{\Psi}}{\partial \tau_{xy}}, \quad \cdots \tag{4-22}$$

显然，如果令屈服函数为塑性势函数，则式(4-22)与正交流动法则一致。所以式(4-20)是塑性位势理论的一种形式。因它与米泽斯屈服条件相关，所以式(4-20)称为**与米泽斯屈服条件相关联的流动法则**。

后来，普兰特(Prandtl, 1924)和罗斯(Reuss, 1930)将式(4-20)加以补

充,考虑了应变的弹性部分,得到了**普兰特-罗斯关系式**,即式(4-21)。

泰勒(Taylor)和奎尼(Quinney)(1931)曾进行薄壁圆筒的拉、扭联合试验,证明了列维-米泽斯关系式与实验结果吻合较好。

2. 与 Tresca 屈服条件相关联的流动法则

如果屈服曲面是由若干个正则曲面构成的,如特雷斯卡屈服曲面就是由六个平面构成,则在相邻若干曲面相交处,外法线不唯一,这时$\dot{\boldsymbol{\varepsilon}}^p$就不能用式(4-12)表示了。为了克服这个困难,库依特(Koiter,1953)提出了**广义塑性位势理论**。设应力点刚好位于若干个曲面 $f_s(s=1,2,\cdots)$ 相交处,则塑性应变率可写成

$$\dot{\varepsilon}_x^p = \sum_s \dot{\lambda}_s \frac{\partial f_s}{\partial \sigma_x}, \quad \cdots, \quad \dot{\varepsilon}_{xy}^p = \sum_s \dot{\lambda}_s \frac{\partial f_s}{\partial \tau_{xy}}, \quad \cdots$$

当应力点在 $f_s=0$ 上且不离开它,则 $\dot{\lambda}_s > 0$;如果应力点原来在 $f_s=0$ 上,但经历卸载过程,则 $\dot{\lambda}_s = 0$。如果应力点在一个曲面 $f_k=0$ 上,因为 $f_k=0$ 上有唯一的外法线,故可利用式(4-12),只不过以 f_k 代换该式中的 f_s。

以特雷斯卡屈服函数为例来说明广义塑性位势理论。特雷斯卡屈服函数由下列 6 个函数构成:

$$f_1 = \sigma_2 - \sigma_3 - \sigma_s = 0, \quad f_2 = -\sigma_3 + \sigma_1 - \sigma_s = 0$$
$$f_3 = \sigma_1 - \sigma_2 - \sigma_s = 0, \quad f_4 = -\sigma_2 + \sigma_3 - \sigma_s = 0$$
$$f_5 = \sigma_3 - \sigma_1 - \sigma_s = 0, \quad f_6 = -\sigma_1 + \sigma_2 - \sigma_s = 0$$

设应力点在 $f_1=0$ 上,此时 $f_2<0, f_3<0, \cdots, f_6<0$,于是流动法则为

$$\dot{\varepsilon}_1^p = \dot{\lambda}_1 \frac{\partial f_1}{\partial \sigma_1} = 0, \quad \dot{\varepsilon}_2^p = \dot{\lambda}_1 \frac{\partial f_1}{\partial \sigma_2} = \dot{\lambda}_1, \quad \dot{\varepsilon}_3^p = \dot{\lambda}_1 \frac{\partial f_1}{\partial \sigma_3} = -\dot{\lambda}_1$$

即

$$\dot{\varepsilon}_1^p : \dot{\varepsilon}_2^p : \dot{\varepsilon}_3^p = 0 : 1 : (-1)$$

设应力点在 $f_2=0$ 上,则可得

$$\dot{\varepsilon}_1^p : \dot{\varepsilon}_2^p : \dot{\varepsilon}_3^p = 1 : 0 : (-1)$$

如果应力点在 $f_1=0, f_2=0$ 的交线上,则有

$$\dot{\varepsilon}_1^p = \dot{\lambda}_1 \frac{\partial f_1}{\partial \sigma_1} + \dot{\lambda}_2 \frac{\partial f_2}{\partial \sigma_1} = \dot{\lambda}_2$$

$$\dot{\varepsilon}_2^p = \dot{\lambda}_1 \frac{\partial f_1}{\partial \sigma_2} + \dot{\lambda}_2 \frac{\partial f_2}{\partial \sigma_2} = \dot{\lambda}_1$$

$$\dot{\varepsilon}_3^p = \dot{\lambda}_1 \frac{\partial f_1}{\partial \sigma_3} + \dot{\lambda}_2 \frac{\partial f_2}{\partial \sigma_3} = -\dot{\lambda}_1 - \dot{\lambda}_2$$

所以

$$\dot{\varepsilon}^{\mathrm{p}}_1 : \dot{\varepsilon}^{\mathrm{p}}_2 : \dot{\varepsilon}^{\mathrm{p}}_3 = \dot{\lambda}_2 : \dot{\lambda}_1 : (-\dot{\lambda}_1 - \dot{\lambda}_2) = m : (1-m) : (-1)$$

式中 $0 \leqslant m \leqslant 1$。上式表明，$\dot{\varepsilon}^{\mathrm{p}}$ 的各分量的比值不唯一，亦即 $\dot{\varepsilon}^{\mathrm{p}}$ 的方向不唯一。设以 n_1、n_2 分别表示 $f_1 = 0$ 和 $f_2 = 0$ 的外法线。由于角点处塑性应变增量的方向不定，因此若用相关面上的塑性应变增量的线性组合表示，则有

$$\dot{\varepsilon}^{\mathrm{p}} = \dot{\lambda}_1 n_1 + \dot{\lambda}_2 n_2$$

上式表明，当应力点位于 $f_1 = 0$ 和 $f_2 = 0$ 的交线上时，$\dot{\varepsilon}^{\mathrm{p}}$ 总位于 n_1 和 n_2 所界的阴影区域内（图 4-4），这个区域叫做塑性应变锥。

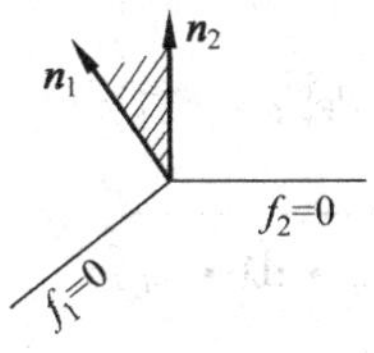

图 4-4

4.4.5　理想刚塑性材料的本构关系

采用 Mises 屈服条件，忽略 Prandtl-Reuss 本构关系中的弹性部分，即可得到理想刚塑性材料的本构关系：

$$\mathrm{d}\varepsilon_{ij} = \mathrm{d}\varepsilon^{\mathrm{p}}_{ij} = \mathrm{d}\lambda \cdot s_{ij}$$

下面确定比例常数 $\mathrm{d}\lambda$。

因为

$$\mathrm{d}\varepsilon_{ij}\,\mathrm{d}\varepsilon_{ij} = (\mathrm{d}\lambda)^2 s_{ij} s_{ij}$$

考虑到

$$\sigma_{\mathrm{e}} = \sqrt{3J_2} = \sqrt{\frac{3}{2} s_{ij} s_{ij}} = \sigma_{\mathrm{s}}, \quad \mathrm{d}\varepsilon_{\mathrm{e}} = \sqrt{\frac{2}{3}\mathrm{d}\varepsilon_{ij}\,\mathrm{d}\varepsilon_{ij}}$$

可得

$$\mathrm{d}\lambda = \sqrt{\frac{\mathrm{d}\varepsilon_{ij}\,\mathrm{d}\varepsilon_{ij}}{s_{ij} s_{ij}}} = \frac{\sqrt{\dfrac{3}{2}}\,\mathrm{d}\varepsilon_{\mathrm{e}}}{\sqrt{\dfrac{2}{3}}\,\sigma_{\mathrm{e}}} = \frac{3}{2} \cdot \frac{\mathrm{d}\varepsilon_{\mathrm{e}}}{\sigma_{\mathrm{e}}} = \frac{3}{2} \cdot \frac{\mathrm{d}\varepsilon_{\mathrm{e}}}{\sigma_{\mathrm{s}}}$$

因此，理想刚塑性材料的本构关系为

$$\mathrm{d}\varepsilon_{ij} = \frac{3}{2} \cdot \frac{\mathrm{d}\varepsilon_{\mathrm{e}}}{\sigma_{\mathrm{e}}} s_{ij} \tag{4-23}$$

理想刚塑性材料的本构关系有如下特点：由于刚性和塑性性质，体积不可压缩，无体积变形。当已知应变增量时，只能确定 s_{ij}，不能计算 σ_{m}，故全应力量无法确定；若给定应力 σ_{ij}，可计算 s_{ij}，因无法确定 $\mathrm{d}\lambda$，所以只能求得应变增量各分量之间的比例关系，不能确定其大小。

4.4.6 弹塑性强化材料的本构关系

采用 Mises 屈服条件、等向强化模型,那么流动法则 $d\varepsilon_{ij}^p = d\lambda \cdot s_{ij}$ 中的 $d\lambda$ 可由 $\sigma_e = H\left(\int d\varepsilon_e^p\right)$ 来确定。为此计算塑性应变增量强度 $d\varepsilon_e^p$:

$$d\varepsilon_e^p = \sqrt{\frac{2}{3} d\varepsilon_{ij}^p d\varepsilon_{ij}^p} = \sqrt{\frac{2}{3} d\varepsilon_{ij}^p d\varepsilon_{ij}^p} = \sqrt{\frac{2}{3} \cdot d\lambda \cdot s_{ij} \cdot d\lambda \cdot s_{ij}}$$

$$= \sqrt{\frac{2}{3} \cdot \frac{2}{3} (d\lambda)^2 \cdot \frac{3}{2} s_{ij} s_{ij}} = \frac{2}{3} d\lambda \sqrt{\frac{3}{2} s_{ij} s_{ij}} = \frac{2}{3} d\lambda \sigma_e$$

则

$$d\lambda = \frac{3}{2} \cdot \frac{d\varepsilon_e^p}{\sigma_e}$$

在 ε_e^p-σ_e 强化曲线中,其斜率为 $E_p = \dfrac{d\sigma_e}{d\varepsilon_e^p}$,因而

$$d\lambda = \frac{3}{2} \cdot \frac{\dfrac{d\sigma_e}{E_p}}{\sigma_e} = \frac{3}{2} \cdot \frac{1}{E_p} \cdot \frac{d\sigma_e}{\sigma_e} \tag{4-24}$$

流动法则此时为

$$d\varepsilon_{ij}^p = de_{ij}^p = d\lambda \cdot s_{ij} = \frac{3}{2} \cdot \frac{1}{E_p} \cdot \frac{d\sigma_e}{\sigma_e} s_{ij} \quad (\text{注}: de_{ii}^p = 0)$$

$$de_{ij} = de_{ij}^e + de_{ij}^p = \frac{1}{2G} ds_{ij} + \frac{3}{2} \cdot \frac{1}{E_p} \cdot \frac{d\sigma_e}{\sigma_e} s_{ij}$$

考虑全量时,有

$$d\varepsilon_{ij} = \frac{1-2\nu}{E} d\sigma_m \delta_{ij} + \frac{1}{2G} ds_{ij} + \frac{3}{2} \cdot \frac{1}{E_p} \cdot \frac{d\sigma_e}{\sigma_e} s_{ij} \tag{4-25}$$

此为**弹塑性强化材料的增量型本构关系**。若给定某时刻的应力及应力增量,就可利用该本构关系求出此时刻的应变增量。沿应变路径依次类推,然后进行叠加,即可得最终的总应变。

从上面对不同材料的增量本构关系的推导中看到,塑性本构关系是建立在屈服条件、加载条件(考虑强化时)以及流动法则基础上的。这些关系在本质上应是增量型的。一般地讲,本构关系不可能为全量型,因为当应力水平达到屈服后,屈服面是确定的,当增加应力水平时,塑性应变与此时的屈服面有关;当应力水平增加时屈服面随之强化,强化后的后继屈服面与强化模型有关;当再次增加应力水平时,塑性应变与此时强化了的后继屈服面有关。以此类推,每次强化后总有不同的后继屈服面,塑性应变增量的计算

每次都不相同。

应用增量型本构关系时,应跟踪变形历史,若再考虑强化性质就更复杂了,计算工作冗繁,在实际应用中很不方便。为计算方便,探索出下面的全量型本构关系。

4.5　全量理论

用应力和应变瞬时值表示的塑性应力-应变关系,称为塑性本构关系的**全量理论**或**形变理论**。

4.5.1　简单加载

设在荷载变化过程中,物体内任一点处应力张量的各分量之间的比值保持不变,且按同一个参数单调增长,则称为**简单加载**。在简单加载条件下,应力分量可写成

$$\sigma_x = t\sigma_x^0, \quad \sigma_y = t\sigma_y^0, \quad \sigma_z = t\sigma_z^0$$

$$\tau_{xy} = t\tau_{xy}^0, \quad \tau_{yz} = t\tau_{yz}^0, \quad \tau_{zx} = t\tau_{zx}^0, \quad \text{其中 } t \geqslant 0, \mathrm{d}t > 0$$

式中 σ_x^0 等是给定的值,它们可表示应力分量之间的比例大小。在什么条件下才能实现简单加载,依留辛曾给出了部分答案,他证明,在下述四个条件下可以得到简单加载:

(1) 外力按比例单调增加,零位移边界条件。这是简单加载的必要条件,否则连物体表面都不能满足简单加载条件。

(2) 本构关系为幂函数 $\sigma = c\varepsilon^n$。这样避免了区分弹性区和塑性区,且对材料限制不大。

(3) 材料不可压缩,$\nu = 0.5$。此假设可简化计算,使本构关系反映偏量之间的关系。

(4) 小变形。这是弹塑性力学的分析基础。

上列条件称为**简单加载定理**。其证明可参阅王仁、熊祝华、黄文彬等著的《塑性力学基础》或其他塑性力学教材。简单加载路径在 π 平面上表示 θ_σ 为常数的射线,设材料满足 Mises 屈服条件,则加载路径始终沿其半径 r_σ 的方向。由流动法则可知,$\mathrm{d}\varepsilon_{ij}^p$ 的方向与 r_σ 的方向相同,因为即使不采用等向强化模型,即加载面不一定为同心圆,只从加载点附近的对称性来看(加载面为 Mises 圆),仍然可认为塑性应变增量是沿着 r_σ 方向的。

4.5.2 单一曲线假设

在简单加载条件下的实验研究发现,当材料几乎不可压缩时,应力强度 σ_e 和应变强度 ε_e 之间存在着几乎相同的关系,即由不同应力状态得到的 σ_e-ε_e 曲线与简单拉伸曲线 σ-ε 十分相近,在工程计算中可视为同一曲线。因此假定,材料在任何应力状态下,其应力强度和应变强度之间存在着唯一的关系:

$$\sigma_e = \Phi(\varepsilon_e)$$

函数 Φ 的具体形式可由简单拉伸试验确定,称为**单一曲线假设**。由于应力强度 σ_e、T、τ_8 和与其相对应的应变强度 ε_e、Γ、γ_8 之间都只相差常数因子,所以上式与以下两式等价:

$$\tau_8 = \Phi(\gamma_8)$$
$$T = \Phi(\Gamma)$$

实际上在验证单一曲线假设的实验中,并没有完全满足简单加载条件,因此可以认为,在偏离简单加载不大的情况下,单一曲线假设依然适用。

4.5.3 依留辛形变理论

依留辛在总结汉基(Henchy)、纳达依(Nadai)等前人提出的全量理论的基础上,系统地研究了全量理论的表达形式、理论依据(简单加载定理)及实验结果,提出了下列**全量型的塑性本构方程**,它相当于将广义虎克定律推广用于塑性变形状态。

屈服条件为 Mises 条件,根据流动法则有

$$d\varepsilon_{ij}^p = d\lambda \cdot s_{ij}$$

考虑弹性应变增量,并将体应变和偏应变分开计算时,有

$$de_{ij} = \frac{1}{2G}ds_{ij} + d\lambda s_{ij}$$

$$d\varepsilon_{ii} = \frac{1}{3K}d\sigma_{ii}$$

该式与理想弹塑性材料增量型本构关系形式相同,但 $d\lambda$ 含义是不同的。对于理想弹塑性材料 $d\lambda$ 是不确定的,但对于强化材料 $d\lambda$ 是确定的。下面讨论 $d\lambda$ 的确定问题。对于等向强化材料,有

$$\mathrm{d}\lambda = \frac{3}{2} \cdot \frac{1}{H'} \cdot \frac{\mathrm{d}\sigma_\mathrm{e}}{\sigma_\mathrm{e}}$$

因此，简单加载时有 $\sigma_\mathrm{e} = t\sigma_\mathrm{e}^0$，$\mathrm{d}\sigma_\mathrm{e} = \mathrm{d}t \cdot \sigma_\mathrm{e}^0$，上式变为

$$\mathrm{d}\lambda = \frac{3}{2} \cdot \frac{1}{E_\mathrm{p}} \cdot \frac{\mathrm{d}t}{t}$$

考虑简单加载条件 $s_{ij} = ts_{ij}^0$，$\mathrm{d}s_{ij} = \mathrm{d}t \cdot s_{ij}^0$，并对 $\mathrm{d}e_{ij} = \frac{1}{2G}\mathrm{d}s_{ij} + \mathrm{d}\lambda s_{ij}$ 积分得

$$e_{ij} = \frac{1}{2G}\int \mathrm{d}s_{ij} + \int \mathrm{d}\lambda s_{ij} = \frac{1}{2G}s_{ij} + \int_0^t \mathrm{d}\lambda \cdot s_{ij} = \frac{1}{2G}s_{ij} + \frac{s_{ij}}{t}\int_0^t t\mathrm{d}\lambda$$

$$= s_{ij}\left(\frac{1}{2G} + \frac{1}{t}\int_0^t t\mathrm{d}\lambda\right) = As_{ij}$$

将上式两边自乘，整理后有

$$A = \sqrt{\frac{e_{ij}e_{ij}}{s_{ij}s_{ij}}} = \frac{3}{2} \cdot \frac{\varepsilon_\mathrm{e}}{\sigma_\mathrm{e}}$$

再对 $\mathrm{d}\varepsilon_{ii} = \frac{1}{3K}\mathrm{d}\sigma_{ii}$ 积分，得

$$\varepsilon_{ii} = \frac{1}{3K}\sigma_{ii} = \frac{1-2\nu}{E}\sigma_{ii}$$

所以，全量形式的本构关系为

$$\begin{cases} e_{ij} = \dfrac{3}{2} \cdot \dfrac{\varepsilon_\mathrm{e}}{\sigma_\mathrm{e}}s_{ij} \\ \varepsilon_{ii} = \dfrac{1}{3K}\sigma_{ii} = \dfrac{1-2\nu}{E}\sigma_{ii} \end{cases} \tag{4-26a}$$

或

$$\begin{cases} s_{ij} = \dfrac{2}{3} \cdot \dfrac{\sigma_\mathrm{e}}{\varepsilon_\mathrm{e}}e_{ij} \\ \sigma_{ii} = \dfrac{E}{1-2\nu}\varepsilon_{ii} \end{cases} \tag{4-26b}$$

σ_e-ε_e 关系由简单拉伸实验通过单一曲线假定来确定。

根据

$$\sigma_\mathrm{e} = \sqrt{3}\,T, \quad \varepsilon_\mathrm{e} = \frac{\Gamma}{\sqrt{3}}$$

全量理论也可表达如下：

$$\begin{cases} s_x = \dfrac{2T}{\Gamma}e_x & \text{或} \quad s_x = \dfrac{2\sigma_e}{3\varepsilon_e}e_x \\[2mm] s_y = \dfrac{2T}{\Gamma}e_y & \text{或} \quad s_y = \dfrac{2\sigma_e}{3\varepsilon_e}e_y \\[2mm] s_z = \dfrac{2T}{\Gamma}e_z & \text{或} \quad s_z = \dfrac{2\sigma_e}{3\varepsilon_e}e_z \\[2mm] \tau_{xy} = \dfrac{T}{\Gamma}\gamma_{xy} & \text{或} \quad \tau_{xy} = \dfrac{\sigma_e}{3\varepsilon_e}\gamma_{xy} \\[2mm] \tau_{yz} = \dfrac{T}{\Gamma}\gamma_{yz} & \text{或} \quad \tau_{yz} = \dfrac{\sigma_e}{3\varepsilon_e}\gamma_{yz} \\[2mm] \tau_{zx} = \dfrac{T}{\Gamma}\gamma_{zx} & \text{或} \quad \tau_{zx} = \dfrac{\sigma_e}{3\varepsilon_e}\gamma_{zx} \\[2mm] \sigma_m = K\theta, & \qquad K = \dfrac{E}{3(1-2\nu)} \\[2mm] T = G(\Gamma)\Gamma & \text{或} \quad \sigma_e = E(\varepsilon_e)\varepsilon_e \end{cases} \tag{4-26c}$$

式中 $G(\Gamma) = \dfrac{T}{\Gamma}$ 是剪切割线模量，$E(\varepsilon_e) = \dfrac{\sigma_e}{\varepsilon_e}$ 是割线模量(图 4-5)。显然，当 $G(\Gamma) =$ 常数或 $E(\varepsilon_e) =$ 常数时，上式变为广义胡克定律。式(4-26)称为**依留辛微小弹塑性形变理论**，或称为**汉基-依留辛形变理论**。可以证明，这个理论满足下列三个假设：

(1) 应力张量和应变张量的主方向重合，而且保持不变；

(2) 应力张量和应变张量的罗地参数相等，或者说，它们的摩尔(Mohr)圆相似；

(3) 体积变化是弹性的。

最后指出，在简单加载条件下，增量理论和全量理论是一致的。

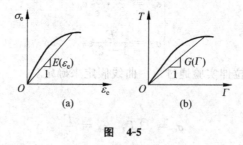

图 4-5

【**例 4-1**】 设薄壁圆筒受到轴向拉应力 $\sigma_z = \dfrac{1}{2}\sigma_s$ 后，保持此应力不变，再施加扭转应力 $\tau_{z\theta}$。理想弹塑性材料服从米泽斯屈服条件。

(1) 试求：圆筒屈服时扭转应力 $\tau_{z\theta}$；

（2）圆筒屈服后，应力保持不变，试求应变增量之比。

【解】　（1）圆筒材料处于平面应力状态，不为零的应力分量是 σ_z 及 $\tau_{z\theta}$，此时米泽斯屈服条件为

$$\sigma_z^2 + 3\tau_{z\theta}^2 = \sigma_s^2$$

将 $\sigma_z = \dfrac{1}{2}\sigma_s$ 代入上式，可以求出圆筒屈服时的剪应力为

$$\tau_{z\theta} = \sqrt{\frac{\sigma_s^2 - \sigma_z^2}{3}} = \frac{\sigma_s}{2}$$

（2）根据塑性位势理论，不等于零的塑性应变增量各分量之比为

$$d\varepsilon_r^p : d\varepsilon_\theta^p : d\varepsilon_z^p : d\varepsilon_{z\theta}^p = s_r : s_\theta : s_z : \tau_{z\theta}$$

即

$$d\varepsilon_r^p : d\varepsilon_\theta^p : d\varepsilon_z^p : d\gamma_{z\theta}^p = s_r : s_\theta : s_z : 2\tau_{z\theta}$$

因为在圆筒屈服后，应力保持不变，所以应变的弹性部分保持不变。于是，屈服后圆筒材料的应变增量等于塑性应变增量：

$$d\varepsilon_r = d\varepsilon_r^p, \quad d\varepsilon_\theta = d\varepsilon_\theta^p, \quad d\varepsilon_z = d\varepsilon_z^p, \quad d\varepsilon_{z\theta} = d\varepsilon_{z\theta}^p$$

及

$$I_1 = \frac{1}{3}\sigma_z = \frac{1}{6}\sigma_s$$

$$s_r = s_\theta = -\frac{1}{6}\sigma_s, \quad s_z = \frac{1}{3}\sigma_s, \quad s_{z\theta} = \tau_{z\theta} = \frac{1}{2}\sigma_s$$

所以

$$d\varepsilon_r^p : d\varepsilon_\theta^p : d\varepsilon_z^p : d\varepsilon_{z\theta}^p = \left(-\frac{1}{6}\right) : \left(-\frac{1}{6}\right) : \frac{1}{3} : \frac{1}{2} = (-1) : (-1) : 2 : 3$$

即

$$d\varepsilon_r^p : d\varepsilon_\theta^p : d\varepsilon_z^p : d\gamma^p = \left(-\frac{1}{6}\right) : \left(-\frac{1}{6}\right) : \frac{1}{3} : 1 = (-1) : (-1) : 2 : 6$$

【例 4-2】　设闭端薄壁圆筒受内压 p 作用，平均半径为 r_0，壁厚为 t_0，材料的应力应变关系为 $\sigma = c\varepsilon^n$，试求壁厚的减小值。设材料为不可压缩的，而且采用对数应变。

【解】　在内压 p 作用下，筒身内不为零的应力是

$$\sigma_z = \frac{1}{2}\sigma_\theta = \frac{pr}{2t}, \quad \sigma_r \approx 0$$

由于

$$\sigma_z : \sigma_\theta : \sigma_r = \frac{1}{2} : 1 : 0$$

因此应力分量之比是保持不变的，所以圆筒受内压是简单加载，可以用全量

理论求解。

因为

$$\sigma_m = \frac{1}{3}(\sigma_z + \sigma_\theta) = \frac{1}{3} \cdot \frac{3}{2}\sigma_\theta = \frac{1}{2}\sigma_\theta$$

$$s_z = 0, \quad s_r = -\frac{1}{2}\sigma_\theta, \quad s_\theta = \frac{1}{2}\sigma_\theta$$

由全量理论知[①]

$$\varepsilon_z : \varepsilon_r : \varepsilon_\theta = s_z : s_r : s_\theta = 0 : (-1) : 1$$

应力强度和应变强度为

$$\sigma_e = \sqrt{\frac{3}{2}s_{ij}s_{ij}} = \sqrt{3J_2} = \sqrt{\frac{1}{2}\left[(s_z - s_r)^2 + (s_z - s_\theta)^2 + (s_\theta - s_r)^2\right]}$$

$$= \frac{\sqrt{3}}{2}\sigma_\theta$$

$$\varepsilon_e = \sqrt{\frac{2}{3}e_{ij}e_{ij}} = \sqrt{\frac{2}{3} \cdot 2 \cdot \frac{1}{2}e_{ij}e_{ij}}$$

$$= \sqrt{\frac{4}{3} \cdot \frac{1}{6}\left[(\varepsilon_z - \varepsilon_r)^2 + (\varepsilon_z - \varepsilon_\theta)^2 + (\varepsilon_\theta - \varepsilon_r)^2\right]} = \frac{2}{\sqrt{3}}\varepsilon_\theta$$

即

$$\varepsilon_\theta = \frac{\sqrt{3}}{2}\varepsilon_e = -\varepsilon_r$$

于是得到

$$\varepsilon_r = -\frac{\sqrt{3}}{2}\varepsilon_e = \ln\frac{t}{t_0}$$

此处 t 为瞬时壁厚。由上式求出

$$t = t_0 \exp\left(-\frac{\sqrt{3}}{2}\varepsilon_e\right)$$

壁厚变化为

$$\delta t = t - t_0 = t_0\left[\exp\left(-\frac{\sqrt{3}}{2}\varepsilon_e\right) - 1\right]$$

根据单一曲线假设有 $\sigma_e = c\varepsilon_e^n$，于是

$$\varepsilon_e = \left(\frac{\sigma_e}{c}\right)^{\frac{1}{n}} = \left(\frac{\sqrt{3}}{2c}\sigma_\theta\right)^{\frac{1}{n}} = \left(\frac{\sqrt{3}}{2c} \cdot \frac{pr_0}{t_0}\right)^{\frac{1}{n}}$$

即可求出 δt。例如，设 $c = 800\text{MPa}, n = \frac{1}{4}, r_0 = 200\text{mm}, t_0 = 4\text{mm}, p =$

---

① 在全量理论中，如果应变较大，采用对数应变时，称为纳达依理论。

10MPa,将有关值代入,得到

$$\varepsilon_e = \left(\frac{\sqrt{3}}{2 \times 800} \cdot \frac{10 \times 200}{4} \right)^4 = 0.0858$$

于是

$$\delta t = t_0 \left[\exp\left(-\frac{\sqrt{3}}{2} \times 0.0858 \right) - 1 \right] = -0.285 \text{(mm)}$$

即壁厚减小 0.285mm。

本 章 小 结

（1）塑性本构关系包括屈服条件、流动法则（反映塑性性质的应力-应变关系）及强化时的加载条件（相继屈服函数）。塑性状态下的本构方程与变形历史有关,一般情况下只能建立应力（或应力偏量）与应变增量（或应变偏量增量）之间的关系,称为增量理论或流动理论。在简单加载条件下,可以建立应力与应变之间的关系,称为全量理论或形变理论。

（2）塑性本构方程的建立与杜拉克公设、稳定材料假定和依留辛公设有关。杜拉克公设是在应力空间的应力闭循环中外力所做的余功不大于零;依留辛公设是在应变空间的应变闭循环中外力所做的功不小于零。由杜拉克公设出发,可定义稳定材料,并证明应力空间的屈服面/加载面是外凸的及塑性应变增量的方向是沿屈服面/加载面的外法线方向（正交流动法则）。从依留辛公设出发也可得出对应的结论。

（3）增量理论介绍了满足 Mises/Tresca 屈服条件时理想弹塑性材料、满足 Mises 屈服条件时理想刚塑性材料及满足 Mises 屈服条件时弹性线性强化材料的本构关系,应注意各自式中 dλ 的意义及其确定方法;应用全量理论时,限定为简单加载条件,并单一曲线假设成立。

（4）重要概念:正交流动法则（塑性位势理论）,塑性应变锥,单一曲线假设,简单加载。

思 考 题

4-1　简述杜拉克公设、依留辛公设、稳定性材料的内容及意义。

4-2　根据杜拉克公设,屈服面和加载面有何特点?

4-3　什么是塑性应变的正交法则（塑性位势理论）?

4-4 塑性本构关系应考虑的因素有哪些?

习　题

4-1 求图 4-6 中 C 点处的流动法则。

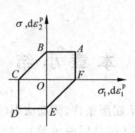

图　4-6

答案：$\mathrm{d}\varepsilon_1^p : \mathrm{d}\varepsilon_2^p : \mathrm{d}\varepsilon_3^p = (-1) : (1-m) : m$

4-2 已知 Mises 等向强化材料满足规律

$$\sigma_e = f(\sigma_{ij}, H_a) = \sigma_s + E_p H_a, \quad H_a \geqslant 0$$

其中 $\dot{H}_a = \dot{\varepsilon}_e^p = \sqrt{\dfrac{2}{3} \dot{\varepsilon}_{ij}^p \dot{\varepsilon}_{ij}^p}$，证明在纯扭情况下进入强化后，有

$$\frac{\mathrm{d}\tau}{\mathrm{d}\gamma} = \frac{E E_t}{3E - (1-2\nu)E_t}。$$

提示：在关系 $\dot{\varepsilon}_{ij}^p = \dfrac{3}{2E_p} \cdot \dfrac{\mathrm{d}\sigma_e}{\sigma_e} s_{ij}$ 中，在纯扭时 $\dfrac{\mathrm{d}\sigma_e}{\sigma_e} = \dfrac{\mathrm{d}\tau}{\tau}$，可得 $\mathrm{d}\gamma^p = \dfrac{3}{E_p}\mathrm{d}\tau$，加上弹性部分即可得证。

4-3 已知简单拉伸时的应力-应变曲线 $\sigma = f_1(\varepsilon)$ 如图 4-7 所示，并可表示为

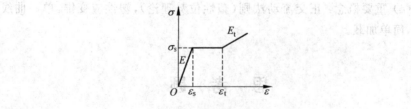

图　4-7

$$\sigma = f_1(\varepsilon) = \begin{cases} E\varepsilon, & 0 \leqslant \varepsilon \leqslant \varepsilon_s \\ \sigma_s, & \varepsilon_s \leqslant \varepsilon \leqslant \varepsilon_t \\ \sigma_s + E_t(\varepsilon - \varepsilon_t), & \varepsilon \geqslant \varepsilon_t \end{cases}$$

（1）现在考虑横向应变 ε_2、ε_3 与轴向拉伸应变 ε_1 的比值，用 $\nu(\varepsilon) = -\dfrac{\varepsilon_2}{\varepsilon_1} = -\dfrac{\varepsilon_3}{\varepsilon_1}$ 表示。在弹性阶段，$\nu(\varepsilon) = \nu$ 为泊松比，进入塑性后由于塑性体积变形为零，将有

$$-\frac{d\varepsilon_2^p}{d\varepsilon_1^p} = -\frac{d\varepsilon_3^p}{d\varepsilon_1^p} = 0.5$$

因此 $\nu(\varepsilon)$ 将从 ν 逐步变成 0.5，试给出其变化规律。

（2）当 $\nu = 0.5$ 时，$\sigma_e = \sqrt{\dfrac{3}{2} s_{ij} s_{ij}}$ 与 $\varepsilon_e = \sqrt{\dfrac{2}{3} e_{ij} e_{ij}}$ 之间的关系将同样为 $\sigma_e = f_1(\varepsilon_e)$，而当 $\nu \neq 0.5$ 时，$\sigma_e(\varepsilon_e)$ 曲线将与 $f_1(\varepsilon_e)$ 不同。试给出 $\sigma_e(\varepsilon_e)$ 曲线，使其在简单拉伸时退化成 $\sigma = f_1(\varepsilon)$ 曲线。

提示与答案：

（1）由体应变总满足弹性规律，得

$$\varepsilon_1 + \varepsilon_2 + \varepsilon_3 = \frac{1 - 2\nu}{E}\sigma = [1 - 2\nu(\varepsilon)]\varepsilon$$

可求得

$$\nu(\varepsilon) = \frac{1}{2} - \left(\frac{1}{2} - \nu\right)\frac{f_1(\varepsilon)}{E\varepsilon}$$

最后得

$$\nu(\varepsilon) = \begin{cases} \nu, & 0 \leqslant \varepsilon \leqslant \varepsilon_s \\ \dfrac{1}{2}\left(1 - \dfrac{\varepsilon_s}{\varepsilon}\right) + \dfrac{\nu\varepsilon_s}{\varepsilon}, & \varepsilon_s \leqslant \varepsilon \leqslant \varepsilon_t \\ \dfrac{1}{2} - \left(\dfrac{1}{2} - \nu\right)\left(\dfrac{E_t}{E} + \dfrac{\sigma_s - E_t\varepsilon_t}{E\varepsilon}\right), & \varepsilon_t \leqslant \varepsilon \end{cases}$$

（2）简单拉伸时有 $\sigma_e = \sigma$，$\varepsilon_e = \dfrac{2}{3}[1 + \nu(\varepsilon)]\varepsilon$，将上面的 $\nu(\varepsilon)$ 代入关系式 $\sigma = f_1(\varepsilon)$，即可得

$$\sigma_e(\varepsilon_e) = \begin{cases} 3G\varepsilon_e, & 0 \leqslant \varepsilon_e \leqslant e_s \\ \sigma_s, & e_s \leqslant \varepsilon_e \leqslant e_t \\ \sigma_s + H(\varepsilon_e - e_t), & e_t \leqslant \varepsilon_e \end{cases}$$

式中

$$e_s = \frac{\sigma_s}{3G}, \quad e_t = \varepsilon_t - (1 - 2\nu)\frac{\sigma_s}{3E}, \quad H = \frac{3EE_t}{3E - (1 - 2\nu)E_t}$$

4-4 已知简单拉伸时的应力-应变曲线由下式给出：

$$\sigma(\varepsilon) = \begin{cases} E\varepsilon, & 0 \leqslant \varepsilon \leqslant \varepsilon_s \\ \sigma_s, & \varepsilon_s \leqslant \varepsilon \leqslant \varepsilon_t \\ \sigma_s \sqrt{\dfrac{\varepsilon}{\varepsilon_t}}, & \varepsilon_t \leqslant \varepsilon \end{cases}$$

(1) 导出 $\sigma_e(\varepsilon_e)$ 曲线（$\nu \neq 0.5$）。

(2) 由 $\sigma_e(\varepsilon_e)$ 曲线，给出纯扭情况下的 $\tau(\gamma)$ 曲线。

提示及答案：

(1) 在 $\varepsilon_t \leqslant \varepsilon$ 时有 $\dfrac{\varepsilon}{\varepsilon_t} = \left(\dfrac{\sigma}{\sigma_s}\right)^2$，利用关系

$$(1 - 2\nu)\sigma = [1 - 2\nu(\varepsilon)]E\varepsilon, \quad \varepsilon_e = \frac{2}{3}[1 + \nu(\varepsilon)]\varepsilon$$

可得 $\varepsilon = \varepsilon_e + \dfrac{(1-2\nu)\sigma_e}{3E}$，代入上式得

$$\left(\frac{\sigma_e}{\sigma_s}\right)^2 - \frac{(1-2\nu)}{3E} \cdot \frac{\sigma_s}{\varepsilon_t} \cdot \frac{\sigma_e}{\sigma_s} - \frac{\varepsilon_e}{\varepsilon_t} = 0$$

可解得

$$\sigma_e(\varepsilon_e) = \begin{cases} 3G\varepsilon_e, & 0 \leqslant \varepsilon_e \leqslant e_s \\ \sigma_s, & e_s \leqslant \varepsilon_e \leqslant e_t \\ \sigma_s \left[D + \sqrt{D^2 + \dfrac{\varepsilon_e}{\varepsilon_t}}\right], & e_t \leqslant \varepsilon_e \end{cases}$$

其中

$$e_s = \frac{\sigma_s}{3G}, \quad e_t = \varepsilon_t - (1-2\nu)\frac{\sigma_s}{3E}, \quad D = \frac{1}{2}\left(1 - \frac{e_t}{\varepsilon_t}\right) = \frac{(1-2\nu)\sigma_s}{6E\varepsilon_t}$$

(2) 在纯扭时，$\sigma_e = \sqrt{3}\tau$，$\varepsilon_e = \dfrac{\gamma}{\sqrt{3}}$，故可得

$$\tau(\gamma) = \begin{cases} G\gamma, & 0 \leqslant \gamma \leqslant \sqrt{3}e_s \\ \dfrac{\sigma_s}{\sqrt{3}}, & \sqrt{3}e_s \leqslant \gamma \leqslant \sqrt{3}e_t \\ \dfrac{\sigma_s}{\sqrt{3}}\left[D + \sqrt{D^2 + \dfrac{\gamma}{\sqrt{3}\varepsilon_t}}\right], & \sqrt{3}e_t \leqslant \gamma \end{cases}$$

4-5 应用 Mises 全量理论，设曲线 $\sigma_e(\varepsilon_e)$ 已知，$\nu \neq 0.5$。

(1) 对平面应变问题，已知 $\varepsilon_z = \varepsilon_{xx} = \varepsilon_{yz} = 0$。试用 ε_x、ε_y、ε_{xy} 来表示应力分量 σ_x、σ_y、σ_z 及 σ_{xy}。

(2) 对平面应力问题，已知 $\sigma_z = \sigma_{xx} = \sigma_{yz} = 0$，试用 ε_x、ε_y、ε_{xy} 表示应力分量

σ_x、σ_y 及 σ_{xy}。

提示及答案：

(1) $\varepsilon_m = \dfrac{\varepsilon_x + \varepsilon_y}{3}$，$\sigma_x = s_x + \sigma_m = \dfrac{2}{3} \cdot \dfrac{\sigma_e(\varepsilon_e)}{\varepsilon_e}(\varepsilon_x - \varepsilon_m) + \dfrac{E}{1-2\nu}\varepsilon_m$

若取 $\beta = \dfrac{2(1-2\nu)}{3E} \cdot \dfrac{\sigma_e(\varepsilon_e)}{\varepsilon_e}$ 及 $\varepsilon_e = \dfrac{2}{3}\sqrt{\varepsilon_x^2 + \varepsilon_y^2 - \varepsilon_x\varepsilon_y + 3\varepsilon_{xy}^2}$，则有

$$\sigma_x = \frac{E}{3(1-2\nu)}\left[(1+2\beta)\varepsilon_x + (1-\beta)\varepsilon_y\right]$$

$$\sigma_y = \frac{E}{3(1-2\nu)}\left[(1+2\beta)\varepsilon_y + (1-\beta)\varepsilon_x\right]$$

$$\sigma_z = \frac{E}{3(1-2\nu)}(1-\beta)(\varepsilon_x + \varepsilon_y)$$

$$\sigma_{xy} = \frac{E}{1-2\nu}\beta\varepsilon_{xy}$$

(2) 由 $\sigma_z = 0$ 可求得 $\varepsilon_z = -\dfrac{(1-\beta)}{(1+2\beta)}(\varepsilon_x + \varepsilon_y)$，则有

$$\sigma_x = \frac{\beta E}{(1-2\nu)(1+2\beta)}\left[(2+\beta)\varepsilon_x + (1-\beta)\varepsilon_y\right]$$

$$\sigma_y = \frac{\beta E}{(1-2\nu)(1+2\beta)}\left[(2+\beta)\varepsilon_y + (1-\beta)\varepsilon_x\right]$$

$$\sigma_{xy} = \frac{\beta E}{1-2\nu}\varepsilon_{xy}$$

第 5 章
简单的弹塑性问题

　　由于塑性力学中的物理关系是非线性的,在具体求解边值问题时往往遇到许多数学上的困难。为此,塑性力学发展了许多行之有效的方法,如静定问题(本章)、滑移线法(第 6 章)、极限分析法(第 7 章)等。这类静定问题又称简单问题,其平衡方程、屈服条件的数目与所求未知量的数目相等,因而不用使用塑性力学中的非线性本构关系便能找出所求的未知量。塑性力学中一维问题大都属于这类问题,如梁的弯曲、柱体的扭转、厚壁圆筒及厚壁圆球等问题。在求解这类问题时,一般都采用理想弹塑性模型。这类问题虽然求解简便,但在工程实际中却经常遇到,因此很有应用价值。

　　本章及以后章节,以若干具体问题为例,说明在复杂应力状态下塑性力学问题的解法。类似弹性力学,不是任何问题都可以得到解析解。本章通过对某些具体问题的分析,不仅说明塑性力学的求解方法,而且将更深入地理解塑性力学理论。这里介绍的仍是较简单问题,即塑性区应力分布可由应力方程(平衡方程、屈服条件)和应力边界条件完全确定的所谓"静定问题"。

5.1　弹塑性力学边值问题的提法

　　在弹性力学中已介绍过一些问题的弹性解,所得到的应力场、应变场和位移场在弹性体内应满足三方面的基本方程,即外力和内力之间的平衡方程、位移和应变之间的几何方程以及应变之间的协调方程、应力和应变之间的物理方程；在边界上满足给定的外力和位移边界条件。若材料满足小变形要求，还可应用叠加原理使复杂受力问题得以简化。

在弹塑性问题中，塑性阶段由于应力全量和应变全量已不存在单值关系，且是非线性关系，因此叠加原理已不能使用，即不能由一个最终边界条件来求解问题，必须考虑边界条件的变化进程，相当于考虑加载过程，才可能跟踪加载历史，逐步计算应力增量或应变增量，进而将各步结果累加后将得到最终的解答。这里用 $\dot{\sigma}_{ij}$ 和 $\dot{u}_i$ 来表示任一时刻物体的应力速度和位移速度，求解塑性问题过程中的每一步应满足的基本方程有以下几种：

平衡方程（应力速度与体力速度的关系）：

$$\dot{\sigma}_{ij,j} + \dot{f}_i = 0$$

几何方程（应变速度与位移速度之间的关系）：

$$\dot{\varepsilon}_{ij} = \frac{1}{2}(\dot{u}_{i,j} + \dot{u}_{j,i})$$

本构关系或流动法则

$$\dot{\varepsilon}_{ij} = \left[M_{ijkl} + \frac{\alpha}{E_p} \frac{\partial f}{\partial \sigma_{ij}} \frac{\partial f}{\partial \sigma_{kl}} \right] \dot{\sigma}_{kl} \quad （强化材料）$$

$$\dot{\varepsilon}_{ij} = M_{ijkl}\dot{\sigma}_{kl} + \alpha\dot{\lambda} \frac{\partial f}{\partial \sigma_{ij}} \quad （理想弹塑性材料，\dot{\lambda} \geqslant 0）$$

其中

$$\alpha = \begin{cases} 1，弹塑性加载时 \\ 0，弹性状态、卸载、中性变载时 \end{cases}$$

此外，还需要给出加载面 $f(\sigma_{ij}, H_\alpha) = 0$ 及 $\dot{H}_\alpha$ 演化规律，这些都是本构关系的一部分。

应力边界条件

$$边界 S_F 上，\quad \dot{\sigma}_{ij}N_j = \dot{F}_i$$

位移边界条件

$$边界 S_u 上，\quad \dot{u}_i 为给定值$$

此外，当物体变形进入弹塑性阶段，物体内同时存在几个区域，不同区域有着不同的变形规律，即使用的本构关系不同，这些区域可分为初始弹性区、卸载区和加载区。各区域的交界处，应力或者位移/应变应满足一定的连续条件和间断条件，这类似于求解微分方程时的衔接条件。

若求得 t 时刻的 $\dot{u}_i$、$\dot{\varepsilon}_{ij}$、$\dot{\sigma}_{ij}$，则 $t + \Delta t$ 时刻的位移场近似为 $u_i + \dot{u}_i \Delta t$，应变场近似为 $\varepsilon_{ij} + \dot{\varepsilon}_{ij} \Delta t$，应力场近似为 $\sigma_{ij} + \dot{\sigma}_{ij} \Delta t$，$H_\alpha$ 变为 $H_\alpha + \dot{H}_\alpha \Delta t$，新的加

载面为 $f(\sigma_{ij}+\dot{\sigma}_{ij}\Delta t,H_a+\dot{H}_a\Delta t)=0$。对实际问题,将加载过程分为许多步的增量,累加后即可得到最终结果。

5.2 受拉伸和扭转的理想刚塑性薄壁圆管

现分析理想刚塑性薄壁圆管受拉力 T 和扭矩 M 的联合作用的弹塑性问题。设材料为理想塑性且不可压缩,并服从 Mises 屈服条件。第 3 章的屈服条件中已求过其弹性解,考虑圆管的壁很薄,因此管中应力分布近似均匀,不为零的应力只有两个:

$$\sigma_z = \frac{T}{2\pi Rt}, \quad \tau_{z\theta} = \frac{M}{2\pi R^2 t}$$

应力、应变采用无量纲形式讨论更方便,故作如下处理:

$$\sigma = \frac{\sigma_z}{\sigma_s}, \quad \tau = \frac{\tau_{z\theta}}{\tau_s}, \quad \sigma_s = \sqrt{3}\,\tau_s$$

$$\varepsilon = \frac{\varepsilon_z}{\varepsilon_s}, \quad \gamma = \frac{\gamma_{\theta z}}{\gamma_s}, \quad \varepsilon_s = \frac{\gamma_s}{\sqrt{3}}$$

$$\varepsilon_s = \frac{\sigma_s}{E}, \quad \gamma_s = \frac{\tau_s}{G}, \quad E = 3G$$

Mises 屈服条件为

$$\sigma_z^2 + 3\tau_{z\theta}^2 = \sigma_s^2$$

无量纲化处理后,有

$$\sigma^2 + \tau^2 = 1$$

对应的应变空间的屈服条件为

$$\sigma_z^2 + 3\tau_{z\theta}^2 = \sigma_s^2 \Rightarrow (E\varepsilon_x)^2 + 3\,(G\gamma_{z\theta})^2 = (E\varepsilon_s)^2 \Rightarrow \varepsilon_z^2 + \frac{\gamma_{z\theta}^2}{3}$$

$$= \varepsilon_s^2 \Rightarrow \frac{\varepsilon_z^2}{\varepsilon_s^2} + \frac{\gamma_{z\theta}^2}{3} \cdot \frac{3}{\gamma_s^2} = \varepsilon^2 + \gamma^2 = 1$$

5.2.1 增量理论求解

与 Mises 屈服条件相关联的流动法则是 Prandtl-Reuss 关系,忽略体积应变后,有

$$\mathrm{d}e_{ij} = \mathrm{d}\varepsilon_{ij} = \frac{1}{2G}\mathrm{d}s_{ij} + \mathrm{d}\lambda \cdot s_{ij}$$

考虑弹性部分用全量形式表示时,则上式为

$$d\varepsilon_{ij} = \frac{1}{2G}d\sigma_{ij} - \frac{\nu}{E}d\sigma_{ii} \cdot \delta_{ij} + d\lambda \cdot s_{ij}$$

该问题的两个不为零的应变分量为

$$d\varepsilon_z = \frac{1}{E}d\sigma_z + \frac{2}{3}\sigma_z \cdot d\lambda$$

$$d\varepsilon_{z\theta} = \frac{1}{2}d\gamma_{z\theta} = \frac{1}{2G}d\tau_{z\theta} + \tau_{z\theta} \cdot d\lambda$$

对上式无量纲化：

$$d\varepsilon = d\sigma + \sigma \cdot d\lambda'$$

$$d\gamma = d\tau + \tau \cdot d\lambda'$$

消去 $d\lambda' = 2G \cdot d\lambda$，有

$$\frac{d\varepsilon - d\sigma}{d\gamma - d\tau} = \frac{\sigma}{\tau} \tag{5-1}$$

再考虑屈服条件并微分有

$$\sigma d\sigma + \tau d\tau = 0, \quad \tau = \sqrt{1 - \sigma^2}$$

即

$$\frac{d\tau}{\tau} = -\frac{\sigma d\sigma}{1 - \sigma^2} \quad \text{或} \quad \frac{d\sigma}{\sigma} = -\frac{\tau d\tau}{1 - \tau^2}$$

将式(5-1)消去 τ、$d\tau$ 或 σ、$d\sigma$，得

$$\begin{cases} \dfrac{d\sigma}{d\varepsilon} = \sqrt{1 - \sigma^2}\left(\sqrt{1 - \sigma^2} - \sigma\dfrac{d\gamma}{d\varepsilon}\right) \\[2mm] \dfrac{d\tau}{d\gamma} = \sqrt{1 - \tau^2}\left(\sqrt{1 - \tau^2} - \tau\dfrac{d\varepsilon}{d\gamma}\right) \end{cases} \tag{5-2}$$

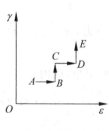

图　**5-1**

显然，这两式分别是 σ-ε 和 τ-γ 的增量关系。若已知应变路径 $\gamma = \gamma(\varepsilon)$ 或 $\varepsilon = \varepsilon(\gamma)$，积分后便可得到 σ-ε 和 τ-γ 的规律(若考虑应力路径只能得到各应变的比值，因为 $d\lambda$ 未定)。

如图 5-1 所示的台阶式应变路径。实验室实现这样的路径时，先加拉力即 $A{\to}B$ 过程，保持拉应变不变，再施加扭矩即 $B{\to}C$ 过程，等等，以此类推。如 $A{\to}B$ 过程，保持 γ 不变，则 $d\gamma = 0$，由式(5-2)第一式积分，其起点的应力、应变为 $(\sigma_A, \varepsilon_A)$，则 $A{\to}B$ 过程中的应力-应变关系为

$$\varepsilon - \varepsilon_A = \frac{1}{2}\ln\left(\frac{1 + \sigma}{1 + \sigma_A} \cdot \frac{1 - \sigma_A}{1 - \sigma}\right) \tag{5-3}$$

$$\left(\text{注：} \int \frac{dx}{a^2 - b^2 x^2} = \frac{1}{2ab}\ln\left|\frac{a + bx}{a - bx}\right|\right) \text{同理，} B{\to}C \text{过程，保持 } \varepsilon \text{ 不变，} d\varepsilon = 0,$$

应力-应变关系为

$$\gamma - \gamma_B = \frac{1}{2}\ln\left(\frac{1+\tau}{1+\tau_B}\cdot\frac{1-\tau_B}{1-\tau}\right) \tag{5-4}$$

下面具体分析不同应变路径时的应力计算。如图 5-2
所示,应变路径有三种,三种路径的最终状态均为 $\varepsilon=$
$1,\gamma=1$。

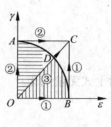

图　5-2

(1) 先拉伸圆管至屈服,之后保持 ε 不变时再施
加扭矩,即路径 $O{\to}B{\to}C$;

(2) 先扭转圆管至屈服,之后保持 γ 不变时再进
行拉伸,即路径 $O{\to}A{\to}C$;

(3) 比例加载,保证路径为直线,即路径 $O{\to}$
$D{\to}C$。

分析路径(1)。OB 段为弹性阶段。$\tau_O=\tau_B=0,\gamma_O=\gamma_B=0,\varepsilon$ 由 $0{\to}1$,即
ε_z 由 $0{\to}\varepsilon_s$。

BC 段。先判断加卸载状态。由于给定了应变路径求应力,因此应该根
据应变表示的屈服条件来判定加卸载状态:屈服条件 $\varepsilon^2+\gamma^2=1$ 在图 5-2 中
表示圆,BC 段在圆外,因此 $B{\to}C$ 过程为加载过程,材料依然处于塑性状态。
故而由增量法计算 BC 段的应力:保持 $\varepsilon=1$ 不变,即 $\mathrm{d}\varepsilon=0$,利用式(5-4)得

$$\gamma = \frac{1}{2}\ln\left(\frac{1+\tau}{1-\tau}\right)$$

解出

$$\tau = \frac{\mathrm{e}^{2\gamma}-1}{\mathrm{e}^{2\gamma}+1} = \mathrm{th}\gamma(双曲线函数)$$

对于 C 点,当 $\gamma=1$ 时,$\tau=0.7616$。再由屈服函数确定拉应力:$\sigma=\sqrt{1-\tau^2}=$
0.6480。此为先拉后扭的受力条件下 C 点的应力状态。

当应变状态在 BC 区间上的 B 点附近时,τ 很小,γ 也很小,此时

$$\ln\left(\frac{1+\tau}{1-\tau}\right) = \ln 1 + \tau\cdot\left[\frac{1-\tau}{1+\tau}\cdot\frac{(1-\tau)-(1+\tau)(-1)}{(1-\tau)^2}\right]\bigg|_{\tau=0} + \cdots \approx 2\tau$$

则有 $\gamma=\tau$,即 $\gamma_{z\theta}=\dfrac{1}{G}\tau_{z\theta}$,这说明圆管拉伸屈服后保持其伸长不变,施加扭矩
的初始瞬间,剪切变形是弹性的。在接近 C 点时,γ 不断增大并接近 γ_s,即 γ
由 $0{\to}1$,由屈服条件和应力-应变关系可知,τ 增加时,σ 必下降,达到 C 点
时,即 $\varepsilon=1,\gamma=1$ 时,解出

$$\tau = \frac{\mathrm{e}^2-1}{\mathrm{e}^2+1}, \quad \sigma = \frac{2\mathrm{e}}{\mathrm{e}^2+1}$$

分析路径(2)。用同样的方法可求得

$$\sigma = \frac{e^2 - 1}{e^2 + 1}, \quad \tau = \frac{2e}{e^2 + 1}$$

和路径(1)相比,正应力和剪应力的大小正好对换。由此看出,若变形路径不同,则同一个最终应变状态可对应不同的应力状态。同时,材料的塑性阶段应力全量和应变全量无单值对应关系。

分析路径(3)。分两段考虑,即弹性段 OD 和塑性段 DC。D 是弹性和塑性的分界点,且 $\sigma = \tau$,则有

$$\sigma_D = \tau_D = 0.7071$$

DC 段用增量法分析。由于 $d\varepsilon = d\gamma$,又有

$$d\varepsilon = d\sigma + \sigma \cdot d\lambda'$$
$$d\gamma = d\tau + \tau \cdot d\lambda'$$

因此有

$$d\sigma + \sigma d\lambda' = d\tau + \tau \cdot d\lambda'$$

即

$$\frac{d(\sigma - \tau)}{\sigma - \tau} = -d\lambda'$$

两边由 D 到 C 积分,有

$$\ln(\sigma - \tau)\big|_D^C = \ln(\sigma - \tau)\big|_C - \ln(\sigma - \tau)\big|_D = \lambda'_D - \lambda'_C$$

故有

$$(\sigma - \tau)\big|_C = (\sigma - \tau)\big|_D e^{\lambda'_D - \lambda'_C} = 0$$

由此可知 C 点应力状态和 D 点应力状态相同,即 $\sigma_C = \tau_C = 0.7071$。

5.2.2　全量理论求解

本构方程为

$$s_{ij} = \frac{2}{3} \cdot \frac{\sigma_e}{\varepsilon_e} e_{ij}, \quad \sigma_{kk} = \frac{E}{1 - 2\nu} \varepsilon_{kk}$$

由于体积不可压缩,则有

$$\varepsilon_{kk} = 0, \quad \varepsilon_{ij} = e_{ij}$$

此时不为零的应力有

$$s_z = \frac{2}{3}\sigma_z = \frac{2}{3} \cdot \frac{\sigma_e}{\varepsilon_e} \varepsilon_z, \quad s_{z\theta} = \sigma_{z\theta} = \frac{2}{3} \cdot \frac{\sigma_e}{\varepsilon_e} \varepsilon_{z\theta} = \frac{1}{3} \cdot \frac{\sigma_e}{\varepsilon_e} \gamma_{z\theta}$$

理想塑性材料屈服时 $\sigma_e = \sigma_s$,圆管拉扭时 $\varepsilon_r = \varepsilon_\theta = -\dfrac{1}{2}\varepsilon_z$,即材料不可压缩,则

$$\varepsilon_e = \sqrt{\frac{2}{3}e_{ij}e_{ij}} = \sqrt{\frac{2}{3}(\varepsilon_r^2 + \varepsilon_\theta^2 + \varepsilon_z^2 + 2\varepsilon_{\theta z}^2)} = \sqrt{\varepsilon_z^2 + \frac{1}{3}\gamma_{\theta z}^2}$$

本构关系经无量纲化处理,有

$$\sigma = \frac{\varepsilon}{\sqrt{\varepsilon^2 + \gamma^2}}, \quad \tau = \frac{\gamma}{\sqrt{\varepsilon^2 + \gamma^2}}$$

既是全量理论,则将最终应变值 $\varepsilon=1$,$\gamma=1$ 代入,可得

$$\sigma_C = \tau_C = 0.7071$$

由此看出,全量理论和增量理论的路径(3)的结果相同。即比例加载时,增量理论和全量理论的结果相同,而全量理论求解问题的过程更简单。

5.3 弹性理想塑性材料厚壁筒的轴对称变形

设厚壁筒的内半径为 a,外半径为 b,受到内压 p 作用。采用柱坐标系 (r,θ,z),令 z 轴与圆筒的中心轴线重合。由于构件的几何形状及载荷都是轴对称的,因此圆筒内的应力、位移也将是轴对称的;又因载荷与 z 无关,所以除了在闭端附近因受到封头的约束使应力分布比较复杂外,在筒身部分,可以认为力学状态与 z 无关。因此,在圆筒变形过程中,其截面将保持为平面,z 轴方向的应变为常数。于是,在圆筒内非零的应力分量和应变分量为

$$\sigma_r, \quad \sigma_\theta, \quad \sigma_z$$
$$\varepsilon_r, \quad \varepsilon_\theta, \quad \varepsilon_z = 常数$$

它们都只是 r 的函数。当圆筒为无限长或者两端受到轴向约束时,则 $\varepsilon_z=0$,这属于平面应变问题。如果是圆环或是开端圆筒,则 $\sigma_z=0$,这属于平面应力问题。基本方程为:

平衡方程(忽略体积力)

$$\frac{d\sigma_r}{dr} + \frac{\sigma_r - \sigma_\theta}{r} = 0$$

几何方程(径向位移为 u)

$$\varepsilon_r = \frac{du}{dr}, \quad \varepsilon_\theta = \frac{u}{r}$$

变形协调方程为

$$\frac{d\varepsilon_\theta}{dr} + \frac{\varepsilon_\theta - \varepsilon_r}{r} = 0$$

边界条件

$$\sigma_r = \begin{cases} -p, & r=a \\ 0, & r=b \end{cases}, \quad \sigma_{r\theta} = \begin{cases} 0, & r=a \\ 0, & r=b \end{cases}$$

另外,补充本构关系后即可求解。

5.3.1　弹性解

当荷载较小时,圆筒将处于弹性状态,广义虎克定律为

$$\sigma_r = 2G\varepsilon_r + \lambda_0\theta$$
$$\sigma_\theta = 2G\varepsilon_\theta + \lambda_0\theta$$
$$\sigma_z = 2G\varepsilon_z + \lambda_0\theta$$

式中

$$\theta = \varepsilon_r + \varepsilon_\theta + \varepsilon_z = \frac{\mathrm{d}u}{\mathrm{d}r} + \frac{u}{r} + \varepsilon_z$$

由上式可得以下关系式:

$$\frac{\mathrm{d}\theta}{\mathrm{d}r} = \frac{\mathrm{d}^2 u}{\mathrm{d}r^2} + \frac{1}{r} \cdot \frac{\mathrm{d}u}{\mathrm{d}r} - \frac{u}{r^2}$$

$$\sigma_r - \sigma_\theta = 2G(\varepsilon_r - \varepsilon_\theta) = 2G\left(\frac{\mathrm{d}u}{\mathrm{d}r} - \frac{u}{r}\right)$$

$$\frac{\mathrm{d}\sigma_r}{\mathrm{d}r} = (\lambda_0 + 2G)\frac{\mathrm{d}^2 u}{\mathrm{d}r^2} + \frac{\lambda_0}{r}\left(\frac{\mathrm{d}u}{\mathrm{d}r} - \frac{u}{r}\right)$$

将上列后两式代回平衡方程,得到求解该问题的基本方程(拉梅方程),即用位移表示的平衡方程

$$\frac{\mathrm{d}^2 u}{\mathrm{d}r^2} + \frac{1}{r} \cdot \frac{\mathrm{d}u}{\mathrm{d}r} - \frac{u}{r^2} = 0$$

或者

$$\frac{\mathrm{d}}{\mathrm{d}r}\left[\frac{1}{r} \cdot \frac{\mathrm{d}}{\mathrm{d}r}(ru)\right] = 0$$

上式与材料的弹性常数无关,因此适用于任何线弹性圆筒。

注意到 $ru = r(r\varepsilon_\theta)$ 及 $\varepsilon_r = \dfrac{\mathrm{d}}{\mathrm{d}r}(r\varepsilon_\theta)$,则上式还可以写成

$$\frac{\mathrm{d}}{\mathrm{d}r}(\varepsilon_r + \varepsilon_\theta) = 0$$

或者

$$\varepsilon_r + \varepsilon_\theta = 常数$$

由于 $\varepsilon_z =$ 常数,因此,轴对称变形的厚壁筒的体积应变 θ 为常数。对基本方程式积分,得到

$$u = C_1 r + \frac{C_2}{r}$$

式中 C_1 及 C_2 为积分常数。将上式代入几何方程,得到

$$\varepsilon_r = C_1 - \frac{C_2}{r^2}, \quad \varepsilon_\theta = C_1 + \frac{C_2}{r^2}, \quad \theta = 2C_1 + \varepsilon_0$$

再将上式代入广义虎克定律,即得到拉梅解答

$$\sigma_r = A + \frac{B}{r^2}, \quad \sigma_\theta = A - \frac{B}{r^2}$$

其中

$$A = 2(\lambda_0 + G)C_1 + \lambda_0 \varepsilon_z, \quad B = -2GC_2$$

ε_z 由端部条件确定,而积分常数 A、B(亦即 C_1 及 C_2)则由下列边界条件确定:

$$当 r = a 时, \quad \sigma_r = -p$$
$$当 r = b 时, \quad \sigma_r = 0$$

由上列条件,可以求出

$$A = \frac{a^2}{b^2 - a^2}p, \quad B = -\frac{a^2 b^2}{b^2 - a^2}p$$

由上式可见,常数 A 等于闭端圆筒受到内压 p 作用时的轴向应力 σ_z(假定沿截面均匀分布)。已知 A、B,则可以确定 C_1 和 C_2,从而可以确定位移 u(与 ε_z 有关,亦即与端部条件有关)。此时应力分布为

$$\sigma_r = \frac{a^2 p}{b^2 - a^2}\left(1 - \frac{b^2}{r^2}\right) \leqslant 0, \quad \sigma_\theta = \frac{a^2 p}{b^2 - a^2}\left(1 + \frac{b^2}{r^2}\right) > 0$$

在通常的端部条件下(开端、闭端和约束端),轴向应力 σ_z 分别为

$$开端: \quad \sigma_z = 0$$

$$闭端: \quad \sigma_z = \frac{a^2 p}{b^2 - a^2}$$

$$约束端(\varepsilon_z = 0): \quad \sigma_z = 2\nu \frac{a^2 p}{b^2 - a^2}$$

所以,恒有 $\sigma_\theta > \sigma_z \geqslant \sigma_r$,即 σ_θ 是最大主应力,σ_r 为最小主应力。最大剪应力为

$$\tau_{\max} = \frac{1}{2}(\sigma_\theta - \sigma_r) = \frac{a^2 b^2}{b^2 - a^2} \cdot \frac{p}{r^2}$$

由此可见,$\tau_{\max}$ 在内壁处($r = a$)有最大值。设材料服从 Tresca 屈服条件,则当内壁处的最大剪应力到达 $\tau_{\max} = \tau_s = 0.5\sigma_s$ 时,内壁开始屈服,对应的弹性极限压力 p_e 为

$$p_e = \frac{b^2 - a^2}{b^2} \cdot \frac{\sigma_s}{2} = \left(1 - \frac{a^2}{b^2}\right)\frac{\sigma_s}{2}$$

则内壁开始屈服时的应力分布为

$$\sigma_r = \frac{a^2 \sigma_s}{2b^2}\left(1 - \frac{b^2}{r^2}\right), \quad \sigma_\theta = \frac{a^2 \sigma_s}{2b^2}\left(1 + \frac{b^2}{r^2}\right)$$

当筒壁很厚时,即 $b \to \infty$,此时的弹性极限压力 $p_e \to \dfrac{\sigma_s}{2}$。表明无限空间中的圆柱形孔洞受内压作用时,其内表面开始屈服的压力值与孔洞半径无关,只与材料强度有关。另外,当 $\dfrac{a}{b}$ 比较小时,只加大筒的外半径较难提高圆筒的弹性极限压力。例如,当 $\dfrac{a}{b} = \dfrac{1}{3}, \dfrac{1}{4}, \dfrac{1}{5}$ 时,p_e 分别为 $\dfrac{8}{9} \cdot \dfrac{\sigma_s}{2}, \dfrac{15}{16} \cdot \dfrac{\sigma_s}{2}$,

$\dfrac{24}{25} \cdot \dfrac{\sigma_s}{2}$。

5.3.2　弹塑性解

当 $p > p_e$ 时,自圆筒内壁开始,将出现一个塑性区,不断增大 p 值,塑性区也会不断增大,由于对称性,塑性区将以圆环的形式不断外扩。当圆筒横截面内还有弹性区时,塑性区的变形仍受到弹性区的约束,故称为**约束塑性变形阶段**,因此塑性区变形量级仍为弹性变形量级。

塑性区的应力满足屈服条件。设塑性区的半径为 r_1,材料服从 Tresca 屈服条件,因此首先分析主应力的大小关系。前面已经分析了轴向应力 σ_z 在弹性状态为中间主应力,如果进入塑性阶段 σ_z 依然为中间主应力,则屈服条件为 $\sigma_\theta - \sigma_r = \sigma_s$。由流动法则可知 $d\varepsilon_z^p = 0$。积分 $d\varepsilon_z^p = 0$ 并注意到初始时刻 $\varepsilon_z^p = 0$,因此有 $\varepsilon_z^p \equiv 0$。因此,无论在弹性区还是在塑性区,轴向塑性应变总是恒等于零。因此轴向应力 σ_z 由弹性公式计算。由于环向应力和径向应力性质未变,依然为一拉一压,因此轴向应力依然为中间主应力。

在塑性区($a \leqslant r \leqslant r_1$)内,平衡方程为

$$\frac{d\sigma_r}{dr} - \frac{\sigma_\theta - \sigma_r}{r} = 0$$

屈服条件为

$$\sigma_\theta - \sigma_r = \sigma_s$$

将屈服条件代入平衡方程,得到

$$\frac{d\sigma_r}{dr} - \frac{\sigma_s}{r} = 0$$

积分上式,并利用边界条件 $r = a$ 时,$\sigma_r = -p$,得到塑性区的应力分布为

$$\sigma_r = \sigma_s \ln \frac{r}{a} - p, \quad \sigma_\theta = \sigma_r + \sigma_s = \sigma_s \left(1 + \ln \frac{r}{a}\right) - p$$

以上分析表明,平衡方程、屈服条件及内壁处的应力边界条件唯一地确定了塑性区的应力 σ_r 和 σ_θ,它既不涉及变形协调条件,又与塑性区以外($r >$

r_1)的应力分布无关;同时也不必考虑材料以前曾经历过的变形历史。这是理想塑性材料的特征之一。如前所述,这个问题属于"静定"问题,或者严格些说,是对于 σ_r 和 σ_θ 的"静定"问题。

为了确定弹性区($r_1 \leqslant r \leqslant b$)内的应力分布,可将弹性区看作一个内半径为 r_1、外半径为 b 的圆筒,在内壁受到弹性极限压力作用。于是弹性区的应力分布为

$$\sigma_r = \frac{\sigma_s r_1^2}{2b^2}\left(1 - \frac{b^2}{r^2}\right), \quad \sigma_\theta = \frac{\sigma_s r_1^2}{2b^2}\left(1 + \frac{b^2}{r^2}\right)$$

在弹性区和塑性区的分界处($r = r_1$),径向应力连续,由此可以得到 p 与 r_1 的关系如下:

$$p = \frac{\sigma_s}{2}\left(2\ln\frac{r_1}{a} + 1 - \frac{r_1^2}{b^2}\right)$$

由此得到塑性区应力分布的另一种表达式

$$\sigma_r = \frac{\sigma_s}{2}\left(2\ln\frac{r}{r_1} - 1 + \frac{r_1^2}{b^2}\right), \quad \sigma_\theta = \frac{\sigma_s}{2}\left(2\ln\frac{r}{r_1} + 1 + \frac{r_1^2}{b^2}\right)$$

5.3.3 塑性极限状态

当 p 继续增大,塑性区扩展到全部圆筒,即 $r_1 = b$;这时,弹性区消失,圆筒到达塑性极限状态,极限压力 p_s 及相应的应力分布为

$$p_s = \sigma_s \ln\frac{b}{a}$$

$$\sigma_r = \sigma_s \ln\frac{r}{b}, \quad \sigma_\theta = \sigma_s\left(1 + \ln\frac{r}{b}\right)$$

5.3.4 残余应力

圆筒受到内压 p^*($p_e < p^* < p_s$)作用时,在内壁附近将出现塑性变形。如果将内压卸去,则因塑性变形不可逆,塑性变形将阻碍着弹性变形的恢复,从而引起残余应力。这种残余应力有利于提高圆筒再次受压时的弹性极限压力值。在高压容器及炮管的设计中,都充分利用这种现象以提高它们的弹性工作压力,称为**自增强**或**自紧**处理。

如同在前面有关章节一样,设圆筒在卸载过程中,材料各处都不会反向屈服。于是可按弹塑性状态计算卸载前的应力 σ_r^*、σ_θ^*;按弹性状态计算卸载产生的应力增量,当完全卸载时,有

$$\Delta\sigma_r = -\frac{a^2 p^*}{b^2 - a^2}\left(1 - \frac{b^2}{r^2}\right)$$

$$\Delta\sigma_\theta = -\frac{a^2 p^*}{b^2 - a^2}\left(1 + \frac{b^2}{r^2}\right) = \Delta\sigma_r - \frac{2a^2 b^2 p^*}{(b^2 - a^2)r^2}$$

$$p^* = \frac{\sigma_s}{2}\left(2\ln\frac{r_1}{a} + 1 - \frac{r_1^2}{b^2}\right)$$

残余应力则为

$$\sigma_r^0 = \begin{cases} -p^* + \sigma_s\ln\dfrac{r}{a} + \Delta\sigma_r, & \text{当 } a \leqslant r \leqslant r_1 \text{ 时} \\[3mm] \dfrac{\sigma_s r_1^2}{2b^2}\left(1 - \dfrac{b^2}{r^2}\right) + \Delta\sigma_r, & \text{当 } r_1 \leqslant r \leqslant b \text{ 时} \end{cases}$$

$$\sigma_\theta^0 = \begin{cases} \sigma_r^0 + \sigma_s - \dfrac{2a^2 b^2 p^*}{(b^2 - a^2)r^2}, & \text{当 } a \leqslant r \leqslant r_1 \text{ 时} \\[3mm] \sigma_r^0 + \dfrac{\sigma_s r_1^2}{r^2} - \dfrac{2a^2 b^2 p^*}{(b^2 - a^2)r^2}, & \text{当 } r_1 \leqslant r \leqslant b \text{ 时} \end{cases}$$

轴向应力残余 σ_z^0 符合弹性规律,完全卸载后将回到零,因此不存在残余应力,且依然为中间主应力。

$$\sigma_z^0 = \nu(\sigma_r^0 + \sigma_\theta^0)$$

当 $\nu = 0.5$,σ_z^0 依然为中间主应力。

以上结果是假设在卸压过程中不出现反向屈服的情况下得到的,因此,只在满足下列条件时才适用:

$$\sigma_r^0 - \sigma_\theta^0 \leqslant \sigma_s$$

在这里,假定材料没有包辛格效应。现检验卸载过程是否可能出现反向屈服。由于

$$\sigma_\theta^0 - \sigma_r^0 = \begin{cases} \sigma_s - \dfrac{2a^2 b^2 p^*}{(b^2 - a^2)r^2} < \sigma_s, & \text{当 } a \leqslant r \leqslant r_1 \text{ 时} \\[3mm] \dfrac{1}{r^2}\left(\sigma_s r_1^2 - \dfrac{2a^2 b^2 p^*}{b^2 - a^2}\right) < \sigma_s\dfrac{r_1^2 - a^2}{r^2} \leqslant \sigma_s\dfrac{r_1^2 - a^2}{r_1^2}, & \text{当 } r_1 \leqslant r \leqslant b \text{ 时} \end{cases}$$

上式的第二式已用到条件

$$p^* > p_e = \frac{\sigma_s}{2} \cdot \frac{b^2 - a^2}{b^2}$$

当 $r = r_1$ 时,有

$$\sigma_\theta^0 - \sigma_r^0 = \begin{cases} \sigma_s - \dfrac{2a^2 b^2 p^*}{(b^2 - a^2)r_1^2}, & \text{当 } a \leqslant r \leqslant r_1 \text{ 时} \\[3mm] \dfrac{1}{r_1^2}\left(\sigma_s r_1^2 - \dfrac{2a^2 b^2 p^*}{b^2 - a^2}\right) = \sigma_s - \dfrac{2a^2 b^2 p^*}{(b^2 - a^2)r_1^2}, & \text{当 } r_1 \leqslant r \leqslant b \text{ 时} \end{cases}$$

由此可知,残余应力状态是不可能再次屈服的。在 $r = r_1$ 处 $\sigma_\theta^0 - \sigma_r^0$ 是连续

的。r 越大,弹性区的 $\sigma_\theta^0 - \sigma_r^0$ 绝对值越小。因此,反向屈服只可能在 $r=a$ 处最先开始,即反向屈服将从内壁开始,因此检验内壁处的应力变化,将 $r=a$ 处的残余应力式代入上式,得到

$$(\sigma_r^0 - \sigma_\theta^0)\big|_{r=a} = \frac{b^2 \sigma_s}{b^2 - a^2}\left(2\ln\frac{r_1}{b} + 1 - \frac{r_1^2}{b^2}\right) - \sigma_s \leqslant \sigma_s$$

已知圆筒的内、外半径,则可计算不出现反向屈服时的 $(r_1)_{\max}$。如果将 $p = \dfrac{\sigma_s}{2}\left(2\ln\dfrac{r_1}{a} + 1 - \dfrac{r_1^2}{b^2}\right)$ 代入上式,将得到

$$\frac{b^2 p}{b^2 - a^2} \leqslant \sigma_s$$

由上式可计算保证不出现反向屈服时的最大压力,即

$$p_{\max} = \frac{\sigma_s(b^2 - a^2)}{b^2} = 2p_e$$

然而,最大内压不能超过极限压力 $p_s = \sigma_s \ln\dfrac{b}{a}$。令两者相等,即 $p_s = 2p_e$,得到

$$\frac{b^2 - a^2}{b^2} = \ln\frac{b}{a}$$

由上式可解出

$$\frac{b}{a} = 2.22$$

当 $\dfrac{b}{a} > 2.22$ 时,则 $p_s > 2p_e$;反之,$p_s < 2p_e$。显然,保证不出现反向屈服的最大压力只能在 p_s 及 $2p_e$ 中取其较小者。因此

$$p_{\max} = p_s = \sigma_s \ln\frac{b}{a}, \quad \text{当}\frac{b}{a} < 2.22 \text{ 时}$$

$$p_{\max} = 2p_e = \sigma_s \frac{b^2 - a^2}{b^2}, \quad \text{当}\frac{b}{a} > 2.22 \text{ 时}$$

如果第一次加压时,内压 p 不超过上列最大压力值,则在卸压后,圆筒内不会出现反向屈服。以后再次加压(工作压力),只要压力不超过第一次的压力值,则不会出现新的屈服,因此提高了圆筒的弹性极限压力。在工程中,将第一次加压称为自增强(自紧)加压。

5.3.5 几何变形对承载能力的影响

当筒壁较厚时,由于内表面附近位移较大,所以 a 会有一定的增大,这将会对圆筒承载能力产生影响。设变形后圆筒的内外半径分别为 a'、b',则

相应的塑性极限压力为

$$p'_s = \sigma_s \ln \frac{b'}{a'}$$

若 $\nu = 0.5, \varepsilon_z = 0$，体积不可压缩的条件成为

$$b'^2 - a'^2 = b^2 - a^2$$

那么

$$p'_s = \frac{\sigma_s}{2} \ln \left(\frac{b'}{a'}\right)^2 = \frac{\sigma_s}{2} \ln \left(1 + \frac{b'^2 - a'^2}{a'^2}\right) = \frac{\sigma_s}{2} \ln \left(1 + \frac{b^2 - a^2}{a'^2}\right)$$

$$< \frac{\sigma_s}{2} \ln \left(1 + \frac{b^2 - a^2}{a^2}\right) = p_s$$

这说明当 a 增大时，塑性极限压力是减小的，因此该极限压力是不稳定的。

5.4　幂强化材料厚壁筒的计算

设幂次强化材料的圆筒的内半径为 a，外半径为 b，受到内压 p 的作用。假定：

(1) 材料是不可压缩的，即 $\varepsilon_r + \varepsilon_\theta + \varepsilon_z = 0 (\nu = 0.5)$，因此应变张量和偏张量相等。

(2) 轴向应变为零(约束端)，$\varepsilon_z = 0$，因此有 $\varepsilon_r + \varepsilon_\theta = 0$。

由于幂次强化材料，随内压逐渐增加时属于比例加载，因此可应用全量理论求解。采用柱坐标系 (r, θ, z)，令 z 轴与圆筒的中心轴线重合。由于构件的几何形状及载荷都是轴对称的，因此圆筒内的应力、位移也将是轴对称的；又因载荷与 z 无关，所以除了在闭端附近因受到封头的约束使应力分布比较复杂外，在筒身部分，可以认为力学状态与 z 无关。因此，在圆筒变形过程中，其截面将保持为平面，z 轴方向的应变为常数。于是，在圆筒内非零的应力分量和应变分量为

$$\sigma_r, \quad \sigma_\theta, \quad \sigma_z$$

$$\varepsilon_r, \quad \varepsilon_\theta, \quad \varepsilon_z = 常数$$

它们都只是 r 的函数。当圆筒为无限长或者两端受到轴向约束时，则 $\varepsilon_z = 0$，这属于平面应变问题。如果是圆环或是开端圆筒，则 $\sigma_z = 0$，这属于平面应力问题。基本方程为：

平衡方程(忽略体积力)

$$\frac{d\sigma_r}{dr} + \frac{\sigma_r - \sigma_\theta}{r} = 0$$

几何方程(径向位移为 u)

$$\varepsilon_r = \frac{\mathrm{d}u}{\mathrm{d}r}, \quad \varepsilon_\theta = \frac{u}{r}$$

本构关系:根据全量理论,有下列关系:

$$\frac{s_r}{\varepsilon_r} = \frac{s_\theta}{\varepsilon_\theta} = \frac{s_z}{\varepsilon_z} = \frac{\sigma_\theta - \sigma_r}{\varepsilon_\theta - \varepsilon_r} = \frac{2\sigma_e}{3\varepsilon_e}$$

$$\sigma_e = \Phi(\varepsilon_e)$$

因为 $\varepsilon_z = 0$,所以

$$s_z = \sigma_z - \sigma_m = 0 \quad 或者 \quad \sigma_z = \sigma_m$$

于是,易于求出

$$\sigma_m = \frac{1}{2}(\sigma_r + \sigma_\theta) = \sigma_z$$

考虑几何方程后,体积不可压缩条件变为

$$\frac{\mathrm{d}u}{\mathrm{d}r} + \frac{u}{r} = 0$$

其中 u 为径向位移,是 r 的函数。上式的解为

$$u = \frac{C}{r}$$

式中,C 为积分常数。上式表明,u 与 r 成反比。

此时几何方程为

$$\varepsilon_r = e_r = -\frac{C}{r^2}, \quad \varepsilon_\theta = e_\theta = \frac{C}{r^2}$$

应变强度为

$$\varepsilon_e = \sqrt{\frac{2}{3}e_{ij}e_{ij}} = \sqrt{\frac{2}{3}(e_r^2 + e_\theta^2)} = \frac{2}{\sqrt{3}} \cdot \frac{C}{r^2}$$

根据全量理论,得到

$$\sigma_\theta - \sigma_r = \frac{2\sigma_e}{3\varepsilon_e}(\varepsilon_\theta - \varepsilon_r) = \frac{2\sigma_e}{3\left(\frac{2}{\sqrt{3}}\frac{C}{r^2}\right)} \cdot \frac{2C}{r^2} = \frac{2\sigma_e}{\sqrt{3}} = \frac{2}{\sqrt{3}}\Phi\left(\frac{2}{\sqrt{3}} \cdot \frac{C}{r^2}\right)$$

平衡方程式为

$$\frac{\mathrm{d}\sigma_r}{\mathrm{d}r} = \frac{\sigma_\theta - \sigma_r}{r} = \frac{2}{\sqrt{3}r}\Phi\left(\frac{2}{\sqrt{3}} \cdot \frac{C}{r^2}\right)$$

积分上式,并利用边界条件:$r = b$ 时,$\sigma_r = 0$,得到

$$\sigma_r = -\frac{2}{\sqrt{3}}\int_r^b \Phi\left(\frac{2}{\sqrt{3}} \cdot \frac{C}{r^2}\right)\mathrm{d}r$$

于是可得其他应力分量为

$$\sigma_\theta = \sigma_r + \frac{2}{\sqrt{3}} \Phi\left(\frac{2}{\sqrt{3}} \cdot \frac{C}{r^2}\right), \quad \sigma_z = \sigma_r + \frac{1}{\sqrt{3}} \Phi\left(\frac{2}{\sqrt{3}} \cdot \frac{C}{r^2}\right)$$

由边界条件: $r=a$ 时, $\sigma_r = -p$, 可以确定积分常数如下:

$$p = \frac{2}{\sqrt{3}} \int_a^b \Phi\left(\frac{2}{\sqrt{3}} \cdot \frac{C}{r^2}\right) \frac{\mathrm{d}r}{r}$$

已知函数 Φ, 则可由上式确定 C。设材料为幂强化的, 即

$$\sigma_e = \Phi(\varepsilon_e) = A\varepsilon_e^m$$

则

$$\Phi\left(\frac{2}{\sqrt{3}} \cdot \frac{C}{r^2}\right) = A\left(\frac{2}{\sqrt{3}} \cdot \frac{C}{r^2}\right)^m$$

将上式代入 p 的表达式, 积分后可得

$$C^m = \frac{2mp}{\left(\dfrac{2}{\sqrt{3}}\right)^{m+1} A(a^{-2m} - b^{-2m})}$$

则圆筒内的应力场为

$$\sigma_r = -\frac{r^{-2m} - b^{-2m}}{a^{-2m} - b^{-2m}} p$$

$$\sigma_\theta = \frac{p}{a^{-2m} - b^{-2m}} \left[(2m-1)r^{-2m} + b^{-2m}\right]$$

$$\sigma_z = \frac{p}{a^{-2m} - b^{-2m}} \left[(m-1)r^{-2m} + b^{-2m}\right]$$

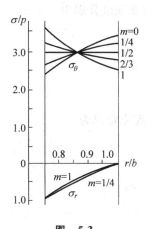

图 5-3

位移及应变也已确定。在图 5-3 中, 给出了 $m=0$(刚性理想塑性), $\frac{1}{4}$, $\frac{1}{2}$, $\frac{2}{3}$ 和 1(弹性)时的应力分布。由图可以看出, 径向应力分量与弹性解相差不大, 环向应力则差别较大。其中 $(\sigma_\theta)_{\max}$ 在弹性状态下是在内壁处, 在塑性状态, 则因 m 不同而变化。当 $m < \frac{1}{2}$ 时, 是在外壁处; 当 $m > \frac{1}{2}$ 时, 则转到内壁处。

如果其他条件相同, 但材料服从 Tresca 屈服条件, 而且设 $\tau_{\max} = \tau_0 \gamma_{\max}^m$(留德威克(Ludwik)理论), 其中

$$\tau_{\max} = \frac{1}{2}(\sigma_\theta - \sigma_r)$$

$$\gamma_{\max} = \varepsilon_\theta - \varepsilon_r$$

τ_0、m 为材料常数,则按类似步骤分析,可以得到相似的应力分量。

通过该问题的求解,给出了全量理论求解问题的过程,为计算简便做了一些假设。对于材料可压缩、轴向应变不为零情形下的厚壁筒问题,1960 年依留辛曾求解过,计算过程很繁复,有兴趣的读者可查阅相关文献。

5.5 厚壁球壳的极对称变形

设球壳的内半径为 a,外半径为 b,受到内压 p 作用。由于荷载及构件的几何形状都是极对称的,所以壳内任一材料单元体只有径向位移 u。采用球坐标系 (r,θ,φ),则所有力学量都只是 r 的函数。

已知平衡方程和几何方程与材料的性质无关,根据弹性力学的分析,平衡方程 $(\sigma_\theta = \sigma_\varphi$,不计体积力$)$ 为

$$\frac{\mathrm{d}\sigma_r}{\mathrm{d}r} - \frac{2(\sigma_\theta - \sigma_r)}{r} = 0$$

几何方程(小变形)为

$$\varepsilon_r = \frac{\mathrm{d}u}{\mathrm{d}r}, \quad \varepsilon_\theta = \varepsilon_\varphi = \frac{u}{r}, \quad \gamma_{r\theta} = \gamma_{r\varphi} = \gamma_{\varphi\theta} = 0$$

设材料为弹性理想塑性的,服从 Mises 屈服条件,即

$$\sigma_e = \sigma_s$$

上式等价于 $T = \tau_s = \dfrac{\sigma_s}{\sqrt{3}}$。在本例中,应力强度和应变强度分别为

$$\sigma_e = \sigma_\theta - \sigma_r, \quad \varepsilon_e = \frac{2}{3}(\varepsilon_\theta - \varepsilon_r)$$

1. 弹性解

当压力 p 比较小,球壳处于弹性状态时,广义虎克定律为

$$e_r = \varepsilon_r - \varepsilon_m = \frac{1}{2G}(\sigma_r - \sigma_m)$$

$$e_\theta = e_\varphi = \varepsilon_\theta - \varepsilon_m = \frac{1}{2G}(\sigma_\theta - \sigma_m)$$

注意到 $\varepsilon_m = \dfrac{\theta}{3}$($\theta$ 为体积应变),上式可写成

$$\sigma_r = 2G\varepsilon_r - 2G\varepsilon_m + \sigma_m = 2G\varepsilon_r - \frac{2G\theta}{3} + K\theta$$

$$= 2G\varepsilon_r + \left(K - \frac{2G}{3}\right)\theta = 2G\varepsilon_r + \lambda_0\theta$$

$$\sigma_\theta = \sigma_\varphi = 2G\varepsilon_\theta - 2G\varepsilon_m + \sigma_m = 2G\varepsilon_\theta - \frac{2G\theta}{3} + K\theta$$

$$= 2G\varepsilon_\theta + \left(K - \frac{2G}{3}\right)\theta = 2G\varepsilon_\theta + \lambda_0\theta$$

式中 λ_0、$G(=\mu)$ 为拉梅(Lame)常数。体积应变为

$$\theta = \varepsilon_r + \varepsilon_\theta + \varepsilon_\varphi = \frac{du}{dr} + 2\frac{u}{r} = \frac{1}{r^2}\frac{d(r^2u)}{dr} \tag{5-5}$$

于是有

$$\frac{d\sigma_r}{dr} = 2G\frac{d\varepsilon_r}{dr} + \lambda_0\frac{d\theta}{dr} = 2G\frac{d^2u}{dr^2} + \lambda_0\frac{d}{dr}\left[\frac{1}{r^2}\cdot\frac{d(r^2u)}{dr}\right]$$

$$\sigma_r - \sigma_\theta = 2G(\varepsilon_r - \varepsilon_\theta) = 2G\left(\frac{du}{dr} - \frac{u}{r}\right) = 2Gr\frac{d\left(\dfrac{u}{r}\right)}{dr}$$

将上式代入平衡方程,得到按位移求解球对称问题的基本方程

$$\lambda_0\frac{d}{dr}\left[\frac{1}{r^2}\cdot\frac{d(r^2u)}{dr}\right] + 2G\frac{d^2u}{dr^2} + 4G\frac{d}{dr}\left(\frac{u}{r}\right) = 0$$

或者

$$(\lambda_0 + 2G)\frac{d}{dr}\left[\frac{1}{r^2}\cdot\frac{d(r^2u)}{dr}\right] = 0$$

因 $\lambda_0 + 2G \neq 0$,考虑式(5-5)后有

$$\frac{d}{dr}\left[\frac{1}{r^2}\cdot\frac{d(r^2u)}{dr}\right] = \frac{d\theta}{dr} = 0 \tag{5-6}$$

由此可见

$$\theta = \theta_0 = 常数$$

即在球对称问题中,体积应变 θ 为常数。积分式(5-6),得到位移式为

$$u = C_1 r + \frac{C_2}{r^2}$$

其中

$$C_1 = \frac{\theta_0}{3} = \varepsilon_m$$

则应变分量为

$$\varepsilon_r = C_1 - \frac{2C_2}{r^3}, \quad \varepsilon_\theta = \varepsilon_\varphi = C_1 + \frac{C_2}{r^3}$$

将上列应变式代入广义虎克定律,得到应力分量

$$\sigma_r = A - \frac{2B}{r^3}, \quad \sigma_\theta = \sigma_\varphi = A + \frac{B}{r^3}$$

式中

$$A = (3\lambda_0 + 2G)C_1, \quad B = 2GC_2$$

根据边界条件

$$r = a \text{ 时}, \sigma_r = -p$$
$$r = b \text{ 时}, \sigma_r = 0$$

可以求出积分常数

$$A = \frac{a^3 p}{b^3 - a^3}, \quad B = \frac{a^3 b^3 p}{2(b^3 - a^3)} = A \cdot \frac{b^3}{2}$$

则弹性阶段球内的应力分布为

$$\sigma_r = \frac{a^3 p}{b^3 - a^3}\left(1 - \frac{b^3}{r^3}\right) \leqslant 0, \quad \sigma_\theta = \sigma_\varphi = \frac{a^3 p}{b^3 - a^3}\left(1 + \frac{b^3}{2r^3}\right) > 0 \quad (5\text{-}7)$$

于是应力强度为

$$\sigma_e = \sigma_\theta - \sigma_r = \frac{3a^3 b^3}{2(b^3 - a^3)} \cdot \frac{p}{r^3}$$

上式表明,r 越小,σ_e 越大。因此,屈服将首先出现在内壁处($r=a$)。令 $r=a$,$\sigma_e = \sigma_s$,则可求出弹性极限压力为

$$p_e = \frac{2\sigma_s}{3}\left(1 - \frac{a^3}{b^3}\right)$$

2. 弹塑性解

当 $p > p_e$ 时,塑性区将从内壁向外扩展。设塑性区的半径为 r_1,于是在 $a \leqslant r \leqslant r_1$ 塑性区域内,应力应满足平衡方程及屈服条件(此时 Tresca 条件和 Mises 条件表达式相同),平衡方程变为

$$\frac{\mathrm{d}\sigma_r}{\mathrm{d}r} - \frac{2(\sigma_\theta - \sigma_r)}{r} = \frac{\mathrm{d}\sigma_r}{\mathrm{d}r} - \frac{2\sigma_s}{r} = 0$$

积分上式并利用内壁边界条件,得到塑性区 $a \leqslant r \leqslant r_1$ 内的应力分布为

$$\sigma_r = 2\sigma_s \ln \frac{r}{a} - p, \quad \sigma_\theta = \sigma_\varphi = \sigma_s\left(1 + 2\ln \frac{r}{a}\right) - p \quad (5\text{-}8)$$

在 $r = r_1$ 处,材料刚好进入屈服状态,因此弹性区的应力状态相当于外半径为 b、内半径为 r_1,受到弹性极限压力作用时球体内的应力状态,此弹性极限压力值计算同弹性解,但将其中的 a 改为 r_1,即

$$p_e = \frac{2\sigma_s}{3}\left(1 - \frac{r_1^3}{b^3}\right)$$

于是,弹性区内的应力分布同弹性解,但将其中的 a 改为 r_1,p 改为上式所示的弹性极限压力,即

$$\sigma_r = \frac{2\sigma_s r_1^3}{3}\left(\frac{1}{b^3} - \frac{1}{r^3}\right), \quad \sigma_\theta = \sigma_\varphi = \frac{2\sigma_s r_1^3}{3}\left(\frac{1}{b^3} + \frac{1}{2r^3}\right)$$

在弹性区和塑性区的交界$(r=r_1)$处，径向应力应连续，由此可以得到 p 与 r_1 的关系如下：

$$p = \frac{2\sigma_s}{3}\left(3\ln\frac{r_1}{a}+1-\frac{r_1^3}{b^3}\right) \tag{5-9}$$

则塑性区的应力分布又可写成

$$\sigma_r = \frac{2\sigma_s}{3}\left(3\ln\frac{r}{r_1}-1+\frac{r_1^3}{b^3}\right), \quad \sigma_\theta = \sigma_\varphi = \frac{2\sigma_s}{3}\left(3\ln\frac{r}{r_1}+\frac{1}{2}+\frac{r_1^3}{b^3}\right)$$

3. 极限状态

p 逐渐增大时，塑性区将不断扩展，当 $r_1=b$，全部球壳都屈服时，即到达塑性极限状态，极限压力 p_s 由式(5-9)计算可得

$$p_s = 2\sigma_s\ln\frac{b}{a}$$

极限状态下的应力分布为

$$\sigma_r = 2\sigma_s\ln\frac{r}{b}, \quad \sigma_\theta = \sigma_\varphi = \sigma_s\left(1+2\ln\frac{r}{b}\right)$$

5.6　理想弹塑性柱体的自由扭转

5.6.1　基本方程、应力函数

现来考虑一理想弹塑性等截面柱体，在其两端作用有逐渐增加的扭矩。采用坐标系如图 5-4 所示，K 为沿 z 轴单位长度的扭转角。类似于弹性力学中的半逆解法，假定

$$\sigma_x = \sigma_y = \sigma_z = \tau_{xy} = 0, \quad \tau_{zx} \neq 0, \quad \tau_{zy} \neq 0$$

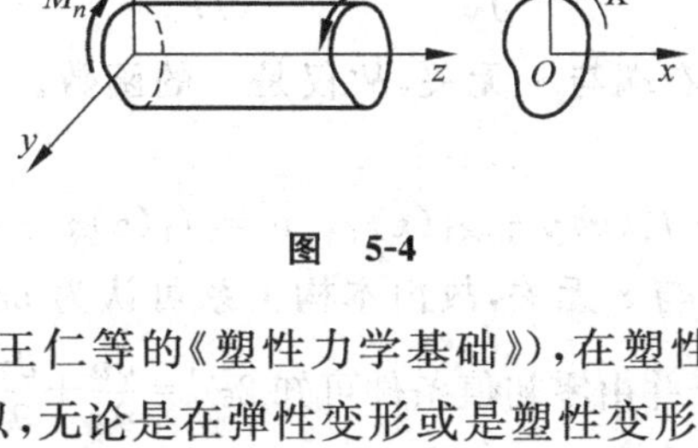

图　5-4

可以证明(参阅王仁等的《塑性力学基础》)，在塑性阶段应力分量仍然是上式所列的。所以，无论是在弹性变形或是塑性变形阶段，材料恒处于纯剪切状态。于是基本方程为

平衡方程

$$\frac{\partial \tau_{zx}}{\partial z} = 0, \quad \frac{\partial \tau_{zy}}{\partial z} = 0, \quad \frac{\partial \tau_{zx}}{\partial x} + \frac{\partial \tau_{zy}}{\partial y} = 0$$

几何方程

$$\varepsilon_{ij} = \frac{1}{2}(u_{i,j} + u_{j,i})$$

本构关系(Prandtl-Reuss)

$$\mathrm{d}e_{ij} = \frac{1}{2G}\mathrm{d}s_{ij} + \mathrm{d}\lambda \cdot s_{ij}$$

$$\mathrm{d}\varepsilon_{ii} = \frac{1}{3K}\mathrm{d}\sigma_{ii}$$

下面对应力的假定和基本方程作几点讨论。

(1) 由平衡方程的前两式可知 τ_{zx}、τ_{zy} 仅是 x、y 的函数,如引进应力函数 $\varphi(x,y)$,令

$$\tau_{zx} = \frac{\partial \varphi}{\partial y}, \quad \tau_{zy} = -\frac{\partial \varphi}{\partial x}$$

则平衡方程恒能满足。

(2) 由假定的应力和本构关系可知,$\mathrm{d}\sigma_{ii}=0$,则有 $\mathrm{d}\varepsilon_{ii}=0$,对加载过程进行积分并利用 ε_{ii} 初值为零的条件,得 $\varepsilon_{ii}=0$,即 $e_{ij}=\varepsilon_{ij}$。

(3) 由 $s_x=s_y=s_z=0$,积分本构关系的第一式,再利用零初值条件,有

$$\varepsilon_x = \frac{\partial u}{\partial x} = 0, \quad \varepsilon_y = \frac{\partial v}{\partial y} = 0, \quad \varepsilon_z = \frac{\partial w}{\partial z} = 0$$

其中 u、v、w 为坐标轴向的位移分量。即有

$$u = u(y,z), \quad v = v(x,z), \quad w = w(x,y)$$

(4) 由 $\tau_{xy}=s_{xy}=0$,对本构关系第一式作积分后,有

$$\varepsilon_{xy} = \frac{1}{2}\left(\frac{\partial u}{\partial y} + \frac{\partial v}{\partial x}\right) = 0$$

即

$$\frac{\partial u(y,z)}{\partial y} = -\frac{\partial v(x,z)}{\partial x}$$

上式左端与 x 无关,右端与 y 无关,故仅是 z 的函数。令其各等于 $-f_1(z)$ 并积分,得

$$u = -f_1(z)y + g_1(z), \quad v = f_1(z)x + h_1(z)$$

(5) 由于 τ_{zx}、τ_{zy} 与 z 无关,故由本构关系可认为 $\mathrm{d}\varepsilon_{zx}$、$\mathrm{d}\varepsilon_{zy}$ 也与 z 无关,对加载过程进行积分并由零初值条件可知 $2\varepsilon_{zx}=\frac{\partial u}{\partial z}+\frac{\partial w}{\partial x}$ 和 $2\varepsilon_{zy}=\frac{\partial v}{\partial z}+\frac{\partial w}{\partial y}$ 是与 z 无关的。因此 f_1、g_1、h_1 只可能是 z 的线性函数,即

$$u = -Kyz - \zeta_1 y + \phi_1 z + \delta_1, \quad v = Kxz + \zeta_1 x + \xi_1 z + \delta_2$$

其中 ζ_1、ϕ_1、δ_1、ξ_1、δ_2 都是常数,注意到

$$\bar{u} = -\zeta_1 y + \phi_1 z + \delta_1, \quad \bar{v} = \zeta_1 x + \xi_1 z + \delta_2, \quad \bar{w} = -\phi_1(x) - \xi_1 y$$

对应于刚体位移,于是,扣除这部分位移后,得到如下位移场:

$$u = -Kzy, \quad v = Kzx, \quad w = K\Psi(x,y)$$

其中 $\Psi(x,y)$ 为翘曲函数。于是,应变分量为

$$\varepsilon_x = \varepsilon_y = \varepsilon_z = \gamma_{xy} = 0$$

$$\gamma_{zx} = K\left(\frac{\partial \Psi(x,y)}{\partial x} - y\right), \quad \gamma_{zy} = K\left(\frac{\partial \Psi(x,y)}{\partial y} + x\right)$$

上式中消去 $\Psi(x,y)$,得变形协调方程

$$\frac{\partial \gamma_{zx}}{\partial y} - \frac{\partial \gamma_{zy}}{\partial x} = -2K$$

设将截面上的总剪应力 τ 用矢量表示,则有

$$\boldsymbol{\tau} = \tau_{zx}\boldsymbol{e}_1 + \tau_{zy}\boldsymbol{e}_2 = \frac{\partial \varphi}{\partial y}\boldsymbol{e}_1 - \frac{\partial \varphi}{\partial x}\boldsymbol{e}_2$$

式中,$\boldsymbol{e}_1$、$\boldsymbol{e}_2$ 分别为坐标轴 x、y 方向的单位矢量。而 φ 的梯度为

$$\mathrm{grad}\varphi = \frac{\partial \varphi}{\partial x}\boldsymbol{e}_1 + \frac{\partial \varphi}{\partial y}\boldsymbol{e}_2$$

由此可见,$\boldsymbol{\tau}$ 的模,即总剪应力值等于 φ 的梯度的模;而 $\boldsymbol{\tau} \cdot \mathrm{grad}\varphi = 0$,表示 $\boldsymbol{\tau}$ 与 $\mathrm{grad}\varphi = 0$ 正交。亦即 $\boldsymbol{\tau}$ 与 $\varphi = $ 常数的等值线相切。根据杆件侧面没有剪应力作用的条件,可知在截面的周界上,总剪应力与周界相切,亦即截面的周界也是 φ 的一根等值线。因此,应力函数应满足下列边界条件:

$$\varphi|_{c_i} = \varphi_i, \quad i = 0,1,2,\cdots$$

其中 c_0 为外周界。φ_i 为常数,通常可令

$$\varphi|_{c_0} = 0$$

$$\varphi|_{c_i} = \varphi_i, \quad i = 1,2,\cdots$$

其中 c_i 为内周界。对单连通截面,内周界为零。

在弹性力学中已经证明,截面扭矩 T 与应力函数有下列关系:

$$T = 2\int_A \varphi\,\mathrm{d}A + 2\sum_{c_i} \varphi_i A_i, \quad i = 1,2,\cdots$$

其中 A_i 为 c_i 所围的面积。当截面是单连通的,则

$$T = 2\int_A \varphi\,\mathrm{d}A$$

以上有关方程及结论都与材料的力学性质无关,因此,适用于变形的弹性状态和塑性状态。

5.6.2 弹性解

当杆件处于弹性状态时,应力-应变关系为

$$\gamma_{zx} = \frac{\tau_{zx}}{G} = \frac{1}{G}\frac{\partial\varphi}{\partial y}, \quad \gamma_{zy} = \frac{\tau_{zy}}{G} = -\frac{1}{G}\frac{\partial\varphi}{\partial x}$$

将上式代入变形协调方程,得到应力函数应满足的方程

$$\nabla^2\varphi = -2GK, \quad \text{其中}\nabla^2 = \frac{\partial^2}{\partial x^2} + \frac{\partial^2}{\partial y^2}$$

设以 φ^e 表示弹性应力函数,则求解弹性直杆自由扭转的基本方程为

$$\nabla^2\varphi^e = -2GK$$
$$\varphi^e|_{c_i} = \varphi_i, \quad i = 1,2,\cdots$$
$$\varphi^e|_{c_0} = 0$$
$$T = 2\iint_A \varphi^e \mathrm{d}A + 2\sum_{c_i}\varphi_i A_i, \quad i = 1,2,\cdots$$

对于不同形状截面的解答可参阅弹性力学教材。

在弹性力学中还已证明,上面的基本方程与张于刚性周界受到垂直于膜面的均匀压力作用时薄膜挠度微分方程式相似。因此,普兰特提出了著名的薄膜比拟法。从而可用实验方法求解直杆的扭转问题,并使扭转问题的解获得清晰且形象的图景。

5.6.3 塑性扭转、极限扭矩

设材料是弹性理想塑性的,当扭矩逐渐加大,直到全截面屈服,则截面上处处都满足 Mises 屈服条件(此处 Tresca 屈服条件与之相同)

$$\tau_{zx}^2 + \tau_{zy}^2 = \tau_s^2$$

则杆件到达极限状态。令 φ^p 为塑性应力函数,则 φ^p 应满足如下条件:

$$\left(\frac{\partial\varphi^p}{\partial x}\right)^2 + \left(\frac{\partial\varphi^p}{\partial y}\right)^2 = \tau_s^2$$

即

$$|\operatorname{grad}\varphi^p| = \tau_s = \text{常数}$$

上式表明,塑性应力函数所代表的曲面是一个由等倾面构成的多面体,即塑性应力曲面是一个等倾斜面,其坡度为 τ_s,所有的 φ^p 的等值线是相互平行的,并平行于截面的周界。截面上的总剪应力都与 φ^p 的等值线相切。

截面的极限扭矩应等于塑性应力曲面所围体积的两倍(对单连通截

面）。如果在与截面周界几何尺寸及形状相同的平面上堆置干沙，则沙堆所形成的曲面也是等倾面，与塑性应力曲面相似，只不过沙堆面的坡面斜率为 f，f 为沙子的摩擦系数；而塑性应力曲面的坡面斜率为 τ_s。这样就有可能用沙堆比拟法来计算极限扭矩 T_s。下面举几个计算 T_s 的简单例子。

（1）圆截面：半径为 R（图 5-5(a)），有

$$T_s = \frac{2}{3}\tau_s\pi R^3$$

（2）矩形截面（图 5-5(b)），有

$$T_s = \left(\frac{1}{2}b\tau_s\right)(a-b)b + 2\left(\frac{1}{2}b\tau_s\right)\left(\frac{1}{2}b^2\right)\frac{2}{3} = \frac{1}{6}b^2\tau_s(3a-b)$$

当截面为狭长状时，即 $b \ll a$，则上式可近似写成

$$T_s = \frac{1}{2}\tau_s ab^2$$

这就是狭长截面（图 5-5(c)）极限扭矩的近似式。设以 δ 表示截面的厚度，l 为其长度，则极限扭矩式又可写成

$$T_s = \frac{1}{2}\tau_s l\delta^2$$

如果截面的宽度不是常数（图 5-5(d)、(e)），而是平缓改变的，则

$$T_s = \frac{1}{2}\tau_s\int_0^l \delta^2(s)\mathrm{d}s$$

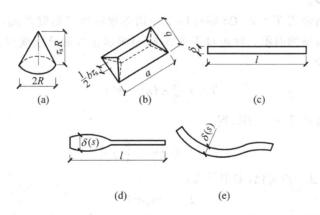

图　**5-5**

上式亦可推广用于曲线形开口薄壁截面（图 5-6(a)）。例如，对于开口环形截面，其极限扭矩为

$$T_s = \pi\tau_s R_0\delta^2$$

式中 R_0 为环形截面的平均半径，δ 为厚度。

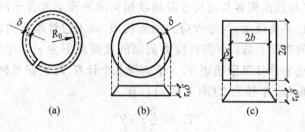

图　5-6

图 5-6(b)表示一环形截面,其平均半径为 R_0,厚度为 δ,塑性应力曲面的剖面(截头圆锥)示于同一图的下方,则

$$T_s = \frac{2}{3}\pi\tau_s(R_2^3 - R_1^3)$$

其中 R_2、R_1 分别为截面的外半径和内半径。当 $R_2 - R_1 = \delta \ll R_1$ 时,上式可近似地写成

$$T_s = 2\tau_s\Omega\delta$$

其中 $\Omega = \pi R_0^2$。

$$\frac{T_{s(\text{闭})}}{T_{s(\text{开})}} = 2\frac{R_0}{\delta} \gg 1$$

由此可见,闭口薄壁环形截面极限扭矩比相应开口薄壁环形截面的极限扭矩要高得多。

极限扭矩式 $T_s = 2\tau_s\Omega\delta$ 亦可用于一切等厚的闭口薄壁截面,其中 Ω 为截面中线所围的面积。例如对于图 5-6(c)所示正方形薄壁截面,极限扭矩的精确式为

$$T_s = \frac{8}{3}\tau_s(a^3 - b^3)$$

如果用近似式 $T_s = 2\tau_s\Omega\delta$,则

$$T_s = 8\tau_s\left(a - \frac{\delta}{2}\right)^2\delta$$

有时,还可进一步简化,采用下式:

$$T_s = 8\tau_s a^2\delta$$

如果闭口薄壁截面的厚度不等,最小厚度为 $\delta_{\min}$,则可将截面分为两部分:厚度为 $\delta_{\min}$ 的等厚闭口薄壁截面和变厚度的开口薄壁截面。因开口薄壁截面的抗扭能力很小,所以,极限扭矩近似地表示为

$$T_s \approx 2\tau_s\Omega\delta_{\min}$$

5.6.4　弹塑性扭转

当扭矩在弹性极限扭矩和塑性极限扭矩之间时,截面只有一部分屈服。在弹性区内,应力函数 φ^e 应满足弹性应力函数的基本方程和边界条件;在塑性区内,应力函数 φ^p 应满足屈服条件和边界条件。在两个区域的交界上应力应连续,用应力函数表示时,即有

$$\frac{\partial \varphi^e}{\partial x} = \frac{\partial \varphi^p}{\partial x}, \qquad \frac{\partial \varphi^e}{\partial y} = \frac{\partial \varphi^p}{\partial y}$$

或者在交界上,应满足

$$\mathrm{grad}\varphi^e = \mathrm{grad}\varphi^p, \qquad \varphi^e = \varphi^p$$

这表明在弹性区和塑性区的分界处,φ^e 和 φ^p 是光滑、连续的。

除了圆截面杆外,一般截面杆的弹塑性扭转问题尚未得到精确解。困难在于弹、塑性区的分界线的位置和形状都是未知的。对于一类扁圆形截面,索柯洛夫斯基提出了一个巧妙的逆解法。

纳达依提出了一个解弹塑性扭转问题的实验方法。在一个容器的壁上开一个大小、形状和杆的截面周边(单连通域)完全相同的孔洞,在孔洞边上张一薄膜,洞的外面则用玻璃作成等倾顶盖(屋顶),其坡度线的斜率为 τ_s。在容器内充以压力为 p 的气体。以圆截面为例(图 5-7(a)),$p=0$ 时,薄膜位置在 0,它保持为平的。p 增加,薄膜向顶盖内弯曲,但 p 不大时薄膜与顶盖不相切(如位置 1),截面处于弹性变形状态。p 再增加,薄膜继续变形,当薄膜开始与顶盖底部相切时,即达到了弹性极限状态,截面开始屈服。再加大压力,薄膜逐渐贴在顶盖上,其相贴的部分对应于塑性区(外环),未接触的部分对应于弹性区(内圆)。p 越大,弹性区越小,在极限情况下,薄膜全部与顶盖相贴,截面全部屈服。当然,这里只是一种比拟,实际上薄膜并不能承受无限制增长的压力。同时,薄膜变形大时,比拟法本身也不精确。

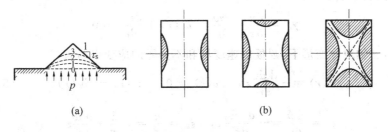

(a)　　　　　　　　　(b)

图　5-7

对于矩形截面,可用这种方法定性地说明塑性区的出现和发展(图 5-7(b)

中的阴影部分)。要使薄膜与顶盖完全贴合,就要压力为无限大。这时弹性区蜕化为截面上的应力间断线。由此可见,应力间断线实际上是弹性区收缩的极限情况。

5.7 刚塑性薄圆板的轴对称弯曲

5.7.1 广义应力和广义应变率

现讨论理想刚塑性圆板的轴对称弯曲变形问题。建立柱坐标(r,θ,z),中性面为(r,θ),方向 z 为厚度方向且垂直向下,原点为中性面的中心。u、v、w 分别为 r、θ、z 方向的位移。由于问题关于 z 轴对称,故所有位移函数仅是 r 的函数,当板厚 $2h$ 较小时,则可在柱坐标中对位移分量沿厚度用级数展开

$$u(r) = u_0(r) + u_1(r)z + \cdots$$
$$v(r) = 0$$
$$w(r) = w_0(r)$$

式中 $u_0(r)$、$w_0(r)$ 是中性面处的径向位移和挠度。由于圆板的对称性,各点在周向无位移;因为是小挠度问题,因此挠度 $w(r)$ 的展开式仅保留零次项。

对板的小挠度问题,Kirchhoff 假定:

(1) 在 $z=0$ 的中性面内的径向位移可以忽略,即

$$u(r)\big|_{z=0} = u_0(r) = 0$$

(2) 变形前垂直于中性面的直线段在变形过程中仍然垂直于变形后的中性面,且保持为直线段。这时,$u(r)$ 的展开式中只需保留一次项

$$u(r) = u_1(r)z$$

中性面剪应变为零:

$$\gamma_{rz} = \frac{\partial u}{\partial z} + \frac{\partial w}{\partial r} = u_1(r) + \frac{\mathrm{d}w_0}{\mathrm{d}r} = 0$$

因此,在轴对称变形下,圆板的速度场和不为零的应变率场为

$$\dot{u}(r) = -\frac{\mathrm{d}\dot{w}_0}{\mathrm{d}r}z, \quad \dot{v}(r) = 0, \quad \dot{w}(r) = \dot{w}_0(r) \tag{5-10}$$

$$\dot{\varepsilon}_r = \frac{\mathrm{d}\dot{u}}{\mathrm{d}r} = -\frac{\mathrm{d}^2\dot{w}_0}{\mathrm{d}r^2}z, \quad \dot{\varepsilon}_\theta = \frac{\dot{u}}{r} = -\frac{1}{r}\cdot\frac{\mathrm{d}\dot{w}_0}{\mathrm{d}r}z \tag{5-11}$$

上式表明,应变率完全由以下两个量确定:

$$\dot{K}_r = -\frac{d^2 \dot{w}_0}{dr^2}, \quad \dot{K}_\theta = -\frac{1}{r} \cdot \frac{d\dot{w}}{dr}$$

$\dot{K}_r$、$\dot{K}_\theta$ 称为**广义应变率**,它们分别表示板的径向曲率和环向曲率的变化率。

在弹性力学中已给出板的内力与应力的关系

$$M_r = \int_{-h}^h z\sigma_r dz, \quad M_\theta = \int_{-h}^h z\sigma_\theta dz, \quad Q_r = \int_{-h}^h \tau_{zr} dz$$

考虑任一组满足平衡条件的应力和任一组由式(5-11)表示的应变率场,相应的虚功方程为

$$\int_{R_0}^R \int_{-h}^h (\sigma_r \dot{\varepsilon}_r + \sigma_\theta \dot{\varepsilon}_\theta) \cdot 2\pi r dz dr = 2\pi \int_{R_0}^R r\dot{w}(r)p(r)dr$$
$$+ \left[2\pi r \int_{-h}^h (\sigma_r \dot{u} + \tau_{zr} \dot{w})dz \right] \Bigg|_{R_0}^R$$

其中 $2\pi r dr$ 为圆板内任一微元(圆环)面积,R_0 和 R 为板的内外半径,$p(r)$是垂直于板面的对称分布的外力。将速度场代入上式,有

$$-\int_{R_0}^R \left(r\frac{d^2 \dot{w}}{dr^2}M_r + \frac{d\dot{w}}{dr}M_\theta \right)dr = \int_{R_0}^R r\dot{w}p(r)dr$$
$$+ \left(-r\frac{d\dot{w}}{dr}M_r \right)\Bigg|_{R_0}^R + (r\dot{w}Q_r)\big|_{R_0}^R$$

即

$$\int_{R_0}^R \left[r\frac{d^2 \dot{w}}{dr^2}M_r + \frac{d\dot{w}}{dr}M_\theta + r\dot{w}p(r) \right]dr = \left(r\frac{d\dot{w}}{dr}M_r - r\dot{w}Q_r \right)\Bigg|_{R_0}^R$$

分部积分并整理后有

$$\int_{R_0}^R \left[\frac{d^2(rM_r)}{dr^2} - \frac{dM_\theta}{dr} + rp(r) \right]\dot{w}dr = \left\{ \left[\frac{d(rM_r)}{dr} - M_\theta - rQ_r \right]\dot{w} \right\}\Bigg|_{R_0}^R$$

由于$\dot{w}$的任意性及 R_0 和 R 取值的一般性,上式恒成立的条件为

$$\frac{d(rM_r)}{dr} - M_\theta - rQ_r = 0$$

又由于弹性力学中 $Q_r = -\frac{1}{2}rp(r)$,故应有

$$\frac{d(rQ_r)}{dr} = -rp(r)$$

若取实心圆板 $R_0 = 0$,则以上两式可统一写为

$$\frac{dM_r}{dr} + \frac{1}{r}(M_r - M_\theta) = Q_r = -\frac{1}{r}\int_0^R rp(r)dr$$

此为广义应力的平衡方程。

5.7.2 圆板的广义屈服条件

由前面的分析看出,应变率张量各分量之间的比例不沿厚度变化。板在弯曲时,类似梁的情形,屈服时由表向里,屈服应力值沿 $z>0$ 和 $z<0$ 分别都是常数。广义应力表达式为

$$M_r = 2\int_0^h \sigma_r z \, dz = \sigma_r^0 h^2$$

$$M_\theta = 2\int_0^h \sigma_\theta z \, dz = \sigma_\theta^0 h^2$$

其中 σ_r^0、σ_θ^0 分别为板的中性面上半部 $z>0$ 的径向应力和轴向应力。

由于薄板中 $\sigma_z = 0$,Mises 屈服条件可写为

$$\sigma_r^2 - \sigma_r \sigma_\theta + \sigma_\theta^2 = \sigma_s^2$$

将广义应力代入上式可得广义屈服条件,即内力和弯矩表示的屈服条件

$$M_r^2 - M_r M_\theta + M_\theta^2 = M_s^2$$

其中

$$M_s = \sigma_s h^2$$

若整个圆板全部进入屈服,则广义平衡方程成为

$$\frac{dM_r}{dr} + \frac{1}{r}\left(\frac{1}{2}M_r \mp \sqrt{M_s^2 - \frac{3}{4}M_r^2}\right) = Q_r$$

与其相对应的流动法则为

$$\dot{K}_r = -\frac{d^2 \dot{w}}{dr^2} = d\lambda(2M_r - M_\theta)$$

$$\dot{K}_\theta = -\frac{1}{r} \cdot \frac{d\dot{w}}{dr} = d\lambda(2M_\theta - M_r)$$

式中 $d\lambda \geqslant 0$。

若采用 Tresca 屈服条件,则有

$$\max(|\sigma_r - \sigma_\theta|, |\sigma_r|, |\sigma_\theta|) = \sigma_s$$

转换为广义屈服条件有

$$\max(|M_r - M_\theta|, |M_r|, |M_\theta|) = M_s$$

如图 5-8 所示,在直线段上 $\dot{K}_r$、$\dot{K}_\theta$ 是确定的,在各角点上 $\dot{K}_r$、$\dot{K}_\theta$ 不唯一,但 M_r、M_θ 是完全确定的。

【例 5-1】 受均布荷载 p 作用的实心薄圆板,设圆板的半径为 a,厚度为 $2h$。试进行不同支撑条件时的弹塑性分析。

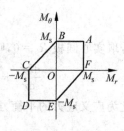

图 5-8

【解】 （1）周边简支

板中心 $r=0$ 处，$M_r=M_\theta$；简支边 $r=a$ 处，$M_r=0$。所以当全板进入屈服时，$r=0$ 对应于图 5-8 中的 A 点，即 $M_r=M_\theta=M_s$；$r=a$ 对应于 B 点，即 $M_r=0$，$M_\theta=M_s$。因此在 $0 \leqslant r \leqslant a$ 区间对应图中的 AB 段，即

$$M_\theta = M_s, \quad 0 \leqslant M_r \leqslant M_s$$

广义应力的平衡方程为

$$\frac{\mathrm{d}M_r}{\mathrm{d}r} + \frac{M_r}{r} = \frac{M_s}{r} - \frac{1}{2}rp$$

边界条件为

$$r = 0 \text{ 时}, M_r = M_\theta$$
$$r = a \text{ 时}, M_r = 0$$

该方程的解为：M_r 的齐次通解为 $\dfrac{A}{r}$，特解为 $M_s - \dfrac{1}{6}r^2 p$，即

$$M_r = M_s - \frac{1}{6}r^2 p + \frac{A}{r}$$

当 $r \to 0$ 时，$M_r \to \infty$，故有 $A=0$；又 $r=a$ 处，$M_r=0$，由此推出

$$p_s = \frac{6M_s}{a^2}, \quad M_r = M_s\left(1 - \frac{r^2}{a^2}\right)$$

p_s 为全板达到塑性状态的塑性极限荷载。

下面讨论速度场 $\dot{w}(r)$。在图 5-8 的 AB 直线段上，流动法则可写为

$$\dot{K}_r : \dot{K}_\theta = 0 : 1$$

即

$$\dot{K}_r = -\frac{\mathrm{d}^2 \dot{w}}{\mathrm{d}r^2} = 0$$

边界条件为

$$\dot{w}\big|_{r=a} = 0$$

由此解得

$$\dot{w}(r) = \dot{w}(0)\left(1 - \frac{r}{a}\right)$$

$\dot{w}(0)$ 是圆板中心点的速度，此时不能确定，因为当板上荷载达到塑性极限荷载 p_s 时，全板达到屈服，$r=0$ 处的变形不受约束，即数值上无限制。上式还表明圆板将发生塑性流动时速度场为锥形体。

（2）周边固支

边界条件为

$$r = 0 \text{ 时}, M_r = M_\theta$$

$$r = a \text{ 时}, \dot{w} = \frac{\mathrm{d}\dot{w}}{\mathrm{d}r} = 0$$

当全板屈服时,$r=0$ 处,$M_r=M_\theta=M_s$,即图 5-8 中的 A 点;$r=a$ 处,$M_r=M_s$,即图中 AF 边或 CD 边(符号不同,表明方向不同),由此推知

$$\dot{K}_\theta = -\frac{1}{r} \cdot \frac{\mathrm{d}\dot{w}}{\mathrm{d}r} = 0$$

即 $\dot{w}=$ 常数。分析内力的变化:$r=0$ 处屈服时对应 A 点,随着半径 r 增大,应力点在屈服轨迹上移动有两个可能方向,路径①$A \to F \to E$,路径②$A \to B \to C$。路径①被否定,因为在 AF 上有 $\dot{K}_\theta=0$,$\dot{w}=$ 常数,即板作平动,这是不存在的;此外,在 AF 上 M_r 始终为 M_s,由平衡方程知 $M_\theta=M_s+\frac{1}{2}pr^2>M_s$,这也是不可能的;路径②,在 $r=a$ 处,由于固定边条件 $M_r=-M_s$,$M_\theta=0$,此为图 5-8 中的 C 点。因此认为半径 r 由零变化到 a,其各点的 M_r、M_θ 应在 $A \to B \to C$ 上变化,设图中 B 点应力状态对应圆板中的 $r=a_0$ 处,则有半径 r 由零变化到 a_0 对应于 AB 段,半径 r 由 a_0 变化到 a 对应于 BC 段。即

$$0 \leqslant r \leqslant a_0(AB \text{ 段}), \quad M_\theta = M_s, \quad 0 \leqslant M_r \leqslant M_s$$

$$a_0 \leqslant r \leqslant a(BC \text{ 段}), \quad M_\theta - M_r = M_s$$

在 $0 \leqslant r \leqslant a_0$ 区间内,类似于简支板的计算,有

$$M_r = M_s - \frac{1}{6}pr^2, \quad p = \frac{6M_s}{a_0^2}$$

在 $a_0 \leqslant r \leqslant a$ 区间内,平衡方程为 $\dfrac{\mathrm{d}M_r}{\mathrm{d}r}=\dfrac{M_s}{r}-\dfrac{1}{2}rp$,解方程可得

$$M_r = M_s \ln r - \frac{1}{4}pr^2 + B$$

式中的常数 a_0、B,由边界条件确定:

$$M_r\big|_{r=a_0} = 0, \quad M_r\big|_{r=a} = -M_s$$

由第一个边界条件得

$$M_r = M_s \ln \frac{r}{a_0} + \frac{1}{4}p(a_0^2 - r^2)$$

a_0 由第二个边界条件确定,即

$$\ln \frac{a}{a_0} + \frac{3}{2}\left(1 - \frac{a^2}{a_0^2}\right) = -1$$

解方程可得

$$\left(\frac{a}{a_0}\right)^2 = 1.88, \quad a_0 = 0.729a$$

此时屈服极限荷载为

$$p_s = \frac{6M_s}{a_0^2} = \left(\frac{a}{a_0}\right)^2 \left(\frac{6M_s}{a^2}\right) = 1.88 \frac{6M_s}{a^2} \approx 11.26 \frac{M_s}{a^2}$$

上式说明固支圆板的极限荷载是简支圆板的 1.88 倍。

下面确定速度场。在 $0 \leqslant r \leqslant a_0$ 区间内，类似于简支圆板的讨论，有

$$\dot{w}(r) = \dot{w}(0) + C_1 r$$

其中 C_1 为待定常数。

在 $a_0 \leqslant r \leqslant a$ 区间内，流动法则为 $\dot{K}_r : \dot{K}_\theta = (-1) : 1$，所以有

$$\frac{d^2 \dot{w}}{dr^2} + \frac{1}{r} \cdot \frac{d\dot{w}}{dr} = 0$$

注意到 $\dot{w}\big|_{r=a} = 0$，对上式积分可得

$$\dot{w}(r) = C_2 \ln \frac{r}{a}$$

常数 C_1、C_2 由 $r = a_0$ 处的 $\dot{w}$ 和 $\dfrac{d\dot{w}}{dr}$ 的连续性条件确定：

$$C_1 = -\frac{\dot{w}(0)}{a_0 \left(1 + \ln \dfrac{a}{a_0}\right)} = \frac{C_2}{a_0}, \quad C_2 = -\frac{\dot{w}(0)}{1 + \ln \dfrac{a}{a_0}}$$

则对应于极限荷载时的速度场如下：

$$\dot{w}(r) = \begin{cases} \dot{w}(0) \dfrac{1 + \ln \dfrac{a}{a_0} - \dfrac{r}{a_0}}{1 + \ln \dfrac{a}{a_0}}, & 0 \leqslant r \leqslant a_0, a_0 = 0.729a \\[4mm] \dot{w}(0) \dfrac{\ln \dfrac{a}{r}}{1 + \ln \dfrac{a}{a_0}}, & a_0 \leqslant r \leqslant a \end{cases}$$

本 章 小 结

（1）在弹塑性问题中，应力全量和应变全量之间不存在单值对应关系（全量理论除外），应力与应变之间是非线性关系，因此不能应用叠加原理，且若只在边界上给定最终荷载值和位移值，则物体内部的应力场和位移场是不能确定的。只有给定从零应力状态开始的全部边界条件的变化过程，

才能跟踪加载历史,确定物体内应力和位移的变化过程,采用逐步累积的方法,计算加载过程中某一瞬时的应力场和位移场。

(2) 塑性力学中一般边值问题的求解应满足平衡方程、几何方程与本构关系,并且在给定力和给定位移的边界上应分别满足其相应的边界条件,在弹塑性区域交界面上应满足面力和法向位移的连续条件,而切向位移允许有间断。对于理想弹塑性材料的某些问题,由平衡方程、屈服条件以及应力边界条件就能完全确定其应力场,而不涉及材料的本构方程;在满足简单加载条件下,可用全量理论求解,即使对于强化材料,也可使用较简单的数学方法确定其应力场和位移场;若选用的屈服条件为线性的,求解将比较方便。

(3) 结构的弹塑性分析问题是首先求出弹性解,再依据弹性解分析进入塑性状态时的特点,按屈服条件划分出塑性区。物体中刚开始出现屈服点时对应的外荷载为弹性极限荷载,当塑性区发展到最大时对应的外荷载称为塑性极限荷载。塑性区的应力分布应满足平衡条件和屈服条件/加载函数,应力和应变关系根据受力特点分为增量关系和全量关系,其他分析和弹性分析相类似。

习　　题

5-1　已知厚壁筒内半径为 a,外半径为 b,材料的屈服极限为 σ_s。试求在如下情况下筒内壁进入塑性状态时内压 p_e 的值(应用 Mises 屈服条件):

(1) 两端封闭;

(2) 两端自由,即 $\sigma_z = 0$;

(3) 两端受约束,即 $\varepsilon_z = 0$。

答案:

(1) $p_e = \dfrac{\sigma_s}{\sqrt{3}}\left(1 - \dfrac{a^2}{b^2}\right)$;　(2) $p_e = \dfrac{\sigma_s}{\sqrt{3}} \cdot \dfrac{1 - \dfrac{a^2}{b^2}}{\sqrt{1 + \dfrac{a^4}{3b^4}}}$;

(3) $p_e = \dfrac{\sigma_s}{\sqrt{3}} \cdot \dfrac{1 - \dfrac{a^2}{b^2}}{\sqrt{1 + (1 - 2\nu)^2 \dfrac{a^4}{3b^4}}}$。

5-2　设有一封闭厚壁圆筒,服从 Mises 屈服条件,同时受均匀内压 p

和扭矩 T 的作用,如果外径与内径之比为 $\dfrac{b}{a}=K$,试求在内表面与外表面同时到达屈服状态时 $\dfrac{T}{p}$ 的表达式。

答案: $\dfrac{T}{p}=\dfrac{a^3\pi}{2}(K^2+1)^{1.5}$

5-3　已知一厚壁球壳,内半径为 7.6cm,外半径为 17.6cm,受内压 p 的作用,试求此厚壁球壳的弹性极限承载能力 p_e,塑性极限承载能力 p_s,以及当弹塑性区的分界半径 $r_s=12.6$cm 时的内压 p。设材料的屈服极限 $\sigma_s=588$MPa。

答案: $p_e=360.8$MPa,$p_s=988.6$MPa,$p=842.7$MPa

5-4　试用沙堆比拟法计算图 5-9 中截面的塑性极限扭矩,设材料的剪切屈服极限为 τ_s。

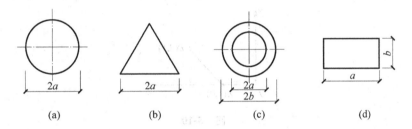

| (a) | (b) | (c) | (d) |

图　**5-9**

答案: (a) $T_s=\dfrac{2}{3}\pi a^3\tau_s$; (b) $T_s=\dfrac{2}{3}a^3\tau_s$; (c) $T_s=\dfrac{2}{3}\pi\tau_s(b^3-a^3)$;

(d) $T_s=\dfrac{b^3\tau_s}{3}+\dfrac{b^2(a-b)}{2}\tau_s$,$a>b$。

5-5　一满足 Mises 理想弹塑性规律的单元体,$\nu<0.5$,已知其受力状态为 $\sigma_x=\sigma$,$\sigma_y=0$,$\varepsilon_z=0$ 且 x、y、z 为主方向。

(1) 当 σ 从零增加到开始屈服,求对应的 σ_0 值。

(2) 当 $\sigma_x=\sigma_0$ 后继续加载到 $\sigma_x=\sigma_0+d\sigma$,求这时的 $d\sigma_z$ 及 $d\varepsilon_x^p$ 值。

提示及答案:

此为平面应变问题,$\sigma_z=\nu(\sigma_x+\sigma_y)$,$\varepsilon_z=0$;依据屈服条件计算屈服时的应力。继续加载时,应力增量满足增量形式的屈服条件;依据 $\varepsilon_z=0$,则 $d\varepsilon_z=0$,再根据增量型本构关系确定 $d\lambda$,即可确定 $d\varepsilon_x^p$、$d\varepsilon_y^p$,其中应力偏量 s_i 是取 $\sigma_x=\sigma_0$ 点的数值。

$$\sigma_0=\frac{\sigma_s}{\sqrt{1-\nu+\nu^2}},\quad d\sigma_z=\frac{2-\nu}{1-2\nu}d\sigma,\quad d\varepsilon_x^p=\frac{2(1-\nu+\nu^2)(2-\nu)}{E(1-2\nu)^2}d\sigma。$$

5-6 薄壁圆管受拉扭作用,对 Mises 理想弹塑性材料,$\nu = 0.5$,设无量纲应变表示为

$$\sigma = \frac{\sigma_z}{\sigma_s}, \quad \tau = \frac{\tau_{z\theta}}{\tau_s}, \quad \sigma_s = \sqrt{3}\,\tau_s$$

$$\varepsilon = \frac{\varepsilon_z}{\varepsilon_s}, \quad \gamma = \frac{\gamma_{\theta z}}{\gamma_s}, \quad \varepsilon_s = \frac{\gamma_s}{\sqrt{3}}$$

$$\varepsilon_s = \frac{\sigma_s}{E}, \quad \gamma_s = \frac{\tau_s}{G}, \quad E = 3G$$

加载路径为图 5-10 所示的 OAB。

(1) 在 AB 段如引进变换 $\sigma = \cos\beta$,证明增量本构方程可写为如下形式:

$$\frac{\mathrm{d}\beta}{\mathrm{d}\varepsilon} = -\sqrt{2}\sin\left(\beta - \frac{\pi}{4}\right)$$

(2) 用增量理论求 B 点处的 β_B、σ_B、τ_B 值。

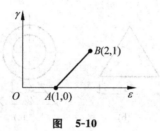

图 5-10

(3) 若 $\nu < 0.5$,用增量理论导出无量纲形式的本构关系;无量纲应变路径仍为 OAB,但 A、B 点的 ε、γ 值为 $A(1,0)$、$B(1,1)$。取 $\nu = \dfrac{1}{3}$ 时,求对应的 σ_B、τ_B 值。

(4) 若 $\nu < 0.5$,应用全量理论,导出无量纲形式的本构关系;取 $\nu = \dfrac{1}{3}$ 时,求 $\varepsilon = \gamma = 1$ 对应的 σ、τ 值。

(5) 改为 Tresca 屈服条件,$\sigma_s = 2\tau_s$,$\nu = 0.5$,导出增量理论的无量纲形式的本构关系;无量纲加载路径为 OAB,A、B 点的 ε、γ 值为 $A(1,0)$、$B(1,1)$,求对应的 σ_B、τ_B 值。

(6) 改为 Tresca 屈服条件,$\nu = 1/3$,导出增量理论的无量纲形式的本构关系;无量纲加载路径为 OAB,A、B 点的 ε、γ 值为 $A(1,0)$、$B(1,1)$,求对应的 σ_B、τ_B 值。

(7) 改为 Tresca 屈服条件,$\sigma_s = 2\tau_s$,$\nu = 0.5$,导出全量理论的无量纲形式的本构关系;取 $\nu = 0.5$ 和 $\nu = \dfrac{1}{3}$ 时,求 $\varepsilon = \gamma = 1$ 对应的 σ、τ 值。

提示及答案：

(1) 证明略。

(2) $\beta_B = 0.986, \sigma_B = 0.834, \tau_B = 0.552$

(3) $d\varepsilon = d\sigma + \dfrac{2(1+\nu)}{3} d\lambda' \cdot \sigma, d\gamma = d\tau + d\lambda' \cdot \tau, \sigma_B = 0.6618, \tau_B = 0.7497$

(4) 由 $e_z = \dfrac{2[1+\nu(\varepsilon)]}{3} \varepsilon_z$ 可求得

$$\frac{\sigma_z}{\tau_{z\theta}} = \frac{3e_z}{\gamma_{z\theta}} = 2[1+\nu(\varepsilon)]\frac{\varepsilon_z}{\gamma_{z\theta}}$$

无量纲化后得 $\dfrac{\sigma}{\tau} = \dfrac{1+\nu(\varepsilon)}{1+\nu} \cdot \dfrac{\varepsilon}{\gamma}$，再利用 $\sigma_z = \dfrac{1-2\nu(\varepsilon)}{1-2\nu}E\varepsilon_z$，可求得

$$\sigma = \frac{1-2\nu(\varepsilon)}{1-2\nu}\varepsilon, \quad \tau = \frac{1+\nu}{1-2\nu} \cdot \frac{1-2\nu(\varepsilon)}{1+\nu(\varepsilon)}\gamma$$

$\nu(\varepsilon)$ 可由条件 $\sigma^2 + \tau^2 = 1$ 解出。用 $\nu = \dfrac{1}{3}, \varepsilon = \gamma = 1$ 代入上式可解得

$$v(1) = 0.3801, \quad \sigma = 0.7192, \quad \tau = 0.6948$$

(5) 屈服条件可写成 $f = \sigma_z^2 + 2\tau_{z\theta}^2 + 2\tau_{\theta z}^2 = \sigma_s^2$，则有

$$d\varepsilon_z^p = 2\sigma_z d\lambda, \quad d\varepsilon_{z\theta}^p = 4\tau_{z\theta} d\lambda$$

无量纲化后的本构关系为

$$\sigma^2 + \tau^2 = 1, \quad d\varepsilon = d\sigma + \sigma d\lambda', \quad d\gamma = d\tau + \frac{4}{3}\tau d\lambda'$$

在 B 点有

$$\sigma_B = 0.681, \quad \tau_B = 0.732$$

(6) $d\varepsilon = d\sigma + d\lambda' \cdot \sigma, d\gamma = d\tau + 1.5 d\lambda' \cdot \tau; \sigma_B = 0.6946, \tau_B = 0.7194$

(7) 全量本构关系为

$$\varepsilon_z = \frac{\sigma_z}{E} + 2\lambda\sigma_z, \quad \gamma_{z\theta} = \frac{\sigma_{z\theta}}{G} + 8\lambda\sigma_{z\theta}$$

无量纲化后得

$$\sigma^2 + \tau^2 = 1, \quad \varepsilon = (1+\lambda')\sigma, \quad \gamma = \left(1 + \frac{2}{1+\nu}\lambda'\right)\tau$$

当 $\nu = 0.5$ 时，$\varepsilon = \gamma = 1$，解出 $\lambda' = 0.35827, \sigma = 0.73623, \tau = 0.67673$。

当 $\nu = \dfrac{1}{3}$ 时，$\varepsilon = \gamma = 1$，解出 $\lambda' = 0.33736, \sigma = 0.74774, \tau = 0.66399$。

5-7　半径为 a 的简支圆板，受半径为 c 的均布载荷 p 的作用，如图 5-11 所示，总外荷载为 $P = \pi c^2 p$。

(1) 采用 Tresca 刚塑性模型，计算极限外荷载 P_s 及对应的 $M_r(r)$ 分布规律。

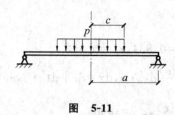

图 5-11

(2) 若边界为固支边,分别对 $\dfrac{c}{a}=0.1$ 及 0.9 两种情形求极限外荷载 P_s 及对应的 $M_r(r)$ 分布规律。

提示及答案:

(1) $P_s=\dfrac{6\pi M_s}{3-2\dfrac{c}{a}}$, $\quad M_r(r)=\begin{cases} M_s\left(1-\dfrac{1}{3-2\dfrac{c}{a}}\cdot\dfrac{r^2}{c^2}\right), & 0\leqslant r\leqslant c \\[4mm] \dfrac{2M_s}{3-2\dfrac{c}{a}}\cdot\dfrac{c}{r}\left(1-\dfrac{r}{a}\right), & c\leqslant r\leqslant a \end{cases}$

(2) 记 $M_r=0$ 的点为 $r=d$,当 $\dfrac{c}{a}=0.1$ 时,设 $c<d$ 可求得 $d=0.18a$(满足假定),则有 $P_s=3.17\pi M_s$。

$$M_r(r)=\begin{cases} M_s-\dfrac{1}{6}pr^2, & 0\leqslant r\leqslant c \\[4mm] \dfrac{pc^3}{3r}+M_s-\dfrac{pc^2}{2}, & c\leqslant r\leqslant d \\[4mm] M_s\left(1-\dfrac{3}{3-2\dfrac{c}{d}}\right)\ln\dfrac{r}{d}, & d\leqslant r\leqslant a \end{cases}$$

当 $\dfrac{c}{a}=0.9$ 时,设 $d<c$,得 $d=0.72a$(满足假定),则有 $P_s=9.375\pi M_s$。

$$M_r(r)=\begin{cases} M_s-\dfrac{1}{6}pr^2, & 0\leqslant r\leqslant d \\[4mm] M_s\ln\dfrac{r}{d}+\dfrac{p}{4}(d^2-r^2), & d\leqslant r\leqslant c \\[4mm] M_s\left[-1+\left(1-\dfrac{3c^2}{d^2}\right)\ln\dfrac{r}{d}\right], & c\leqslant r\leqslant a \end{cases}$$

第 6 章
平面应变问题的刚塑性分析

　　工程问题常常可以简化为平面应变问题,因此平面应变问题求解是必要的。弹性力学中已研究过平面应变问题,它的力学模型为两端受固定约束的等截面柱体,柱体横截面上受力沿轴向不变。一般来说,若柱体很长,两端具体的约束条件不影响离端头稍远些的中间段柱体变形,则可以看成是平面应变问题。如边坡工程中的挡土墙、建筑物下部的条形基础、水利工程中的重力坝等问题,如果变形较大或由于只寻求其塑性极限承载力,可以考虑采用理想刚塑性平面应变问题来分析。

　　本章将简要讨论**刚性理想塑性体的平面应变问题**。刚性理想塑性模型不计材料的弹性变形,即假定当应力不满足屈服条件时($f<0$),材料是刚性的;当应力满足屈服条件时($f=0$),材料则可"无限地"发生塑性变形(塑性流动)。因此,在载荷作用下,刚性理想塑性体没有弹性变形阶段和弹塑性变形阶段。当载荷小于某一值时,物体内即使有一部分材料已经到达屈服状态(称为**塑性区**),但因周围刚性区的约束,这部分材料不能发生变形,从而整个物体仍然呈现为刚性的。载荷继续增加,塑性区相应扩大,直到塑性区扩大到一定范围,以致相邻的刚性区不能限制塑性区的自由变形(称为**塑性流动区**),于是,物体将在不变的载荷作用下产生无限制的塑性变形,即物体到达**塑性极限状态**,与之对应的载荷即为**塑性极限载荷**。弹性理想塑性体在载荷作用下也会出现塑性极限状态,但在塑性极限状态到达之前,物体将经历弹性变形和弹塑性变形两个阶段。在小变形条件下,这两个阶段所产生的变形对物体几何尺寸的影响可以略去不计,如同物体没有变形一样。

于是,如果只需要确定塑性极限载荷和塑性极限状态的应力分布及速度分布,不需研究塑性极限状态到达前的全部变形过程,则可采用刚性理想塑性模型来直接计算塑性极限载荷和与之对应的应力分布和速度分布,所得结果与弹性理想塑性模型的基本相同,但计算工作却大为简化。显然,在刚性理想塑性体发生塑性流动时,变形都是塑性的。为简便计,本章都将标记塑性应变的角标"p"省去。

6.1 基本方程

1. 几何方程

在笛卡儿坐标系(x,y,z)内,设物体在塑性极限状态下所有质点只在平行于坐标面Oxy的平面内移动,沿z坐标轴的分位移等于零;于是,各个力学量,如应力、应变或应变率、位移或速度等都只是坐标(x,y)的函数。这类问题就是**平面应变问题**。设以v表示某点的速度,则有

$$v_x = v_x(x,y), \quad v_y = v_y(x,y), \quad v_z = 0$$

可得几何关系为

$$\begin{cases} \dot{\varepsilon}_x = \dfrac{\partial v_x}{\partial x}, \quad \dot{\varepsilon}_y = \dfrac{\partial v_y}{\partial y}, \quad \dot{\varepsilon}_{xy} = \dfrac{1}{2}\left(\dfrac{\partial v_x}{\partial y} + \dfrac{\partial v_y}{\partial x}\right) \\ \dot{\varepsilon}_z = \dot{\varepsilon}_{zx} = \dot{\varepsilon}_{zy} = 0 \end{cases} \tag{6-1}$$

2. 本构关系

采用列维-米泽斯关系式

$$\dot{\varepsilon}_{ij} = \dot{\lambda} s_{ij}$$

考虑几何关系,有

$$s_z = s_{zx} = s_{zy} = \sigma_{zx} = \sigma_{zy} = 0$$

又由于

$$s_z = \sigma_z - \frac{1}{3}(\sigma_x + \sigma_y + \sigma_z)$$

可知

$$\sigma_z = \frac{1}{3}(\sigma_x + \sigma_y + \sigma_z) = \sigma_m$$

即

$$\sigma_z = \frac{1}{2}(\sigma_x + \sigma_y)$$

于是,对于各向同性材料,剪应力分量 σ_{zx} 及 σ_{zy} 等于零,σ_z 是主应力之一且是中间主应力。另外两个主应力(记为 σ_1 和 σ_2)为

$$\sigma_{1,2} = \frac{1}{2}(\sigma_x + \sigma_y) \pm \frac{1}{2}\sqrt{(\sigma_x - \sigma_y)^2 + 4\tau_{xy}^2}$$

在这里,σ_1 和 σ_2 表示在 Oxy 坐标面内的两个主应力,因此有 $\sigma_1 > \sigma_z > \sigma_2$。

偏应力为

$$s_x = \frac{1}{2}(\sigma_x - \sigma_y)$$

$$s_y = \frac{1}{2}(\sigma_y - \sigma_x) = -s_x$$

$$s_z = 0$$

此时,本构关系可写为

$$\frac{\dot{\varepsilon}_x}{s_x} = \frac{\dot{\varepsilon}_y}{s_y} = \frac{\dot{\varepsilon}_{xy}}{s_{xy}} = \dot{\lambda} \geqslant 0 \qquad (6\text{-}2a)$$

由于 $\dot{\lambda}$ 未知,上式中只有两个独立方程。为方便使用,将上式写成如下形式:

$$\frac{\dot{\varepsilon}_x - \dot{\varepsilon}_y}{2s_x} = \frac{\dot{\varepsilon}_{xy}}{s_{xy}}, \quad \dot{\varepsilon}_x + \dot{\varepsilon}_y = 0 \qquad (6\text{-}2b)$$

后一式就是体积不可压缩条件。

3. 屈服条件

设 $f = 0$ 是屈服函数。在塑性流动区内,恒有

$$f(\sigma_1, \sigma_2, \sigma_z) = 0$$

$$\mathrm{d}f = \frac{\partial f}{\partial \sigma_1}\mathrm{d}\sigma_1 + \frac{\partial f}{\partial \sigma_2}\mathrm{d}\sigma_2 + \frac{\partial f}{\partial \sigma_z}\mathrm{d}\sigma_z = 0$$

根据流动法则,在平面应变情况下,有

$$\dot{\varepsilon}_z = \dot{\lambda}\frac{\partial f}{\partial \sigma_z} = 0$$

因为物体已到达塑性极限状态,$\dot{\lambda} > 0$,所以由上式可得

$$\frac{\partial f}{\partial \sigma_z} = 0$$

又因材料的屈服与静水压力无关,所以有

$$\frac{\partial f}{\partial \sigma_m} = 0, \quad \sigma_m = \frac{1}{3}(\sigma_1 + \sigma_2 + \sigma_z)$$

上式可写成

$$\frac{\partial f}{\partial \sigma_1} + \frac{\partial f}{\partial \sigma_2} + \frac{\partial f}{\partial \sigma_z} = \frac{\partial f}{\partial \sigma_1} + \frac{\partial f}{\partial \sigma_2} = 0$$

即

$$\frac{\partial f}{\partial \sigma_1} = -\frac{\partial f}{\partial \sigma_2}$$

在塑性屈服区有 $f=0$ 和 $\mathrm{d}f=0$,因此有

$$\mathrm{d}\sigma_1 - \mathrm{d}\sigma_2 = 0$$

积分上式,可得平面应变条件下的屈服条件为

$$\sigma_1 - \sigma_2 = 常数 \quad 或 \quad (\sigma_x - \sigma_y)^2 + 4\tau_{xy}^2 - 4k^2 = 0 \tag{6-3}$$

式中 k 为材料常数。不同的屈服条件,k 取值不同。例如对于 Mises 条件,$k = \tau_s = \dfrac{\sigma_s}{\sqrt{3}}$;对于 Tresca 条件,$k = \tau_s = \dfrac{\sigma_s}{2}$。顺便指出,在平面应变条件下,任何与静水压力无关的屈服条件的函数形式均为式(6-3)。注意,式(6-3)在 σ-τ 平面表示直径或半径恒为常数的圆。

4. 平衡方程

在 Oxy 平面上的平衡方程为(不计体积力)

$$\begin{cases} \dfrac{\partial \sigma_x}{\partial x} + \dfrac{\partial \tau_{yx}}{\partial y} = 0 \\[3mm] \dfrac{\partial \tau_{xy}}{\partial x} + \dfrac{\partial \sigma_y}{\partial y} = 0 \end{cases} \tag{6-4}$$

至此,塑性区的基本方程已全部确定,这些方程包括平衡方程、几何方程、本构关系(流动法则、屈服条件、体积不可压缩条件)等。

如果给定适当的应力边界条件,则由三个应力方程式(屈服条件、平衡方程)可以确定塑性流动区内的三个应力。这种问题称为"静定问题"。当应力分布已知,则可以根据本构关系确定应变率,最后再根据几何关系确定速度分布。

如果给定部分边界或全部边界上的速度边界条件,那么在本构关系中应考虑几何关系,问题就变成了以 x、y 为自变量的一阶拟线性偏微分方程组的求解。

在刚性区,应变率场为零,所有不违背屈服条件、平衡方程及应力边界条件的应力场都是适用的,而这样的应力场是不唯一的。如果得到了塑性区的应力解,并使本构关系中的 $\dot\lambda > 0$,即塑性耗散功率为负,又得到刚性区的应力场,则此应力场为该问题的完全解。如果不能校核刚性区内的应力

是否违反了屈服条件,那么对应的应力场为真实应力场的上限。

对于理想刚塑性材料的平面应变问题,在塑性流动区的应力分布一般是唯一的,对应的塑性极限载荷也是唯一的,而速度场只能确定一个未定因子(类似塑性本构关系中的 $\dot{\lambda}$)。从基本方程看,该问题有确定的方程,但由于数学求解上的困难,往往无法得到完全解。20 世纪初 Hencky 对该问题从偏微分方程的角度入手,提出了滑移线(数学上为偏微分方程的特征线)理论,通过研究塑性变形过程中的力学参数来解决一些如机械制造方面的工艺问题。下面介绍滑移线理论。

6.2 滑 移 线

1. 基本规定

根据平面应变问题的屈服条件,在塑性流动区内,任一点的应力必然位在一个半径为 k 的应力圆上(图 6-1)。图中点 X 和 Y 分别为 x 轴和 y 轴方向的应力点,其坐标值等于所在截面的应力分量。α 点和 β 点为剪应力的极值点。从图 6-1 可见,在 α 和 β 这两个正交方向上,正应力相等,且等于平均应力 $\sigma_{\mathrm{m}}=\dfrac{\sigma_x+\sigma_y}{2}$;剪应力则在数值上等于 $k=\tau_{\mathrm{s}}$。这里 α 点对应于负剪应力所在的截面(此处按材料力学的符号规定,使单元体顺时针转的剪应力为正),称为 α 截面,该截面的方向称为 α 方向。从 α 方向到最大主应力方向是逆时针转动 $\dfrac{\pi}{4}$,从 β 方向到最大主应力方向是顺时针转动 $\dfrac{\pi}{4}$。因此,过塑性流动区内的任一点,有两个互相正交的主应力方向(用 σ_1 和 σ_2 表示)和两个互相正交的主剪切方向(用 α 和 β 表示),φ 表示由 x 轴转到大主应力方向的夹角(逆时针为正),θ 表示由 x 轴转到 α 方向的夹角,如图 6-2 所示。因此有

$$\varphi=\theta+\frac{\pi}{4} \tag{6-5}$$

这样一来,在塑性流动区内将可作两族相互正交的曲线,任一点处两曲线的切线方向分别为 α 方向和 β 方向。这样的曲线分别称为 α 线和 β 线。设在塑性流动区内任一点处,取 α、β 为局部坐标,则在屈服条件式中,将脚标 x、y 分别用 α、β 代换,而且有 $\sigma_\alpha=\sigma_\beta=\sigma_{\mathrm{m}}$,$\tau_{\alpha\beta}=k$,因此有 $s_\alpha=s_\beta=0$,于是有

$$\dot{\varepsilon}_\alpha=\dot{\varepsilon}_\beta=0$$

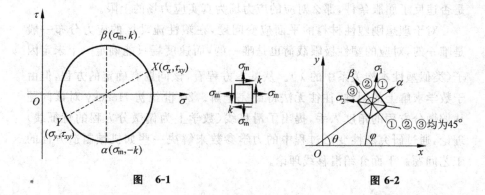

图 6-1　　　　　　　　　　　　　　　　图 6-2

即在主剪切方向（即 α 和 β 方向），线应变率恒等于零。由此可见，在塑性流动区内任一点处，恒存在三个零伸长方向，即 α 方向、β 方向和 z 轴方向。材料将沿主剪切面滑移（发生剪应变）。因此称 α 线和 β 线为**滑移线**。最大、最小主应力可表示为

$$\sigma_1 = \sigma_m + k, \quad \sigma_3 = \sigma_m - k$$

利用转角公式，塑性区的应力 σ_x、σ_y、τ_{xy} 可用 σ_m、φ 或 σ_m、θ 表示：

$$\begin{cases} \sigma_x = \sigma_m + k\cos2\varphi \\ \sigma_y = \sigma_m - k\cos2\varphi, \\ \tau_{xy} = k\sin2\varphi \end{cases} \quad \text{或} \quad \begin{cases} \sigma_x = \sigma_m - k\sin2\theta \\ \sigma_y = \sigma_m + k\sin2\theta \\ \tau_{xy} = k\cos2\theta \end{cases}$$

上式表达的应力是自动满足屈服条件的。这样计算三个应力 σ_x、σ_y、τ_{xy} 的问题就转化为计算 σ_m、φ 或 σ_m、θ。

为方便从数学角度解释滑移线，下面简要介绍将要用到的数学物理方程知识。

2. 数学物理方程知识

方程组

$$\begin{cases} a_{11}\dfrac{\partial u_1}{\partial x} + a_{12}\dfrac{\partial u_2}{\partial x} + b_{11}\dfrac{\partial u_1}{\partial y} + b_{12}\dfrac{\partial u_2}{\partial y} + d_1 = 0 \\[2mm] a_{21}\dfrac{\partial u_1}{\partial x} + a_{22}\dfrac{\partial u_2}{\partial x} + b_{21}\dfrac{\partial u_1}{\partial y} + b_{22}\dfrac{\partial u_2}{\partial y} + d_2 = 0 \end{cases} \tag{6-6}$$

式中的 a_{ij}、b_{ij}、d_i 是 x、y 及 u_1、u_2 的光滑函数时，上式就是关于 u_1、u_2 的一阶拟线性偏微分方程组。在一光滑曲线 L：$y = y(x)$ 上给定 u_1、u_2 的值，则沿此光滑曲线 L 的微分可写成

$$
\begin{cases}
\dfrac{\partial u_1}{\partial x}\mathrm{d}x + \dfrac{\partial u_1}{\partial y}\mathrm{d}y = \mathrm{d}u_1 \\[3mm]
\dfrac{\partial u_2}{\partial x}\mathrm{d}x + \dfrac{\partial u_2}{\partial y}\mathrm{d}y = \mathrm{d}u_2
\end{cases}
\tag{6-7}
$$

若由式(6-6)和式(6-7)所决定的关于 $\dfrac{\partial u_1}{\partial x}$、$\dfrac{\partial u_1}{\partial y}$、$\dfrac{\partial u_2}{\partial x}$、$\dfrac{\partial u_2}{\partial y}$ 的系数行列式

$$
\Delta = \det(a_{ij}\mathrm{d}y - b_{ij}\mathrm{d}x) = \begin{vmatrix} a_{11}\mathrm{d}y - b_{11}\mathrm{d}x & a_{12}\mathrm{d}y - b_{12}\mathrm{d}x \\ a_{21}\mathrm{d}y - b_{21}\mathrm{d}x & a_{22}\mathrm{d}y - b_{22}\mathrm{d}x \end{vmatrix}
$$

不等于零时,那么就能唯一确定曲线 L 上 u_1、u_2 的所有一阶偏导数;反之,如果

$$
\Delta = 0 \tag{6-8}
$$

就不能唯一确定曲线 L 上关于 u_1、u_2 的所有一阶偏导数。当在曲线 L 上行列式处处为零,称曲线 L 为此一阶拟线性偏微分方程组的特征线,曲线 L 的切线方向 $\dfrac{\mathrm{d}y}{\mathrm{d}x}$ 是特征方向。特征线 L 上 u_1、u_2 的值必满足一定关系。

若方程组(6-6)在某一区域中的每一点上,式(6-8)都有两个相异的实根,则称方程组(6-6)对于该解是狭义双曲线型的,此时区域中每点都有两条实的特征线通过。若在某区域中每一点,式(6-8)都无实根,则称方程组(6-6)对该解是椭圆型的。

下面将用这些数学工具来分析应力方程和速度方程。

3. 滑移线场理论

将塑性区的应力代入平衡方程,有

$$
\begin{cases}
\dfrac{\partial \sigma_{\mathrm{m}}}{\partial x} - 2k\left(\cos2\theta\,\dfrac{\partial \theta}{\partial x} + \sin2\theta\,\dfrac{\partial \theta}{\partial y}\right) = 0 \\[3mm]
\dfrac{\partial \sigma_{\mathrm{m}}}{\partial y} - 2k\left(\sin2\theta\,\dfrac{\partial \theta}{\partial x} - \cos2\theta\,\dfrac{\partial \theta}{\partial y}\right) = 0
\end{cases}
\tag{6-9}
$$

将 σ_{m} 看作函数 u_1,将 θ 看作函数 u_2,则一阶拟线性偏微分方程组(式(6-6))的系数矩阵是

$$
(a_{ij}) = \begin{bmatrix} 1 & -2k\cos2\theta \\ 0 & -2k\sin2\theta \end{bmatrix}, \quad (b_{ij}) = \begin{bmatrix} 0 & -2k\sin2\theta \\ 1 & 2k\cos2\theta \end{bmatrix}, \quad (d_i) = \begin{bmatrix} 0 \\ 0 \end{bmatrix}
$$

对应的系数行列式

$$
\Delta = \det(a_{ij}\mathrm{d}y - b_{ij}\mathrm{d}x) = \begin{vmatrix} y' & (-2k\cos2\theta)y' + 2k\sin2\theta \\ -1 & (-2k\sin2\theta)y' - 2k\cos2\theta \end{vmatrix} = 0
$$

即

$$(y')^2 + 2\cot 2\theta \cdot y' - 1 = (y' - \tan\theta)(y' + \cot\theta) = 0$$

$\left(\text{注：} \cot 2\theta = \dfrac{1}{2}(\cot\theta - \tan\theta)\right)$ 上式的两个根为

$$\frac{\mathrm{d}y}{\mathrm{d}x} = \tan\theta, \qquad \frac{\mathrm{d}y}{\mathrm{d}x} = -\cot\theta$$

此即特征线的微分方程式。这两族特征线就是最大剪应力线（α 线和 β 线），在塑性力学中又称为滑移线。

如图 6-3 所示，假定在 Oxy 平面内沿某一曲线 L（L 的方程 $x = x(S)$，$y = y(S)$），已知 $\sigma_\mathrm{m}(x,y)$、$\theta(x,y)$，则 $\dfrac{\partial\sigma_\mathrm{m}}{\partial S}$、$\dfrac{\partial\theta}{\partial S}$ 也是可知的，如 S_1、S_2 为 L 曲线上 P 点的切线和外法线。以 S_1、S_2 为局部坐标，则式(6-9)仍保持原来的形式，即

$$\frac{\partial\sigma_\mathrm{m}}{\partial S_1} - 2k\left(\cos 2\theta\,\frac{\partial\theta}{\partial S_1} + \sin 2\theta\,\frac{\partial\theta}{\partial S_2}\right) = 0$$

$$\frac{\partial\sigma_\mathrm{m}}{\partial S_2} - 2k\left(\sin 2\theta\,\frac{\partial\theta}{\partial S_1} - \cos 2\theta\,\frac{\partial\theta}{\partial S_2}\right) = 0$$

此处 θ 由 S_1 轴算起。

下面考察沿滑移线的 σ_m、θ 变化规律。沿 α 线和 β 线的弧微分（见图 6-4）：

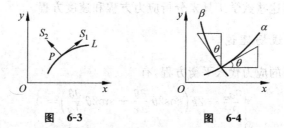

图 6-3　　　　　　　　图 6-4

$$\frac{\partial}{\partial S_\alpha} = \frac{\partial}{\partial x}\cdot\frac{\partial x}{\partial S_\alpha} + \frac{\partial}{\partial y}\cdot\frac{\partial y}{\partial S_\alpha} = \frac{\partial}{\partial x}\cdot\cos\theta + \frac{\partial}{\partial y}\cdot\sin\theta$$

$$\frac{\partial}{\partial S_\beta} = \frac{\partial}{\partial x}\cdot\frac{\partial x}{\partial S_\beta} + \frac{\partial}{\partial y}\cdot\frac{\partial y}{\partial S_\beta} = \frac{\partial}{\partial x}\cdot(-\sin\theta) + \frac{\partial}{\partial y}\cdot\cos\theta$$

σ_m 沿滑移线求导并考虑塑性区的平衡方程，有

$$\frac{\partial\sigma_\mathrm{m}}{\partial s_\alpha} = \cos\theta\,\frac{\partial\sigma_\mathrm{m}}{\partial x} + \sin\theta\,\frac{\partial\sigma_\mathrm{m}}{\partial y} = 2k\,\frac{\partial\theta}{\partial s_\alpha}$$

$$\frac{\partial\sigma_\mathrm{m}}{\partial s_\beta} = -\sin\theta\,\frac{\partial\sigma_\mathrm{m}}{\partial x} + \cos\theta\,\frac{\partial\sigma_\mathrm{m}}{\partial y} = -2k\,\frac{\partial\theta}{\partial s_\beta}$$

即

$$沿\ \alpha\ 线:\frac{\partial}{\partial s_\alpha}(\sigma_m - 2k\theta) = 0$$

$$沿\ \beta\ 线:\frac{\partial}{\partial s_\beta}(\sigma_m + 2k\theta) = 0$$

因此有

$$\begin{cases} 沿\ \alpha\ 线:\sigma_m - 2k\theta = \eta \quad (常数) \\ 沿\ \beta\ 线:\sigma_m + 2k\theta = \xi \quad (常数) \end{cases} \tag{6-10}$$

上式实际上是在滑移线上由 σ_m、θ 表示的平衡方程。若已知滑移线的形状，即已知 θ 的变化规律，则在滑移线上 σ_m 的变化规律也就确定了。

下面考察沿滑移线的速度变化规律。

塑性区的应力有 $-\tan2\theta = \dfrac{\sigma_x - \sigma_y}{2\tau_{xy}}$，考虑几何方程，本构关系式（6-2b）变为

$$\left(\frac{\partial v_x}{\partial x} - \frac{\partial v_y}{\partial y}\right) + \tan2\theta\left(\frac{\partial v_x}{\partial y} + \frac{\partial v_y}{\partial x}\right) = 0$$

$$\frac{\partial v_x}{\partial x} + \frac{\partial v_y}{\partial y} = 0$$

将 v_x 看作函数 u_1，将 v_y 看作函数 u_2，则一阶拟线性偏微分方程组（式（6-6））的系数矩阵是

$$(a_{ij}) = \begin{pmatrix} 1 & \tan2\theta \\ 1 & 0 \end{pmatrix}, \quad (b_{ij}) = \begin{pmatrix} \tan2\theta & -1 \\ 0 & 1 \end{pmatrix}, \quad (d_i) = \begin{pmatrix} 0 \\ 0 \end{pmatrix}$$

对应的系数行列式

$$\Delta = \det(a_{ij}\mathrm{d}y - b_{ij}\mathrm{d}x) = \begin{vmatrix} y' - \tan2\theta & (\tan2\theta)y' + 1 \\ y' & -1 \end{vmatrix} = 0$$

即

$$(y')^2 + 2\cot2\theta \cdot y' - 1 = (y' - \tan\theta)(y' + \cot\theta) = 0$$

因此，关于速度的特征线方程仍然为

$$\frac{\mathrm{d}y}{\mathrm{d}x} = \tan\theta, \quad \frac{\mathrm{d}y}{\mathrm{d}x} = -\cot\theta$$

速度的特征线方程与应力的特征线方程相同，即滑移线是相同的，或者说二者是重合的。由此说明，最大剪应力与最大剪应变率的方向是一致的。速度在特征线上的性质分析方法与应力的相类似，这里给出其结果：

$$沿\ \alpha\ 线:\mathrm{d}v_\alpha - v_\beta\mathrm{d}\theta = 0$$

$$沿\ \beta\ 线:\mathrm{d}v_\beta + v_\alpha\mathrm{d}\theta = 0$$

由于滑移线方向是零伸长方向,所以在塑性流动中滑移线长度不变,称为**滑移线的刚性化**。

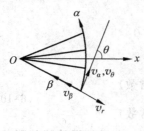

图 6-5

在均匀应力状态滑移线场内,$d\theta = 0$,因此 $dv_\alpha = dv_\beta = 0$,表明在该区域内,速度场是均匀的,如同刚体那样作刚性运动。如果在某区域内,已知 $v_\alpha = 0$ 或 $v_\beta = 0$,则可知在该区域内,质点速度的大小为常数,其方向则沿 α 线(当 $v_\beta = 0$)或 β 线(当 $v_\alpha = 0$)。

在中心扇形滑移场内,沿直线滑移线,速度分量不变。设 β 线为直线(图 6-5),则知

$$v_\beta = v_\beta(\theta)$$

沿 α 线,速度变化规律为

$$dv_\alpha = v_\beta(\theta)d\theta$$

采用极坐标,取扇形的中心 O 为极点,则 $v_\beta = v_r$,$v_\alpha = v_\theta$,于是有

$$v_r = v_r(\theta)$$

$$dv_\alpha = dv_\theta = v_r(\theta)d\theta$$

上式是速度沿 α 线的变化规律,也可以写成

$$\frac{dv_\theta}{d\theta} = v_r(\theta)$$

当 $v_r(0)$ 已知时,积分上式可得

$$v_\theta = \int v_r(\theta)d\theta + g(r) = f(\theta) + g(r)$$

函数 g 由 $\theta = 0$ 处的 v_θ 值确定。

4. 滑移线性质

1) 沿线性质

若滑移线场已知,则由场中某一点的 σ_m 值就可求出场内任一点的 σ_m 值。

【证明】 在滑移线场内某条滑移线,设为 α 线(β 线的分析方法是类似的),在其上取两点,分别为 A 和 B,若 A 点的 σ_{mA} 已知,则根据性质

$$沿 \alpha 线:\sigma_m - 2k\theta = \eta$$

有

$$\sigma_{mA} - 2k\theta_A = \eta, \quad \sigma_{mB} - 2k\theta_B = \eta$$

则

$$\sigma_{mB} - \sigma_{mA} = 2k(\theta_B - \theta_A)$$

因此 σ_{mB} 可求出。以此类推，场内任一点的 σ_m 值即可求出。

2）跨线性质（Henky 第一定理）

在同族的两条滑移线与另一族滑移线的交点上，其切线间的夹角和平均应力的变化值不随另一族滑移线的改变而改变。即从一根滑移线跨到同族另一根滑移线上时，所转过的角度 $\Delta\theta$ 和平均应力的变化值 $\Delta\sigma_m$ 分别是相同的。

【证明】 如图 6-6 所示。α_1 线由 β_1 和 β_2 线跨到 α_2 线时，其转过的角度分别为 $\Delta\theta_{AB}$ 和 $\Delta\theta_{CD}$，现证明

$$\Delta\theta_{AB} = \Delta\theta_{CD}$$

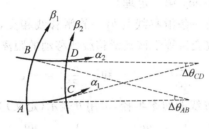

图 6-6

根据

$$沿\ \alpha\ 线：\sigma_m - 2k\theta = \eta$$

$$沿\ \beta\ 线：\sigma_m + 2k\theta = \xi$$

则有

$$\sigma_{mB} - \sigma_{mA} = -2k(\theta_B - \theta_A)$$

$$\sigma_{mD} - \sigma_{mB} = 2k(\theta_D - \theta_B)$$

$$\sigma_{mD} - \sigma_{mC} = -2k(\theta_D - \theta_C)$$

$$\sigma_{mC} - \sigma_{mA} = 2k(\theta_C - \theta_A)$$

将前两式和后两式分别相加，则有

$$\sigma_{mD} - \sigma_{mA} = 2k(\theta_D - 2\theta_B + \theta_A)，\quad \sigma_{mD} - \sigma_{mA} = 2k(2\theta_C - \theta_D - \theta_A)$$

即

$$2k(\theta_D - 2\theta_B + \theta_A) = 2k(2\theta_C - \theta_D - \theta_A)$$

整理上式后有

$$\theta_A - \theta_B = \theta_C - \theta_D$$

因此有

$$\Delta\theta_{AB} = \Delta\theta_{CD}$$

类似的方法可证明 $\Delta\sigma_{mAB}=\Delta\sigma_{mCD}$。此为跨线性质的证明。

由此性质可推知以下两种特殊应力状态：

（1）简单应力状态

两族滑移线中若一族滑移线中有直线段，则位于另一族滑移线段其间的所有该族滑移线段都是直线。由于滑移线直线段上的平均应力和角度 θ 都是常数，所以，沿同一直线段上的应力是不变的，即各点应力状态相同。但不同的直线段具有不同的角度 θ，从而有不同的平均应力。

（2）均匀应力状态

如果在某区域内两族滑移线都是直线，则该区域内各点的应力状态相同。

3）几何定理（*Henky* 第二定理）

某族滑移线中的一条滑移线与另一族滑移线相交，则在交点处另一族滑移线的曲率半径改变量等于该条滑移线所移动的距离，即

$$\frac{\partial R_\alpha}{\partial S_\beta}=-1 \quad \text{和} \quad \frac{\partial R_\beta}{\partial S_\alpha}=-1$$

其中，R_α 和 R_β 为 α、β 线的曲率半径，可用 θ 表示（定义）为

$$\frac{1}{R_\alpha}=\frac{\partial\theta_\alpha}{\partial S_\alpha} \quad \text{和} \quad \frac{1}{R_\beta}=-\frac{\partial\theta_\beta}{\partial S_\beta}$$

规定曲率半径的中心位于另一族滑移线的正方向上为正，反之为负。

【证明】 如图 6-7 所示。β 族滑移线与 α 线相交的弧元为 ΔS_α，按几何关系，该弧元的 $\Delta\theta_\alpha$（C 点 θ 值与 A 点 θ 值之差）

$$\Delta\theta_\alpha=\frac{\Delta\theta_\alpha\delta S_\beta}{\delta S_\beta}=\frac{\overset{\frown}{AC}-\overset{\frown}{BD}}{\overset{\frown}{AB}}=-\frac{\partial(\Delta S_\alpha)}{\partial S_\beta}$$

式中 δS_β 表示沿 β 线的弧微分。

（注：$\overset{\frown}{AC}=\Delta\theta_\alpha\cdot R_{\alpha_1}$，$\overset{\frown}{BD}=\Delta\theta_\alpha\cdot R_{\alpha_2}$，$\Delta\theta_\alpha\cdot(R_{\alpha_1}-R_{\alpha_2})=\overset{\frown}{AC}-\overset{\frown}{BD}$，$R_{\alpha_1}-R_{\alpha_2}=\overset{\frown}{AB}=\delta S_\beta$）

根据曲率半径的定义有

$$\Delta S_\alpha=R_\alpha\cdot\Delta\theta_\alpha$$

再根据 Hencky 第一定理有

$$\frac{\partial(\Delta\theta_\alpha)}{\partial S_\beta}=0$$

因此，可得

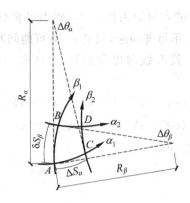

图 6-7

$$\Delta\theta_\alpha = -\frac{\partial(R_\alpha \cdot \Delta\theta_\alpha)}{\partial S_\beta} = -\Delta\theta_\alpha\left(\frac{\partial R_\alpha}{\partial S_\beta}\right) - R_\alpha\left[\frac{\partial(\Delta\theta_\alpha)}{\partial S_\beta}\right] = -\Delta\theta_\alpha\left(\frac{\partial R_\alpha}{\partial S_\beta}\right)$$

即

$$\frac{\partial R_\alpha}{\partial S_\beta} = -1$$

类似地,还有

$$\frac{\partial R_\beta}{\partial S_\alpha} = -1$$

于是,第一式得证。同理可证第二式。

为沿线上使用方便,将该性质改写为

$$沿 \alpha 线: \mathrm{d}R_\beta + R_\alpha \mathrm{d}\theta = 0$$
$$沿 \beta 线: \mathrm{d}R_\alpha - R_\beta \mathrm{d}\theta = 0$$

用这一性质来分析滑移线形状时,有如下三条推论:

【推论 6-1】 α 族滑移线与某一条 β 族滑移线交点处的曲率中心的轨迹形成 β 线的渐伸线,反之亦然。

【推论 6-2】 同族滑移线的凹向相同。

【推论 6-3】 若 α 族滑移线有一段直线,则被 β 族滑移线所截的相应各条 α 族线段应为直线段且长度相等。

6.3 间 断 线

1. 应力间断

设 L 为塑性区中的一条应力间断线,在其上取一微元,沿 L 线方向记为

切向 T,与 L 线相垂直的方向记为法向 N,则由平衡分析可知,三个应力分量 σ_N、σ_T、τ_{NT} 中,σ_N、τ_{NT} 不可能间断,只有 σ_T 有可能间断。

下面分析间断值。设 L 线两边分别为(1)区和(2)区,由于两侧均满足屈服条件,则有

$$(\sigma_N^{(1)} - \sigma_T^{(1)})^2 + 4(\tau_{NT}^{(1)})^2 = 4k^2$$

$$(\sigma_N^{(2)} - \sigma_T^{(2)})^2 + 4(\tau_{NT}^{(2)})^2 = 4k^2$$

由于 σ_N、τ_{NT} 不可能间断,即

$$\sigma_N^{(1)} = \sigma_N^{(2)}, \quad \tau_{NT}^{(1)} = \tau_{NT}^{(2)}$$

故有

$$\sigma_T^{(1)} - \sigma_T^{(2)} = 4\sqrt{k^2 - \tau_{NT}^2}$$

或记为

$$[|\sigma_T|] = 4\sqrt{k^2 - \tau_{NT}^2}$$

$[||]$ 为间断值符号。$4\sqrt{k^2 - \tau_{NT}^2}$ 即为间断量。同时,从上式可看出,L 是应力间断线的充要条件为 $|\tau_{NT}| \leqslant k$。

2. 速度间断

设 L 为塑性区中的速度间断线。由于要求材料的连续性(即在一点处不发生堆叠和裂缝),在 L 线上取一微元,若法向和切向的规定同应力间断线,则法向速度必须连续,切向速度则有可能间断,即 L 线两侧发生错动的情形。

3. 间断线性质

【性质 6-1】 应力间断线必定不是滑移线,反之,滑移线必定不是应力间断线。

【证明】 在滑移线上有 $|\tau| = k$,因此在应力间断线上有

$$[|\sigma_T|] = 4\sqrt{k^2 - \tau_{NT}^2} = 0$$

这就说明滑移线上应力间断量为零,即无间断值,因此滑移线不是间断线;反之亦然。

【性质 6-2】 如果沿某条滑移线移动时,其曲率半径发生跳跃,此处相应的平均应力微商也发生跳跃。

【证明】 以 α 族的一条滑移线为例。根据沿线性质

$$\text{沿 } \alpha \text{ 线}: \sigma_m - 2k\theta = \eta$$

对上式求弧微分得

$$\frac{\partial \sigma_m}{\partial S_\alpha} - 2k \frac{\partial \theta}{\partial S_\alpha} = 0$$

根据 $\dfrac{1}{R_\alpha} = \dfrac{\partial \theta}{\partial S_\alpha}$（滑移线几何定理），上式即为

$$\frac{\partial \sigma_m}{\partial S_\alpha} = 2k \frac{1}{R_\alpha}$$

当曲率发生跳跃时，即上式右边有跳跃时，

$$\left[\left|\frac{\partial \sigma}{\partial S_\alpha}\right|\right] = 2k \left[\left|\frac{1}{R_\alpha}\right|\right]$$

即应力微商也发生跳跃。

【**性质 6-3**】　速度间断线一定是滑移线或滑移线的包络线，而且切向速度的间断值沿该滑移线是不变的。

【**证明**】　速度间断是切向有间断，$[|v_T|] \neq 0$，法向速度是连续的，$[|v_N|] = 0$（这也是非断裂的要求）。现考察速度间断线上应变率的状况，设速度间断线为 Δh 厚的薄层，再取极限 $\Delta h \to 0$ 的情形。在薄层 Δh 内由于 v_T 有间断，故有

$$\left|\frac{\partial v_T}{\partial N}\right| \to \infty$$

因此应变率 $\dot{\varepsilon}_{NT}$ 应比 $\dot{\varepsilon}_N$、$\dot{\varepsilon}_T$ 大得多，即

$$\dot{\varepsilon}_N : \dot{\varepsilon}_T : \dot{\varepsilon}_{NT} = 0 : 0 : 1$$

注意到本构关系 $\dot{\varepsilon}_{ij} = \dot{\lambda} s_{ij}$ 和 $\dot{\lambda} \geqslant 0$，可知

$$s_N = s_T = 0, \quad s_{NT} = \tau_{NT} = \pm k$$

由此说明速度间断线就是滑移线，也可能是滑移线的包络线。

下面证明沿滑移线速度间断值是不变的。假设速度间断线为 β 族中一条滑移线，则法向为 α 向，根据速度沿滑移线的性质

$$沿 \beta 线左侧：(dv_\beta)_{左} + (v_\alpha)_{左}\, d\theta = 0$$
$$沿 \beta 线右侧：(dv_\beta)_{右} + (v_\alpha)_{右}\, d\theta = 0$$

已知 v_α 不间断，即 $(v_\alpha)_{左} = (v_\alpha)_{右}$，由此推出 $(dv_\beta)_{左} = (dv_\beta)_{右}$，则 $d(v_{\beta左} - v_{\beta右}) = 0$，说明切向速度间断值沿 β 线不变，也就是说滑移线上的速度间断值是不变的。

【**推论 6-4**】　在应力间断线上速度不可能间断。

以上是关于间断线和滑移线关系的三条性质。下面给出这些性质的物理解释。

（1）应力间断线两侧的应变率都为零。该条间断线原为刚性区，其两边为塑性区，而塑性区不断扩大、刚性区不断缩小时，极限状态就出现了应力

间断线。

（2）刚-塑性区的交界线是滑移线或滑移线的包络线。在刚-塑性区的交界上,一边是不变形的刚性区,一边是流动的塑性区,这条分界线就是滑移线。

（3）两个塑性区的交界线是滑移线或者是应力间断线。

6.4　应力边界条件

将方程变换为以 σ_m、θ、v_α、v_β 为未知量的方程后,边界条件也要作相应的变换。下面讨论用 σ_m、θ 表示的应力边界条件。

如图 6-8 所示,设塑性流动区与物体的一部分边界 S_T 相连,在这部分边界上已给定应力 σ_n 和 τ_{nt},此处脚标 n 表示边界的外法线。边界外法线与 x 轴的夹角用 φ 表示（从 x 轴逆时针方向转 φ 角到达 n 方向）,则从 n 方向逆时针方向转 $\theta-\varphi$ 角到达 α 线。

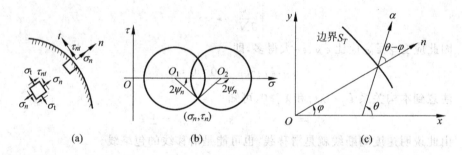

图　6-8

根据

$$\sigma_x = \sigma_\mathrm{m} - k\sin2\theta$$

$$\sigma_y = \sigma_\mathrm{m} + k\sin2\theta$$

$$\tau_{xy} = k\cos2\theta$$

如果将 x 轴取在 n 方向上,对应的将有

$$\sigma_n = \sigma_\mathrm{m} - k\sin2(\theta - \varphi)$$

$$\sigma_t = \sigma_\mathrm{m} + k\sin2(\theta - \varphi)$$

$$\tau_{nt} = k\cos2(\theta - \varphi)$$

在应力边界上已给定 σ_n、τ_{nt} 及 φ,由上式可解得

$$\theta = \varphi \pm \frac{1}{2}\mathrm{arccos}\frac{\tau_{nt}}{k} + m\pi$$

$$\sigma_{\mathrm{m}} = \sigma_n + k\sin 2(\theta - \varphi)$$

式中,$\mathrm{arccos}\dfrac{\tau_{nt}}{k}$取主值,$m$取 0 或 1,$m$取值并不会影响滑移线场的 α 线和 β 线的确定,只是改变 α 线和 β 线的方向。式中正负号的选取,应视具体问题的力学概念来分析确定。比如,可以根据边界上的最大主应力方向来确定 α 的方向,即可确定 θ 角。

也可以这样分析:由于这部分边界上的材料已经屈服,因此,应力点 (σ_n, τ_{nt}) 必然位于半径为 k 的应力圆上。注意,在作应力圆时,剪应力的符号应按材料力学的符号规定,即使单元体顺时针转的剪应力为正,反之为负。因此,应力圆上的 τ_{nt} 符号规定与弹性力学的不同。很明显,过一点可以作两个半径为 k 的应力圆。因此,最大主应力与边界外法线的夹角 ψ_n 有两个可能的值,视 σ_n 和 σ_t 哪个更大而定。由图 6-8(b)可见

$$2\psi_n = \mathrm{arcsin}\frac{\tau_{nt}}{k}$$

为了使 $2\psi_n$ 的绝对值不大于 π,规定当 $\tau_{nt} > 0$ 时,ψ_n 取正值;当 $\tau_{nt} < 0$ 时,ψ_n 取负值。这里 τ_{nt} 仍按弹性力学符号规定,ψ_n 以逆时针旋转为正。$\mathrm{arcsin}\dfrac{\tau_{nt}}{k}$ 是多值函数,此处只取两个值:

$$当\ \sigma_n > \sigma_t\ 时, \quad 2|\psi_n| < \frac{\pi}{2}$$

$$当\ \sigma_n < \sigma_t\ 时, \quad 2|\psi_n| > \frac{\pi}{2}$$

则有

$$\theta = \psi_n - \frac{\pi}{4}$$

边界上的平均应力,亦可从图 6-8(b)中看出:

$$\sigma_{\mathrm{m}} = \begin{cases} \sigma_n - \sqrt{k^2 - \tau_{nt}^2}, & 当\ \sigma_n > \sigma_t\ 时 \\ \sigma_n + \sqrt{k^2 - \tau_{nt}^2}, & 当\ \sigma_n < \sigma_t\ 时 \end{cases}$$

至于 σ_n 和 σ_t 哪个大,一般地可根据整个物体的受力情况加以判断。最大主应力方向确定之后,则边界处 α 线和 β 线的方位可以求出。如果 σ_n 和 σ_t 的相对大小判断错误,则作出的滑移线场将会是矛盾的。

例如,设 $\sigma_n > \sigma_t, \tau_{nt} = \dfrac{\sqrt{3}}{2}k > 0$,则

$$2\psi_n = \arcsin\frac{\tau_{nt}}{k} = \arcsin\frac{\sqrt{3}}{2} = \frac{\pi}{3}$$

$$\psi_n = \frac{\pi}{6}$$

于是边界上外法线到 α 线的夹角为

$$\theta_n = \psi_n - \frac{\pi}{4} = \frac{\pi}{6} - \frac{\pi}{4} = -\frac{\pi}{12}$$

此处 θ_n 是从外法线到 α 线的夹角,逆时针旋转为正。若 $\tau_{nt} = -\frac{\sqrt{3}}{2}k < 0$,则

$$2\psi_n = \arcsin\left(-\frac{\sqrt{3}}{2}\right) = -\frac{\pi}{3}$$

$$\psi_n = -\frac{\pi}{6}$$

$$\theta_n = -\frac{\pi}{6} - \frac{\pi}{4} = -\frac{5\pi}{12}$$

【例 6-1】 设 $\tau_{nt} = 0$,则

$$2\psi_n = \arcsin 0 = \begin{cases} 0, & \text{当 } \sigma_n > \sigma_t \text{ 时} \\ \pi, & \text{当 } \sigma_n < \sigma_t \text{ 时} \end{cases}$$

$$\psi_n = \begin{cases} 0, & \text{当 } \sigma_n > \sigma_t \text{ 时} \\ \frac{\pi}{2}, & \text{当 } \sigma_n < \sigma_t \text{ 时} \end{cases}, \qquad \theta_n = \begin{cases} -\frac{\pi}{4}, & \text{当 } \sigma_n > \sigma_t \text{ 时} \\ \frac{\pi}{4}, & \text{当 } \sigma_n < \sigma_t \text{ 时} \end{cases},$$

$$\sigma_m = \begin{cases} \sigma_n - k, & \text{当 } \sigma_n > \sigma_t \text{ 时} \\ \sigma_n + k, & \text{当 } \sigma_n < \sigma_t \text{ 时} \end{cases},$$

实际上,$\tau_{nt} = 0$,表示 σ_n 和 σ_t 都是主应力,当 $\sigma_n > \sigma_t$ 时,σ_n 为大主应力;反之,σ_t 为大主应力。滑移线如图 6-9 所示。

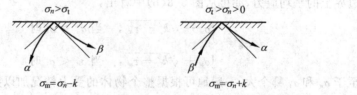

图 6-9

6.5 简单的滑移线场

滑移线法求解理想刚塑性平面应变问题时,首先要针对具体的问题建立满足应力和速度边界条件的滑移线场。实际解题时,在整个塑性变形区建立的滑移线场很少属于同一类型,常常是根据对前人资料的积累,或由实验结果按金属流动情况、边界条件、应力状态逐一分区考虑,然后由几种类型的场拼接起来构成综合的滑移线场。滑移线场绘制在很大程度上依赖于经验、直观、推理和判断。若能在前人资料的基础上,熟知某些典型的边界条件和应力状态下的滑移线场,将有助于建立类似问题的滑移线场。下面介绍三种常见的滑移线场。

1. 均匀应力状态滑移线场

在一条直的边界上,若 $\sigma_n=$ 常数, $\tau_n=0$,则由这条边出发的滑移线场是两族与边界成 45°的直滑移线,如图 6-10 所示。滑移线区域是一等腰三角形,在这区域内 σ_m、θ 都是常数, η、ξ 也是常数,因而各点的应力状态相同,称为**均匀应力状态滑移线场**。此时应力分量可用坐标转换来计算。在特殊情况下,如 $\theta=-\dfrac{\pi}{4}$ 时,即 x 坐标轴与最大主应力方向重合,则由坐标转换公式可得

$$\sigma_x = \sigma_m + k = \sigma_1$$
$$\sigma_y = \sigma_m - k = \sigma_2$$
$$\tau_{xy} = 0$$

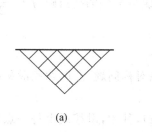

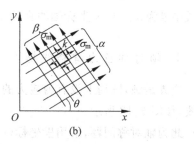

(a) (b)

图 6-10

2. 中心扇形滑移线场

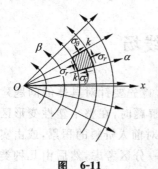

图　6-11

如图 6-11 所示，一族滑移线为汇交直线，为具体起见，设为 α 线，则另族滑移线（β 线）必为同心圆弧，圆心是应力奇点。这种滑移线场称为**中心扇形滑移线场**。此时在同一滑移线直线段上的平均应力不变，因此，平均应力将是 θ 的函数，即

$$\sigma_{\mathrm{m}} = \sigma_{\mathrm{m}}(\theta)$$

显然中心扇形滑移线场所构成的坐标系正好是极坐标系，于是有

$$\sigma_a = \sigma_r = \sigma_{\mathrm{m}}(\theta)$$

$$\sigma_\beta = \sigma_\theta = \sigma_{\mathrm{m}}(\theta)$$

$$\tau_{xy} = k$$

根据应力转轴公式，由上列应力可以求出

$$\sigma_x = \sigma_{\mathrm{m}}(\theta) - k\sin 2\theta$$

$$\sigma_y = \sigma_{\mathrm{m}}(\theta) + k\sin 2\theta$$

$$\tau_{xy} = k\cos 2\theta$$

式中平均应力 $\sigma_{\mathrm{m}}(\theta)$ 可如下计算：沿 β 线，有

$$\mathrm{d}\sigma_{\mathrm{m}} + 2k\mathrm{d}\theta = 0$$

积分上式，并假定 $\sigma_{\mathrm{m}}(0)$ 已知，则有

$$\sigma_{\mathrm{m}}(\theta) = \sigma_{\mathrm{m}}(0) - 2k\theta$$

如果 β 线族为汇交直线，则

$$\sigma_{\mathrm{m}}(\theta) = \sigma_{\mathrm{m}}(0) + 2k\theta$$

上式中 θ 为 β 线与 x 坐标轴的夹角，α 线与 x 轴的夹角则为 $\theta - \dfrac{\pi}{2}$。

3. 轴对称应力滑移线场

边界是圆，圆周上没有剪应力的轴对称问题，此时两族滑移线是对数螺旋线，如图 6-12 所示。

此为轴对称问题，采用极坐标 (r, φ)，其中，滑移线上每一点的切线方向都与径向夹角为 45°。以 $r = f(\varphi)$ 表示滑移线的轨迹，则有

$$\frac{\mathrm{d}r}{r\mathrm{d}\varphi} = \pm \tan \frac{\pi}{4} = \pm 1$$

积分得

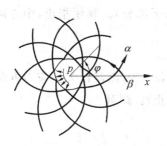

图 6-12

$$\varphi = \pm \ln \frac{r}{a} + \varphi_0$$

其中 φ_0 为边界 $r=a$ 上该滑移线所对应的 φ 值。如果 σ_φ 为大主应力,则可取 α 线对应于上式中的"+"号,β 线对应于上式中的"一"号。

根据 α 线的性质有

$$d\sigma_m = 2k d\theta = 2k d\varphi = 2k d\left(\ln \frac{r}{a}\right)$$

积分上式并注意到 $\sigma_\varphi - \sigma_r = 2k$,可得

$$\sigma_m = \frac{1}{2}(\sigma_r + \sigma_\varphi) = \sigma_r + k = 2k \ln \frac{r}{a} + C$$

即

$$\sigma_r = 2k \ln \frac{r}{a} - k + C$$

其中积分常数 C 利用边界条件 $\sigma_r|_{r=a} = -p$ 定出,即 $C = k - p$,因此有

$$\sigma_r = -p + 2k \ln \frac{r}{a}, \quad \sigma_\varphi = -p + 2k\left(1 + \ln \frac{r}{a}\right)$$

这与平面应变条件下厚壁筒的应力分布规律是一致的。

在使用对数螺旋线滑移线场时,不一定要求边界是完整的圆,只要有一段圆弧上 $\tau_{r\varphi} = 0$,就可构造由对数螺旋线形成的塑性区,这一点在某些具体问题的计算中常常是有用的。

6.6 计 算 简 例

1. 截头对称楔体的极限载荷

【例 6-2】 试求图 6-13 所示的截头对称楔体的极限载荷 p_s。

【解】 根据楔体的削平部分是受到均布压力 p 作用,以及问题的对称性,可以取图示的滑移线场,并且只要分析任一半滑移线场就可以求出极限载荷 p_s。现在讨论左半滑移线场,它由一个中心扇形滑移线场 ABD 和两个等腰直角三角形均匀应力场 OAD、BCD 构

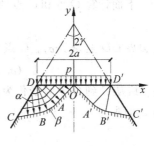

图 6-13

成。此区域以外则是刚性区(如图中短阴线以下部分)。顺便指出,中心扇形滑移线场往往与均匀应力场相邻。

边界条件:

CD 边:根据受力情况,在斜侧面上 $\sigma_n=0$,$\sigma_t<0$,因此最大主应力方向为斜侧面的外法线方向即 σ_n 方向(注意以拉为正)。则有

$$2\psi_n = \arcsin\frac{\tau_{nt}}{k} = \arcsin0 = \begin{cases} 0 \\ \pi \end{cases}$$

$$\theta = \begin{cases} -\dfrac{\pi}{4}, & \text{当 } \sigma_n > \sigma_t \text{ 时} \\[2mm] \dfrac{\pi}{4}, & \text{当 } \sigma_n < \sigma_t \text{ 时(舍去)} \end{cases}$$

$$\sigma_m = \begin{cases} \sigma_n - \sqrt{k^2 - \tau_{nt}^2} = -k, & \text{当 } \sigma_n > \sigma_t \text{ 时} \\[2mm] \sigma_n + \sqrt{k^2 - \tau_{nt}^2} = k, & \text{当 } \sigma_n < \sigma_t \text{ 时(舍去)} \end{cases}$$

DO 边($\sigma_t > \sigma_n$):

$$2\psi_n = \arcsin\frac{\tau_{nt}}{k} = \arcsin0 = \begin{cases} 0 \\ \pi \end{cases}$$

$$\theta = \begin{cases} -\dfrac{\pi}{4}, & \text{当 } \sigma_n > \sigma_t \text{ 时(舍去)} \\[2mm] \dfrac{\pi}{4}, & \text{当 } \sigma_n < \sigma_t \text{ 时} \end{cases}$$

$$\sigma_m = \begin{cases} \sigma_n - \sqrt{k^2 - \tau_{nt}^2} = \sigma_n - k, & \text{当 } \sigma_n > \sigma_t \text{ 时(舍去)} \\[2mm] \sigma_n + \sqrt{k^2 - \tau_{nt}^2} = \sigma_n + k, & \text{当 } \sigma_n < \sigma_t \text{ 时} \end{cases}$$

其次确定滑移线场的 α、β 线。首先根据斜侧面上最大主应力方向为斜侧面的外法线方向,由此确定 $OABC$ 为 β 线。至于 α、β 线的正向之一可任意给定,另一线的则按右手法则确定;因为在求解时,我们只考虑沿滑移线上 σ_m 和 θ 的变化值。

下面计算 O 点和 C 点的平均应力。C 点平均应力根据边界条件确定:

$$(\sigma_m)_C = -k$$

在边界 OD 上,$\sigma_t > \sigma_n$。O 点平均应力根据边界条件确定:

$$(\sigma_m)_O = \sigma_n + k = -p_s + k$$

沿 β 线从 C 到 O,θ 的变化为正,其值等于 DA 和 DB 的夹角。设楔体的顶角为 2γ,则

$$d\theta = \gamma$$

沿 β 线应力的变化规律为

$$\mathrm{d}\sigma_\mathrm{m} = -2k\mathrm{d}\theta$$

将有关值代入上式得

$$(\sigma_\mathrm{m})_O - (\sigma_\mathrm{m})_C = k - p_\mathrm{s} - (-k) = -2k\gamma$$

可求出

$$p_\mathrm{s} = 2k(1+\gamma)$$

式中 γ 用弧度表示。当 $\gamma = \dfrac{\pi}{2}$ 时,此为平头楔模压入问题(见图 6-14),其极限载荷为

$$p_\mathrm{s} = 2k\left(1+\frac{\pi}{2}\right)$$

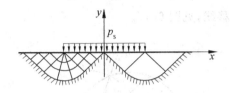

图　6-14

顺便指出,在本例中,滑移线场还可为其他形式,如图 6-15 所示,所求得的极限载荷值完全相同。

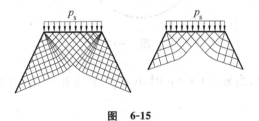

图　6-15

如图 6-16 所示,设楔体的顶角 $2\gamma \geqslant \dfrac{\pi}{2}$。

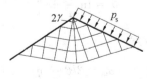

图　6-16

作滑移线场如图 6-16 所示,显然,它与图 6-13 中左半滑移场完全相同。这时中心扇形滑移线场的顶角为 $\left(2\gamma - \dfrac{\pi}{2}\right)$。于是,以 $\left(2\gamma - \dfrac{\pi}{2}\right)$ 代换 γ,则极限载荷为

$$p_s = 2k\left(1 + 2\gamma - \frac{\pi}{2}\right)$$

2. 厚壁圆筒轴对称滑移线场

现在讨论内径为 a、外径为 b 的厚壁圆筒,其内侧承受均匀压力 p 作用。采用柱坐标分析。根据轴对称条件,可以判定 $\tau_{r\theta} = 0$,因而主应力方向为径向和圆周方向。这时滑移线将是曲线,而且这些曲线上任一点的切线与径向线所夹的角皆为 $45°$。从数学上知道,这样的曲线就是对数螺线,其方程为

$$r = ce^{\pm\varphi\tan\frac{\pi}{4}} = ce^{\pm\varphi} = ce^{\pm\left(\theta\pm\frac{\pi}{4}\right)}$$

这是两组正交的滑移线,见图 6-17。

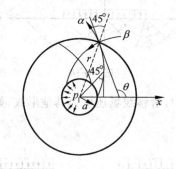

图 6-17

对于厚壁筒,当 $\varphi = 0$,$r = a$ 时,$\theta = \frac{\pi}{4}$,于是有 $c = a$,由此得滑移线的曲线方程为

$$r = ae^{\left(\theta - \frac{\pi}{4}\right)}$$

即

$$\theta = \ln\frac{r}{a} + \frac{\pi}{4}$$

又 $\sigma_m = \frac{1}{2}(\sigma_\theta + \sigma_r)$,故沿 α 线

$$\sigma_m - 2k\theta = \eta$$

假设材料服从 Tresca 屈服条件,则

$$\sigma_\theta - \sigma_r = 2k$$

在外周边 $r = b$ 处,有

$$\theta = \ln\frac{b}{a} + \frac{\pi}{4}, \quad \sigma_r = 0, \quad \sigma_\theta = 2k$$

沿 α 线有 $\eta_b = \eta_r$，则有

$$\sigma_r + k - 2k\ln\frac{r}{a} - k\frac{\pi}{2} = k - 2k\ln\frac{b}{a} - k\frac{\pi}{2}$$

由此

$$\sigma_r = -2k\ln\frac{b}{r}$$

$$\sigma_\theta = 2k\left(1 - \ln\frac{b}{r}\right)$$

当 $r = a$ 时，σ_r 即为极限内压 p_s：

$$p_s = 2k\ln\frac{b}{a}$$

其滑移线场如图 6-18 所示。

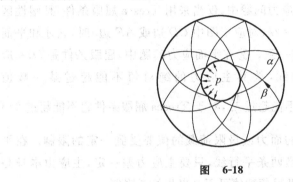

图　6-18

6.7　塑性力学中平面应变问题与平面应力问题的区别

在弹性力学中，将弹性常数作相应的改变，平面应变问题和平面应力问题就可以看作是等价的。但对于理想刚塑性材料情况则完全不同，这主要是由于在理想刚塑性材料的平面应变问题中，σ_z 永远是中间主应力，Mises 屈服条件和 Tresca 屈服条件是一致的，可写为

$$|\sigma_1 - \sigma_2| = 2k \tag{a}$$

其中 σ_1、σ_2 为 Oxy 平面内的两个主应力。

在理想刚塑性体的平面应力问题中，$\sigma_3 = 0$ 并不总是中间主应力，这时 Mises 屈服条件为

$$\sigma_1^2 + \sigma_2^2 - \sigma_1\sigma_2 = 4k^2$$

上式在 Oxy 应力平面上是个椭圆。Tresca 屈服条件是

$$|\sigma_1| = 2k, \quad |\sigma_2| = 2k, \quad |\sigma_1 - \sigma_2| = 2k \qquad\qquad (b)$$

上式在 Oxy 应力平面上是个六边形,如图 6-19 所示。

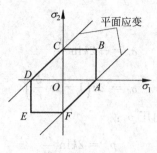

图 6-19

由此可见:①在平面应力问题中,仅当采用 Tresca 屈服条件,且塑性区的应力状态满足 $|\sigma_1 - \sigma_2| = 2k$(对应于图中 CD 边或 AF 边)时,它才和平面应变问题中的屈服条件相一致。②在平面应力问题中,屈服条件是 Oxy 应力平面上的一条封闭曲线,故其主应力的绝对值不能超过某一数值 $\left(\text{对于 Mises 屈服条件它不能超过} \dfrac{4k}{\sqrt{3}},\text{对于 Tresca 屈服条件它不能超过 } 2k\right)$。因此,作用于物体边界上的面力或极限荷载的值要受到一定的限制。在平面应变问题中,屈服条件是两条平行线,只要主应力差一定,主应力本身是可以任意变化的,故对于极限荷载值可不必事先给予限制。

进一步的分析表明,由服从 Mises 屈服条件的理想刚塑性平面应力问题所导出的应力微分方程既可能是双曲型的,也可能是抛物型或椭圆型的。而且在双曲型的情况下,两族特征线也不一定正交。此外,对于平面应力问题来说,经常还需要考虑板厚的变化。这一切都说明,理想刚塑性体的平面应力问题要比相应的平面应变问题复杂得多。

本 章 小 结

理想刚塑性平面应变问题的基本方程是一组拟线性偏微分方程组,依据偏微分方程理论将问题转化为建立滑移线场,由滑移线场的性质求一点的平均应力和滑移线的倾角;速度场的确定方法相似。这样就避免了采用非线性本构关系产生的困难。滑移线法将复杂的塑性力学问题转化成几何问题来分析,既能确定变形体中各点的应力分量,也能确定相对位移增量分量,因而在结构构件的极限分析中获得广泛应用。受力物体塑性区域的滑移线可依据滑移线的三条重要性质绘出。由于塑性阶段的五个未知量(三个应力和两个速度)不同于弹性阶段的规律,因此讨论了间断线的问题。

思 考 题

6-1　设材料是刚性理想塑性的,则在平面应变情况下,塑性流动区的应力状态有什么特点?

6-2　什么是零伸长方向? 什么是滑移线?

6-3　什么是均匀应力状态区? 为什么均匀应力状态区总与简单应力状态区相邻接?

习 题

6-1　试证明在塑性平面应变条件下,与静水应力无关的屈服函数都有相同的形式。

6-2　在刚塑性平面应变问题中,$\varepsilon_z = \varepsilon_{zx} = \varepsilon_{yz} = 0$,试对 Mises、Tresca 及最大偏应力三种屈服条件,给出用 σ_x、σ_y、τ_{xy} 表示的屈服条件并讨论 σ_z 的表达式。

答案:Mises 屈服条件:$(\sigma_x - \sigma_y)^2 + 4\tau_{xy}^2 = \left(\dfrac{4}{3}\sigma_s\right)^2$,$\sigma_z = \dfrac{1}{2}(\sigma_x + \sigma_y)$

Tresca 屈服条件:$(\sigma_x - \sigma_y)^2 + 4\tau_{xy}^2 = \sigma_s^2$,$\dfrac{\sigma_x + \sigma_y - \sigma_s}{2} \leqslant \sigma_z \leqslant \dfrac{\sigma_x + \sigma_y + \sigma_s}{2}$

最大偏应力屈服条件:$(\sigma_x - \sigma_y)^2 + 4\tau_{xy}^2 = \left(\dfrac{4}{3}\sigma_s\right)^2$,$\sigma_z = \dfrac{1}{2}(\sigma_x + \sigma_y)$

提示:记

$$A = \frac{\sigma_x + \sigma_y}{2}, \quad B = \sqrt{\left(\frac{\sigma_x - \sigma_y}{2}\right)^2 + \tau_{xy}^2}$$

则 $\sigma_1 = A + B$,σ_z,$\sigma_2 = A - B$ 是三个主应力,考虑在主应力空间的 π 平面,三个屈服条件如图 6-20 所示,在 $\sigma_1 \geqslant \sigma_z \geqslant \sigma_2$ 及 $\dot{\varepsilon}_z = 0$ 条件下,应力点位置可确定如下:Mises 条件只能在图中的 C 点,最大偏应力条件只能在图中的 D 点,Tresca 条件允许应力点处在 AB 边上,由此可求出上述结果。

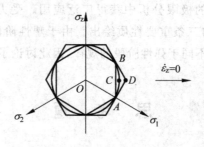

图 6-20

6-3 试绘出下列边界上 P 点处 α、β 线的方位(图 6-21),并写出其平均应力值。

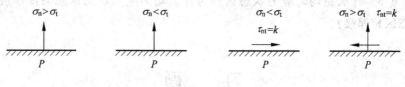

图 6-21

6-4 图示的楔体(图 6-22),两面受压,已知 $2\gamma = \dfrac{3\pi}{4}$,分别对 $q = 0.5p$ 及 $q = p$ 两种情况求极限载荷 p_s。

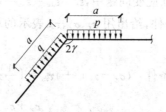

图 6-22

答案:两种情况下都是 $p_s = 2k\left(2 + \dfrac{\pi}{2}\right)$。

6-5 试求图 6-23 所示直角边坡的极限载荷 q_s。

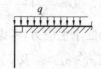

图 6-23

答案：$q_s = 2k$。

6-6　试求图 6-24 所示斜坡的极限载荷。

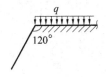

图　6-24

答案：$q_s = \dfrac{k}{3}(6+\pi)$。

第 7 章
极 限 分 析

第 5 章中对问题进行分析时,先分析弹性解,然后是弹塑性解,最后到达结构的极限状态。这种方法往往很麻烦,对于较复杂的结构,甚至是难以实现的。因此,有必要建立一般的直接计算极限载荷或其近似值的方法,这就是本章研究的极限分析方法。

本章介绍极限分析中的基本定理,它们是计算结构极限载荷的理论基础。这里仍限于小变形的情况,采用刚性理想塑性模型进行计算,由此求出的极限载荷以及与之对应的应力分布和速度分布都是到达极限状态瞬时的力学状态。此后,结构将因塑性变形"无限"地发展(称为塑性流动),以致不能忽略变形对结构几何尺寸的影响,小变形理论不再适用,必须作为大变形问题加以处理。

结构的极限状态有两个特征:

(1) 其应力场为静力许可的应力场。静力许可的应力场应满足条件:平衡方程;应力边界条件;不违背屈服条件。

(2) 其应变率场为机动许可的应变率场。机动许可的应变率场应满足条件:几何方程;速度边界条件;对于理想刚塑性体,外力的功率全部转化为材料的塑性耗散功率,因此,塑性耗散功率大于零;且具有体积不可压缩条件。

7.1　静力场和机动场

1. 静力许可应力场

凡满足平衡方程和应力边界条件,同时又不违背屈服条件(即应力点不在屈服曲面之外)的应力场称为**静力许可应力场**,或简称静力场用 $\sigma_x^0,\cdots,\tau_{xy}^0,\cdots$ 表示,或记为 σ^0;与 σ^0 平衡的外力用 p^0 表示,p^0 称为静力许可载荷。

2. 运动许可速度场

用 $\dot{\varepsilon}_x^*,\cdots,\dot{\lambda}_{xy}^*,\cdots$ 或 $\dot{\varepsilon}^*$ 表示任一塑性机构的应变率,v_x^*、v_y^*、v_z^*(或记为 v^*)为该机构的速度场,v_x^*、v_y^*、v_z^* 与应变率分量满足几何方程,同时满足在给定速度边界 S_v 上的速度边界条件及外功率为正的条件。这种速度场称为**运动许可速度场**,简称**机动场**。与 $\dot{\varepsilon}^*$ 对应的(满足本构方程的)应力记为 $\sigma_x^*,\cdots,\tau_{xy}^*,\cdots$ 或 σ^*;σ^* 不一定满足平衡条件,但它一定是位于屈服曲面上,否则,材料是刚性的,应变率为零。于是,可以找到一个与之对应的载荷 p^*,使得外力在 v^* 上的功率等于内功率,即

$$\int_V \sigma^* \cdot \dot{\varepsilon}^* \, \mathrm{d}V = \int_{S_T} p^* \cdot v^* \, \mathrm{d}S \tag{7-1}$$

此处已假定外功率 $\int_{S_T} \bar{p} \cdot v^* \, \mathrm{d}S > 0$。$p^*$ 称为**运动许可载荷**。

3. 极限载荷

设 σ、$\dot{\varepsilon}$ 为真实的极限应力场和应变率场,与之对应的极限载荷为 p_s。

7.2　能量等式和屈服面上的不等式

虚功率原理

$$\int_V \sigma^0 \cdot \dot{\varepsilon}^* \, \mathrm{d}V = \int_{S_T} p^0 \cdot v^* \, \mathrm{d}S \tag{7-2}$$

即任何静力许可的应力场和载荷在任何运动许可的速度场(虚速度)上的内虚功率等于外虚功率。证明方法同虚位移原理的证法相似,只不过以虚速度代替虚位移。显然,真实的极限应力场必定是静力许可的;真实的速度场

必定是运动许可的。因此,对于真实的应力场 σ、速度场 v 和允许的应力场 σ^0、速度场 v^*,式(7-2)分别变为

$$
\begin{cases}
\displaystyle\int_V \sigma \cdot \dot{\varepsilon}\mathrm{d}V = \int_{S_T} p_s \cdot v\mathrm{d}S \\[2mm]
\displaystyle\int_V \sigma^0 \cdot \dot{\varepsilon}\mathrm{d}V = \int_{S_T} p^0 \cdot v\mathrm{d}S \\[2mm]
\displaystyle\int_V \sigma \cdot \dot{\varepsilon}^* \mathrm{d}V = \int_{S_T} p_s \cdot v^* \mathrm{d}S
\end{cases}
\tag{7-3}
$$

式(7-1)、式(7-2)及其特殊形式(7-3)是今后要用到的基本等式。在这些等式中,要求应力场和速度场都是连续的。

在第 3 章中,已经得到屈服面外凸性的不等式

$$(\sigma - \sigma^0) \cdot \dot{\varepsilon}^p \geqslant 0$$

式中 σ 和 $\dot{\varepsilon}^p$ 是对应的,σ^0 和 σ 是不同的应力状态,但它们都不违背屈服条件。为此可将上式写成

$$(\sigma^{②} - \sigma^{①})\dot{\varepsilon}^{p②} \geqslant 0$$

上式是下面将要用到的基本不等式。对于刚性理想塑性体,其应变都是塑性的,所以有 $\dot{\varepsilon}^p = \dot{\varepsilon}$。

7.3 基 本 定 理

1. 下限定理

已设 σ、$\dot{\varepsilon}$ 分别表示真实的极限应力状态和对应的速度场,σ^0 为静力许可应力场,根据屈服曲面的外凸性,有

$$(\sigma - \sigma^0)\dot{\varepsilon} \geqslant 0$$

将上式在受力物体域内积分,并注意到式(7-3)前两式,则有

$$\int_V (\sigma - \sigma^0)\dot{\varepsilon}\mathrm{d}V = \int_{S_T} (p_s - p^0) \cdot v\mathrm{d}S$$

因为 $\displaystyle\int_{S_T} p_s \cdot v\mathrm{d}S > 0$,所以

$$p_s \geqslant p^0$$

上式表明,**静力许可载荷是极限载荷的下限**,称为极限分析的下限定理。用这个定理计算极限载荷(下限)的方法,称为**静力法**。

2. 上限定理

根据功率等式(7-1)及基本等式(7-3)有

$$\int_V \sigma^* \cdot \dot{\varepsilon}^* \, \mathrm{d}V = \int_{S_T} p^* \cdot v^* \, \mathrm{d}S$$

$$\int_V \sigma \cdot \dot{\varepsilon}^* \, \mathrm{d}V = \int_{S_T} p_\mathrm{s} \cdot v^* \, \mathrm{d}S$$

将上两式相减,得到

$$\int_V (\sigma^* - \sigma)\dot{\varepsilon}^* \, \mathrm{d}V = (p^* - p_\mathrm{s})\int_{S_T} (p^* - p_\mathrm{s}) \cdot v^* \, \mathrm{d}S$$

注意到 σ^* 和 $\dot{\varepsilon}^*$ 是对应的,σ^* 和 σ 都不违背屈服条件,因此,根据屈服曲面的外凸性公式,应有

$$(\sigma^* - \sigma)\dot{\varepsilon}^* \geqslant 0$$

又规定

$$\int_{S_T} p_\mathrm{s} \cdot v^* \, \mathrm{d}S > 0$$

由此可得

$$p_\mathrm{s} \leqslant p^*$$

上式表明,**所有的运动许可载荷不小于极限载荷,称为极限分析的上限定理**。用上限定理计算极限载荷(上限)的方法,称为**机动法**。

3. 推论

【**推论 7-1**】　设有三个极限曲面 A、B、C,其中 A 不在 B 之外,B 不在 C 之外。又设 p_{sA}、p_A^0 分别是对应于 A 的极限载荷及其下限;p_{sB} 为对应于 B 的极限载荷;p_{sC}、p_C^* 为对应于 C 的极限载荷及其上限。则有

$$p_C^* \geqslant p_{sC} \geqslant p_{sB} \geqslant p_{sA} \geqslant p_A^0 \tag{7-4}$$

在实际应用中,为了简化计算,有时要用真实屈服面(设为 B)的外切多面形(相当于 C)或其内接多面形(相当于 A)来代替,进行近似计算。所得近似结果则应遵守上式。

【**推论 7-2**】　在结构的自由边界上增添材料(不计自重),不会降低结构的极限载荷;反之,在其处减去材料,不会提高结构的极限载荷。

【**推论 7-3**】　提高结构中某些部分材料的屈服极限不会降低其极限载荷;反之,降低某些部分材料的屈服极限,不会提高其极限载荷。

4. 间断面的影响

在以上推导虚功率原理(式(7-2))及建立功率等式(式(7-1))时都假定

应力场和速度场是连续的。但是,在极限分析中,常常会出现应力间断和速度间断的情况。例如,梁在中性轴处有应力间断(由$+\sigma_s$突变为$-\sigma_s$)。可以证明,应力间断对式(7-1)、式(7-2)没有影响,但速度有间断时则沿间断面有附加的内功率。例如,在式(7-1)的内功率一侧,要列入附加项

$$\int_V \sigma^* \cdot \dot{\varepsilon}^* dV + \int_\Sigma \tau_s [|v^*|] d\sum = \int_{S_T} p^* \cdot v^* dS \qquad (7-5)$$

式中Σ为速度间断面,$[|v^*|]$表示速度在Σ上的切向间断值。

在平面应变情况下,设z轴为位移等于零的方向,则只在平行于xOy坐标面的平面内有速度,这时在z方向取单位厚度来考虑,速度间断面便可看作间断线。间断线引起的内功率为

$$\int_l \tau_s [|v^*|] dl$$

在特殊情况下,如果沿每根间断线$[|v^*|]=$常数,则

$$\int_l \tau_s [|v^*|] dl = \sum_i \tau_s [|v^*|]_i l_i$$

式中,l_i为间断线i的长度,$[|v^*|]$为沿l_i的速度间断值。在工程应用中,初估极限载荷的上限时,用速度间断线将物体划分为若干个刚性块,这时内功率只保留间断面的贡献,式(7-5)变为

$$\int_l \tau_s [|v^*|] dl = \int_{S_T} p^* \cdot v^* dS$$

或

$$\sum_i \tau_s [|v^*|]_i l_i = \int_{S_T} p^* \cdot v^* dS$$

7.4 计 算 简 例

【例 7-1】 设有带缺口的梁如图 7-1(a)所示,受到弯矩 M 作用。试确定其极限弯矩的范围。

【解】 首先,移去图中所示阴影部分,变成高为 $2a$ 的等截面梁(宽为1),其极限弯矩为(假设材料满足 Tresca 屈服条件)

$$M^0 = \frac{\sigma_s}{4} bh^2 = \sigma_s a^2 = 2\tau_s a^2$$

根据推论 7-2,这个弯矩值是原来梁极限弯矩的下限。

为了计算梁的极限弯矩的上限,采用图 7-1(b)所示的破坏机构;梁被两个弧形间断面分割为三个刚性块,中间阴影部分为不动的,两侧刚性部分

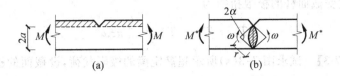

图　7-1

则沿弧形间断面相对滑动,设其角速度为 ω。这时,沿两弧线的速度间断值为常数,且等于 $r\omega$,其中 r 为间断线的半径。于是外功率为 $2M^*\omega$,内功率为 $(\tau_s r\omega)2s = 2\tau_s r\omega(r2\alpha)$,根据功率等式(7-5),可以求出

$$M^* = 2\tau_s r^2 \alpha$$

为了得到最好的上限,应该调整 r 和 α 使 M^* 有最小的值。由图 7-1 可见 $a = r\sin\alpha$。当 $\alpha = 66.8°$时 M^* 最小,于是,极限弯矩的上限为

$$M^* = 2.76\tau_s a^2$$

则带缺口梁的极限弯矩 M_s 在下列范围之内:

$$2\tau_s a^2 \leqslant M_s \leqslant 2.76\tau_s a^2$$

【例 7-2】　设图 7-2 示变截面圆杆在两端受到扭矩作用。试确定其极限扭矩的范围。

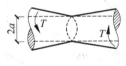

图　7-2

【解】　设圆杆在最小截面处可以相互转动,即最小截面为速度间断面,其余部分是刚性的。因此内功率为

$$\int_0^a \tau_s \dot\theta r \cdot 2\pi r \mathrm{d}r = \frac{2}{3}\pi\tau_s \dot\theta a^3$$

其中 $\dot\theta$ 为间断面两侧杆的相对角速度。外功率为 $T^*\dot\theta$,根据功率等式(7-5),可以求出

$$T^* = \frac{2}{3}\pi\tau_s a^3$$

此为极限扭矩的上限。

将图示虚线以外的材料移去,变为半径为 a 的等截面圆杆,其极限扭矩为

$$T^0 = \frac{2}{3}\pi\tau_s a^3$$

根据推论 7-2,上述扭矩值为原来杆的极限扭矩的下限。

因此变截面杆的极限扭矩为

$$T_s = T^0 = T^* = \frac{2}{3}\pi\tau_s a^3$$

【例 7-3】 试求图 7-3(a)所示超静定梁的极限载荷,设截面的极限弯矩为 M_s。

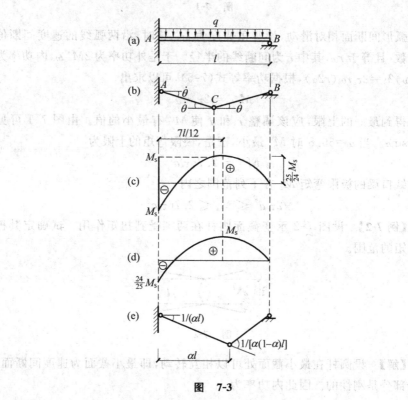

图　7-3

【解】 (1) 上限解。根据梁的约束情况,在固定端必出现一个塑性铰,另一个塑性铰的位置则不能预知。设第二个塑性铰在跨中(C 点),则得到速度场 v^*,如图 7-3(b)所示。根据内、外功率相等得

$$3M_s\dot\theta = q^* \cdot \frac{1}{2}l \cdot \frac{l\dot\theta}{2}$$

可以求出极限载荷的上限

$$q^* = \frac{12M_s}{l^2}$$

(2) 下限解。已知破坏机构 $M_A = -M_s$,$M_C = M_s$,则可求出在 q^* 作用下的弯矩分布为

$$M^*(x) = M_s\left[5(1 - x/l) - 6(1 - x/l)^2\right]$$

坐标原点设在固定端 A 处。最大弯矩将在 $x=\dfrac{7l}{12}$ 处(图 7-3(c)),其值为

$$M^*_{\max} = \frac{25M_{\mathrm{s}}}{24} > M_{\mathrm{s}}$$

所以,M^* 不是静力许可的。现在将载荷 q^* 乘 $\dfrac{24}{25}$,则 M^* 亦降为 $\dfrac{24}{25}M^*$,这时在梁内所有各处的弯矩值都不超过 M_{s},因此是静力许可的(图 7-3(d))。于是

$$q^0 = \frac{24}{25}q^* = 11.52\,\frac{M_{\mathrm{s}}}{l^2}$$

因此极限荷载 q_{s} 在下列范围之内:

$$11.52\,\frac{M_{\mathrm{s}}}{l^2} \leqslant q_{\mathrm{s}} \leqslant 12\,\frac{M_{\mathrm{s}}}{l^2}$$

或者写成

$$q_{\mathrm{s}} = (11.76 \pm 0.24)\frac{M_{\mathrm{s}}}{l^2}$$

可以证明,如果选取中间铰在 $x=\dfrac{7l}{12}$ 处,则可求出

$$q^* = 11.68\,\frac{M_{\mathrm{s}}}{l^2}$$

于是,更精确的极限荷载在下列范围:

$$11.52\,\frac{M_{\mathrm{s}}}{l^2} \leqslant q_{\mathrm{s}} \leqslant 11.68\,\frac{M_{\mathrm{s}}}{l^2}$$

以上求出的解已经足够精确了。但是作为练习,可以设中间铰距固定端为 $al\,(0 \leqslant \alpha \leqslant 1)$,$\alpha$ 变化时则可包括所有可能的塑性机构(图 7-3(e))。用机动法求出

$$q^* = \frac{2M_{\mathrm{s}}}{l^2} \cdot \frac{2-\alpha}{\alpha(1-\alpha)}$$

当 $\alpha = 2-\sqrt{2} = 0.596$ 时,q^* 最小,所以

$$q_{\mathrm{s}} = q^*_{\min} = \frac{2}{\sqrt{2}-1} \cdot \frac{M_{\mathrm{s}}}{l^2} = 11.657\,\frac{M_{\mathrm{s}}}{l^2}$$

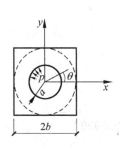

【例 7-4】　边长为 $2b$、中间有半径为 a 的孔道的长管如图 7-4 所示,圆孔中受到内压 p 的作用(可作为平面应变问题处理)。试确定其极限内压的范围。

【解】　已知外径为 b、内径为 a 的厚壁圆筒的极限压力为(假设材料满足 Tresca 屈服条件)

图　7-4

$$\frac{p^0}{2\tau_s} = \ln\frac{b}{a}$$

设想沿图示虚线将长管的外侧材料移去,则得到一根外径为 b、内径为 a 的圆筒,这个圆筒的极限压力应是原来长管极限压力的下限。

求极限内压的上限。采用速度场(柱坐标)

$$v_r^* = \frac{C}{r}, \quad v_\theta^* = v_z^* = 0$$

由上式可求出

$$v_x^* = v_r^* \cos\theta = \frac{Cx}{x^2+y^2}, \quad v_y^* = v_r^* \sin\theta = \frac{Cy}{x^2+y^2}$$

$$\dot\varepsilon_x^* = \frac{\partial v_x^*}{\partial x} = \frac{C(y^2-x^2)}{(x^2+y^2)^2}, \quad \dot\varepsilon_y^* = \frac{C(x^2-y^2)}{(x^2+y^2)^2}$$

上式满足材料不可压缩条件 $\dot\varepsilon_x^* + \dot\varepsilon_y^* = 0 (\dot\varepsilon_z^* = 0)$。求出主应变率如下:

$$\dot\varepsilon_{1,2}^* = \frac{\dot\varepsilon_x^* + \dot\varepsilon_y^*}{2} \pm \sqrt{\left(\frac{\dot\varepsilon_x^* - \dot\varepsilon_y^*}{2}\right)^2 + \left(\frac{\dot\gamma_{xy}^*}{2}\right)^2}$$

其中

$$\dot\gamma_{xy}^* = \frac{\partial v_y^*}{\partial x} + \frac{\partial v_x^*}{\partial y} = -\frac{4Cxy}{(x^2+y^2)^2}$$

在塑性区内,耗散比功为

$$D = \tau_s \dot\Gamma$$

其中 $\dot\Gamma$ 为剪应变率强度。此处

$$\dot\Gamma = \dot\varepsilon_1^* - \dot\varepsilon_2^* = \dot\gamma_{\max}^*$$

于是功率等式为(取单位长度的管)

$$2\pi a p^* (v_r^*)|_{r=a} = \int_A D \, \mathrm{d}A = \tau_s \int_A (\dot\varepsilon_1^* - \dot\varepsilon_2^*) \, \mathrm{d}A$$

式中,A 为管道的截面面积,其中

$$(v_r^*)_{r=a} = \frac{C}{a}$$

由式可求得极限压力的上限为

$$\frac{p^*}{2\tau_s} = \ln\frac{b}{a} + 0.0999$$

则该筒的极限内压的范围是

$$p^0 = 2\tau_s \ln\frac{b}{a} \leqslant p_s \leqslant p^* = 2\tau_s\left(\ln\frac{b}{a} + 0.0999\right)$$

7.5 圆形薄板的极限分析

在薄板的弹塑性弯曲变形中,依然采用弹性薄板的基本假设,即直法线假设及板内材料处于(近似)平面应力状态。设材料是刚性理想塑性的,则当板屈服时,沿截面上的正应力在数值上是相等的,但在中面的两侧,应力符号相反,因此,在中面处应力有间断。设板厚为 h,则板在极限状态的内力为

$$M_x = \frac{1}{4}\sigma_x h^2$$

$$M_y = \frac{1}{4}\sigma_y h^2$$

$$M_{xy} = \frac{1}{4}\tau_{xy} h^2$$

令 $M_s = \frac{1}{4}\sigma_s h^2$,这样一来,便易于将用应力分量表示的屈服函数写成用内力表示的广义屈服函数。例如,对于轴对称变形的圆形薄板,非零应力分量为 σ_r、σ_θ,屈服条件为

Mises 条件:$\sigma_r^2 - \sigma_r \sigma_\theta + \sigma_\theta^2 = \sigma_s^2$

Tresca 条件:$|\sigma_r - \sigma_\theta| = \sigma_s$,$|\sigma_r| = \sigma_s$,$|\sigma_\theta| = \sigma_s$

将上式的各项都乘以 $\frac{1}{4}h^2$,得到

Mises 条件:$M_r^2 - M_r M_\theta + M_\theta^2 = M_s^2$

Tresca 条件:$|M_r - M_\theta| = M_s$,$|M_r| = M_s$,$|M_\theta| = M_s$

所以,用内力表示的 Mises 屈服条件为一椭圆,Tresca 屈服条件为六边形,如图 7-5 所示。

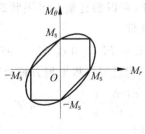

图 **7-5**

圆板轴对称变形时的平衡方程为

$$r \frac{\mathrm{d}M_r}{\mathrm{d}r} + M_r - M_\theta = -\int_0^r qr\,\mathrm{d}r$$

几何方程为

$$\dot{k}_r = -\frac{\mathrm{d}^2 \dot{w}}{\mathrm{d}r^2}, \quad \dot{k}_\theta = -\frac{1}{r} \cdot \frac{\mathrm{d}\dot{w}}{\mathrm{d}r}$$

此处 $\dot{k}_r$、$\dot{k}_\theta$ 为与 M_r、M_θ 对应的曲率变化率,$\dot{w}$ 为板中面的挠度变化率(速度),以向下为正。由于圆板在变形过程中其主方向恒为径向和环向,所以可采用 Tresca 屈服条件。现在讨论简支圆板受均布载荷作用时的极限分析。

圆板的半径为 a(图 7-6(a)),其广义屈服曲线如图 7-6(b)所示。因为Tresca 屈服函数是线性的,可以使计算大为简化。但是,Tresca 屈服曲线由六边组成,板屈服时内力究竟位于哪一条边或在哪几条边上,需要根据载荷和约束情况加以判断和试算。

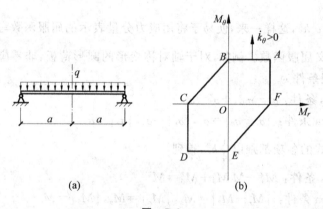

图 7-6

在简支圆板受均布载荷的情况下,在 $r=0$ 处,恒有 $M_r = M_\theta > 0$;在 $r = a$ 处,$M_r = 0$,$M_\theta > 0$。据此,可以假定板在极限状态下,全部内力都位于 AB 边上,即内力应满足屈服条件

$$M_\theta = M_s, \quad 0 \leqslant M_r \leqslant M_s$$

于是,求解本问题的基本方程已定。将平衡方程改写为

$$\frac{\mathrm{d}(rM_r)}{\mathrm{d}r} = M_\theta - \frac{1}{2}qr^2$$

考虑屈服条件并积分后可得

$$M_r = M_s - \frac{1}{6}qr^2 + \frac{A}{r}$$

因为 $r=0$ 时，M_r 有极值，所以积分常数 $A=0$，于是板内的内力分布为

$$M_r = M_s - \frac{1}{6}qr^2 \leqslant M_s, \quad M_\theta = M_s$$

对应的载荷值可由边界条件 $r=a$ 时，$M_r=0$，得到

$$q = \frac{6M_s}{a^2}$$

显然，M_r 满足屈服条件，因此内力场 M_r、M_θ 是静力许可的，上式给出的 q 是极限载荷的下限。

当然，我们还可用机动法求极限载荷的上限。但是也可从另一方面来讨论。如果能找到一个与上面的内力场对应的速度场 $\dot{w}$，则上面的内力场和对应载荷就是真实的解。

根据流动法则，当屈服条件为 AB 边时，应有

$$\dot{k}_r = 0, \quad \dot{k}_\theta > 0$$

于是有

$$\frac{\mathrm{d}^2\dot{w}}{\mathrm{d}r^2} = 0, \quad \frac{1}{r} \cdot \frac{\mathrm{d}\dot{w}}{\mathrm{d}r} < 0$$

由第一式可得

$$\dot{w} = Ar + B$$

边界条件为 $r=a$ 时，$\dot{w}=0$，又设 $r=0$ 时，$\dot{w}=\dot{w}_0>0$，可得 $B=-Aa=\dot{w}_0>0$，于是速度场应为

$$\dot{w} = \dot{w}_0\left(1 - \frac{r}{a}\right)$$

这个速度场是运动许可的，因为它满足约束条件及外功率不为负的条件，同时它又是与上面的内力场相对应的。所以上面的内力场、荷载和速度场是本问题的完全解，上面所给出的载荷值就是极限载荷。

7.6　薄板极限载荷的近似计算

求矩形或其他非圆形轴对称变形薄板的极限载荷的精确值往往是很困难的。在工程实际中，常用机动法计算其上限。而且，运动许可的塑性机构是采用塑性铰线将板分成若干刚性块，各块之间可沿塑性铰线发生相对转动，使板成为机构。所以，如同梁中的塑性铰一样，塑性铰线是板内角速度的间断线。如果塑性铰线是直线，则沿同一根直线塑性铰线，角速度的间断值 $[|\Delta\dot{\theta}|]$ 为常数。于是，沿单位铰线长度的内功率为 $M_s[|\Delta\dot{\theta}|]$，这时假定

材料服从 Tresca 屈服条件；如果材料服从 Mises 屈服条件，则单位铰线长度的内功率为 $\frac{2}{\sqrt{3}}M_s[|\Delta\dot{\theta}|]$。下面以方形简支薄板为例，说明求薄板极限载荷的机动法（塑性铰线法）和静力法。

设有简支方板（$2a\times 2a$）如图 7-7 所示，受到均布载荷 q 作用。为了求极限载荷的上限，取塑性机构如图 7-7 所示，由两根塑性铰线（对角线）将板分为四个刚性板块。各板块可绕简支边转动。设板中心的速度为 $\dot{\delta}$，板的速度图将是锥面。于是外功率为

$$q^* \cdot \frac{4}{3}a^2\dot{\delta}$$

两相邻板块沿塑性铰线的相对角速度就是角速度的间断值 $[|\dot{\theta}|]$。由于对称性，可以计算板块①和②的相对角速度。板块①的角速度为 ω_1，板块②的角速度为 ω_2。由图可见

$$[|\dot{\theta}|]=\sqrt{2}\,\omega_1=\sqrt{2}\,\frac{\dot{\delta}}{a}$$

于是内功率为

$$4\times\frac{2}{\sqrt{3}}M_s\left(\sqrt{2}\,\frac{\dot{\delta}}{a}\right)\sqrt{2}\,a=\frac{16}{\sqrt{3}}M_s\dot{\delta}$$

此处假定材料服从 Mises 屈服条件。令内功率等于外功率，求出极限载荷的上限为

$$q^*=4\sqrt{3}\,\frac{M_s}{a^2}=6.92\,\frac{M_s}{a^2}$$

为了计算极限载荷的下限，取坐标系如图 7-8 所示，设内力场为

$$M_x=C(a^2-x^2)$$
$$M_y=C(a^2-y^2)$$
$$M_{xy}=Dxy$$

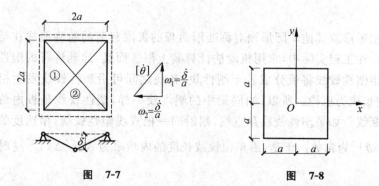

图 7-7　　　　　　　　　　　　图 7-8

式中 C、D 为待定系数。这个内力场满足简支边的边界条件。将上式代入平衡方程

$$\frac{\partial^2 M_x}{\partial x^2} + 2\frac{\partial^2 M_{xy}}{\partial x \partial y} + \frac{\partial^2 M_y}{\partial y^2} = -q^0$$

可得

$$D - 2C = -\frac{1}{2}q^0$$

再将内力场代入屈服条件

$$M_x^2 - M_x M_y + M_y^2 + 3M_{xy}^2 \leqslant M_s^2$$

得到

$$C^2(a^2 - x^2)^2 + C^2(a^2 - y^2)^2 - C^2(a^2 - x^2)(a^2 - y^2) + 3D^2 x^2 y^2 \leqslant M_s^2$$

上面各式保证内力场是静力许可的。可以证明,上式左侧在板的中心、四个角点及四边中点有极大值。将这些点的坐标值代入上式,分别得到下列不等式:

$$C^2 \leqslant \frac{M_s^2}{a^4} \quad \text{或} \quad C \geqslant -\frac{M_s}{a^2}, \quad C \leqslant \frac{M_s}{a^2}$$

$$D^2 \leqslant \frac{M_s^2}{3a^4} \quad \text{或} \quad D \geqslant -\frac{M_s}{\sqrt{3}\,a^2}, \quad D \leqslant \frac{M_s}{\sqrt{3}\,a^2}$$

因为 q^0 为极限载荷的下限,所以,在 $D - 2C = -\frac{1}{2}q^0$ 中,应使 q^0 有最大值,亦即应使 C 取最大值,D 取最小值。为此,令

$$C = \frac{M_s}{a^2}, \quad D = -\frac{M_s}{\sqrt{3}\,a^2}$$

有

$$q^0 = 4C - 2D = \left(4 + \frac{2}{\sqrt{3}}\right)\frac{M_s}{a^2} = 5.154\,\frac{M_s}{a^2}$$

则极限荷载的上、下限的平均值为

$$q_平 = 6.042\,\frac{M_s}{a^2}$$

如果薄板是多边形的,在 O 点受到集中力 P 作用(图 7-9)。设板在破坏时,塑性铰线汇交于 O 点且通过板边角点。板在破坏瞬时的速度图将是多面锥形(假定板边是简支的)。令 O 点的挠度速度为 1,于是外功率为 $P^* \cdot 1$;内功率为(采用 Mises 条件)

$$\frac{2}{\sqrt{3}}\sum M_s \left[|\dot{\theta}|\right]_i l_i$$

现在计算板块沿塑性铰线 l_i 的角速度间断值。设 l_i 与板两相邻边的夹

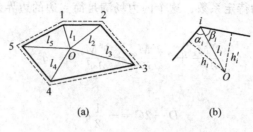

图 7-9

角为 α_i 和 β_i(图 7-9(b)),O 到两邻边的距离为 h_i 和 h_i'。于是与 l_i 相邻两板块对简支边的转动角速度分别为 $\dfrac{1}{h_i}$ 及 $\dfrac{1}{h_i'}$,它们沿 l_i 的分角速度为

$$\frac{1}{h_i}\cos\alpha_i, \qquad \frac{1}{h_i'}\cos\beta_i$$

式中 $h_i = l_i\sin\alpha_i$,$h_i' = l_i\sin\beta_i$。于是两相邻板块沿 l_i 的相对角速度为

$$[\,|\dot\theta|\,]_i = \frac{1}{h_i}\cos\alpha_i + \frac{1}{h_i'}\cos\beta_i = \frac{1}{l_i}(\cot\alpha_i + \cot\beta_i)$$

将上式代入内功率式,并令内、外功率相等,得到

$$P^* = \frac{2}{\sqrt{3}}M_s\sum_i(\cot\alpha_i + \cot\beta_i) \tag{7-6}$$

P^* 乃本问题中薄板极限载荷的上限。

当板为 n 边正多边形,力 P 作用在板的中心时,则有 $\alpha_i = \beta_i = \dfrac{\pi}{2} - \dfrac{\pi}{n}$,于是 P^* 为

$$P^* = \frac{2}{\sqrt{3}}M_s\sum_{i=1}^{n}\left[\cot\left(\frac{\pi}{2} - \frac{\pi}{n}\right) + \cot\left(\frac{\pi}{2} - \frac{\pi}{n}\right)\right] = \frac{4n}{\sqrt{3}}M_s\tan\frac{\pi}{n}$$

例如,当 $n=3$ 时,$P^*=12M_s$;当 $n=4$ 时,$P^*=9.24M_s$;当 $n\to\infty$ 时,可得 $P^* = \dfrac{4}{\sqrt{3}}\pi M_s$,此即简支圆板在中心受到集中载荷作用时的极限载荷(按 Mises 条件)。

对于 $a\times b$ 的矩形板,集中力作用在板的中心时,P^* 为

$$P^* = \frac{8}{\sqrt{3}}M_s\left(\frac{a}{b} + \frac{b}{a}\right)$$

如果板边是固定的,则板在破坏时,除了内铰线仍如图 7-9 所示外,沿固定边界将出现塑性铰线。因此,在内功率中要包含边界处塑性铰线的作用。

现在,考察沿铰线 $i-1$、i 板的转角,其绝对值为 $\dfrac{1}{h_i}$;铰线长为 $l_i\cos\alpha_i +$

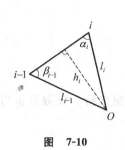

图 7-10

$l_{i-1}\cos\beta_{i-1}$（图 7-10）。所以，沿此铰线的内功率为

$$\frac{1}{h_i}(l_i\cos\alpha_i + l_{i-1}\cos\beta_{i-1})\frac{2}{\sqrt{3}}M_s$$

注意到

$$h_i = l_i\sin\alpha_i = l_{i-1}\sin\beta_{i-1}$$

所以，沿此塑线的内功率为 $(\cot\alpha_i + \cot\beta_{i-1})\dfrac{2M_s}{\sqrt{3}}$。与式(7-7)比较之后可见，固定边塑性铰线处的总内功率正好等于内铰线的总内功率，因此板的极限载荷的上限为

$$P^* = \frac{4}{\sqrt{3}}M_s\sum_{i=1}^{n}(\cot\alpha_i + \cot\beta_i)$$

本 章 小 结

　　极值定理是求解塑性极限荷载的有效方法。求解满足边界条件的全部基本方程是非常困难的，若能找到满足一部分基本方程的解，又能对这些解的性质作出估计，这样的解是有意义的。极限分析中将塑性力学基本方程分为两类。第一类包括平衡方程、屈服条件和应力边界条件，这些条件称为静力条件，这些条件中不含几何方面的要求，将满足静力条件的解称为静力解。用静力解求得的极限载荷一定不比完全解的极限载荷大，因此静力法又称下限法。用下限定理求解问题时，先假设应力场，再确定应变场和位移场；所有满足静力条件的应力场称为静力容许场。第二类包括功能原理方程(外力所做的功等于内部所耗散的功)和几何边界条件，这些条件不考虑静力方面的要求，这种求解方法称为机动法，用机动法求得的极限载荷一般都不比完全解所求得的极限载荷小，因此机动法又称上限法。上限法中总可以按照某一种破坏机构根据力学中的虚功原理找出极限载荷的上限值，最合理的破坏模式是和实验结果一致的。用上限定理求解问题时，先假设位移速度场，再确定应变场和应力场；假设的位移速度场要满足几何约束条件并能使外力做正功，这样的位移速度场称为机动容许场。当用上限定理和下限定理所求的极限载荷相等时，此解为完全解。

思 考 题

7-1 什么是结构的极限状态？什么是结构的极限分析？极限分析与通常的弹塑性力学问题有什么不同的地方？

7-2 什么是载荷参数？

7-3 试说明若用机动法求出的极限载荷的上限与用静力法求出的下限相等，则得到的结果就是极限载荷（唯一性定理）。

7-4 试说明在结构的自由边上移去材料，不会提高结构的极限载荷。

7-5 为什么用刚性理想塑性模型和用弹性理想塑性模型所求得的极限载荷相等？这个条件是否是有条件的？

习 题

7-1 写出平面应变条件下理想塑性体极限状态的全部控制方程。

7-2 如图 7-11 所示矩形长条（平面应变问题）宽为 b，中间有宽为 a 的裂纹。如果采用图示的速度间断场（间断线如图中虚线所示），试确定间断线的最佳角度，使得极限载荷的上限 P^* 为最小，证明这时的 P^* 即是极限载荷。（本题及以下各题均采用 Tresca 屈服条件）

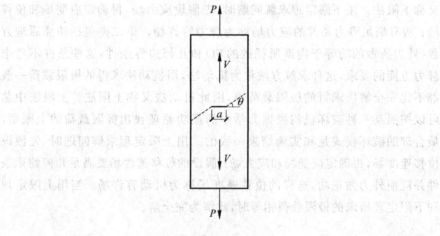

图 7-11

答案: $\theta=45°,P^*=\sigma_{s}(b-a)$。

7-3　简支圆板的半径为 R,如图 7-12 所示。(1)设其受半径为 a 的轴对称均布载荷 q 作用,试求极限载荷;(2)若在板中心受集中力 P 作用,试求极限载荷。

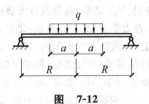

图　7-12

答案: (1) $q_{s}=\dfrac{6M_{s}R}{a^{2}(3R-2a)}$; (2) $P_{s}=2\pi M_{s}$。

7-4　图 7-13 所示矩形板,受均布载荷 q 的作用,已给出破损机构如图所示,求极限载荷。

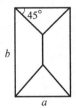

图　7-13

答案: $P^*=\dfrac{24M_{s}}{a^{2}}\cdot\dfrac{\left(1+\dfrac{b}{a}\right)}{\left(\dfrac{3b}{a}-1\right)}$。

参 考 文 献

[1] 熊祝华.塑性力学基础知识[M].北京:高等教育出版社,1986.

[2] 王仁,黄文彬,黄筑平.塑性力学引论[M].北京:北京大学出版社,1992.

[3] 夏志皋.塑性力学[M].上海:同济大学出版社,1991.

[4] 秦风,吴斌.弹性与塑性理论基础[M].北京:科学出版社,2011.

[5] 徐秉业,刘信声.应用弹塑性力学[M].北京:清华大学出版社,1995.

[6] 徐秉业.弹性与塑性力学——例题与习题[M].北京:清华大学出版社,1990.

[7] 张宏.应用弹塑性力学[M].西安:西北工业大学出版社,2011.

[8] 尚福林,王子昆.塑性力学基础[M].西安:西安交通大学出版社,2011.

[9] 陈笃.塑性力学概要[M].北京:高等教育出版社,2005.